KB142796

원색도감

한국의 자연 시리즈 1

Wild Fungi of Korea

한국의 버섯

전 서울산업대 교수 약학 박사 **박완희 · 이호득**

참낭피버섯

교학사

책 머리에

필자가 버섯에 관심을 갖게 된 것은 70년대 중반으로, 버섯의 효소 성분에 관한 연구를 시작하면서였다. 인공 재배가 어려운 버섯의 표본을 구하기 위하여 자주 채집에 나서다 보니 산과 들, 숲 속, 공원, 능, 길가 등 다양한 환경 속에서 펼쳐지는 신비스런 버섯의 세계가 나에게는 너무 경의롭고 흥미로워, 마침내 버섯에 매료되고 말았다. 이른 봄부터 초겨울까지 일요일은 물론이고 시간만 나면 채집 장비와 카메라를 챙겨 채집을 떠났으며, 또 선배, 동료, 후배 학자로부터 채집 여행의 연락을 받으면 만사를 제쳐놓고 달려가곤 했다.

대부분의 식물은 봄에 싹이 트고 여름에 꽃이 피어 가을에 열매를 맺는 1년생 또는 다년생인데, 버섯은 그 일생이 너무 짧아 돋아나자마자 부패해 버리는 몇시간생, 몇일생이 대부분이다. 그러므로 시기를 한번 놓치게 되면 그 버섯의 채집이나 촬영의 기회는 다음해를 기다려야 하고, 기온, 습도 등의 일기와 시기 및 서식지의 환경 조건이 적합하지 않으면 일 년 동안의 기다림도 허사가 되고 만다. 오늘날 산업 사회로의 급격한 발전으로 환경이 파괴되고 오염이 심하여 버섯의 발생량과 발생 종이 줄어들 뿐 아니라 발생 빈도가 감소하여 지난해에 관찰했던 버섯의 표본을 얻지 못하는 경우가 많아졌다. 이처럼 버섯을 채집·분류하는 작업은 필자에게 여간 어려운 일이 아니었다. 한편, 자연에 있는 버섯을 채집하고 촬영하면서, 다른 야생 생물보다 환경의 영향을 많이 받는 야생 버섯의 자원을 보호하는 일이 시급하다는 것을 깊이 깨닫게 되었다.

이 책에는 필자가 십수 년간 전국을 헤매며 직접 자생지에서 찍은 400여 종의 원색 버섯의 생태 사진과 9종의 점균류의 생태 사진을 수록하였으며, 발생 장소, 발생 시기, 버섯의 형태, 식용 여부에 관한 간결한 해설을 곁들였다. 필자는 앞으로도 계속 채집하고 연구하여 완벽한 버섯 도감을 만들 것을 다짐하며, 이 작은 책이 버섯을 애호하는 여러분과 버섯을 연구하려는 후학들에게 다소나마 도움을 줄 수 있다면 더 없는 영광으로 알겠다.

그 동안 필자에게 환경 위생학에 많은 가르침을 주신 연세대 權肅杓 교수님, 숙명 여대 魯一協 교수님과 균류의 성분 분석 및 분류에 도움을 주신 서울대 金炳珏 교수님께 감사를 드리고, 또 항상 버섯 채집과 분류 작업을 함께 하면서 조언과 협조를 해 주신 농기원의 金養燮 박사님, 숙명 여대 閔庚喜 교수님, 강원대 成載模 교수님, 서울대 李景俊 교수님과 여러 면으로 많은 도움을 주신 농촌 진흥청 박용환 소장님과 차동열 과장님께 진심으로 감사의 뜻을 표한다. 또한, 필자를 도와 격려와 힘을 주고 사진 자료와 원고를 정리해 준 딸 지나와 아들 지헌에게도 고마움을 표하며, 이 책이 나오기까지 도움을 주신 여러분에게도 감사를 드린다.

끝으로, 이 책의 출판을 적극적으로 맡아 주신 교학사 楊澈愚 사장님의 厚意에 심심한 감사를 드리며, 편집, 교정, 색 분해, 제판, 인쇄, 제본에 이르기까지 정성을 다해 주신 출판사 여러분께도 진심으로 감사를 표한다.

1991년 8월 박완희

일러두기

1. 이 책은 한국에 야생하는 버섯 380종과 점균류 9종의 생생한 원색 사진을 수록하여 해설을 붙였다.
2. 일반적으로 주름버섯류는 Singer와 Mose, 민주름버섯류는 Donk, 복균류는 Coker와 Couch, 목이류는 Bessey, 자낭균류는 Denris, 점균류는 Farr의 분류 체계에 따랐다.
3. 한국명은 한국균학회가 제정한 것에 따랐고, 학명은 국제적으로 많이 통용되고 있는 것 하나만을 채용하였다.
4. 기재의 내용은 버섯의 자생하는 생태와 형태, 포자 형태, 식용 여부, 독성 여부 순서로 하였다.
5. 도판 아래에 채집 날짜, 채집 장소 및 간단한 참고 사항을 적었다.
6. 식용 버섯, 약용 버섯, 식용 불명 버섯, 독성 버섯의 구별은 버섯 이름 옆에 다음과 같이 색으로 구분하였다.

   ● : 식용 버섯
   ● : 약용 버섯
   ● : 식용 불명
   ● : 독버섯
   ○ : 견고성 또는 소형 등으로 식용 가치가 없는 것

차례

한국산 버섯의 과·속 일람표

부록

서론

버섯의 생활사

버섯의 포자(胞子)는 식물의 씨앗에 해당된다. 포자는 버섯의 갓 아랫면에 있는 주름살, 관공, 침상 돌기로 이루어진 자실층(子實層)에서 형성되는데, 자낭균에서 생긴 자낭포자, 담자균에서 생긴 담자포자는 모두 유성생식의 결과로 생긴 포자이다. 자낭 속의 자낭포자는 보통 2~8개, 담자기(擔子器) 속의 담자포자는 4개가 형성되며, 이들 포자는 자웅(雌雄)의 구별이 있다.

.담자균에 있어서 포자가 발아한 1차균사에도 자웅의 구별이 있는데, 이 자웅의 1차균사가 접촉하면 균사의 접합과 핵의 교환이 일어나서 유성의 2차균사가 된다. 2차균사에서는 핵융합이 일어나지 않고 특유의 부리상 돌기(clamp connection)를 형성하고 증식하여 균사체가 된다. 여기에 적당한 환경 요인이 갖추어지면 2차균사의 일부에 담자기가 형성되어 핵융합이 일어나고 곧 감수분열하여 담자포자를 형성한다.

자낭균류(子囊菌類)는 격벽 균사가 접합한 격벽균사체로 되어 있고, 유성생식 결과에 의해 자낭을 형성하고 그 수정(受精)된 자성세포 안에 자낭포자가 만들어진다.

균사는 썩은 나뭇잎, 나무 토막, 유기체에 부착하여 생장하고 팽창하는, 버섯에서 가장 중요한 기관이다. 사실상 균사는 흙이나 딱딱한 나무 등걸, 나무 줄기에 길을 건설한다. 또 균사는 효소를 분비하여 복잡한 물질을 간단한 물질로 만들어 흡수하며, 균사에 의하여 성장에 필요한 에너지를 얻는다. 2차균사 덩이인 균사체는 가는 균사가 얽힌 연약한 형태를 하고 있으나 땅 속이나 나무 껍질 속에 숨어서 건조나 부적당한 외부의 자극으로부터 몸을 보호하고 있다. 이 균사체(菌絲體)가 충분히 성장하여 번식에 적합한 환경 조건이 되면 균사체의 여기저기에 자실체(子實體)인 버섯이 싹트기 시작하는데, 비가 내리거나 하여 수분이 충분하면 자실체는 싹을 갑자기 신장시킨다. 이것이 우기에 흔히 볼 수 있는 버섯이다. 버섯의 본체인 균사체는 한 번 버섯을 발생한 후에는 서식지에 어떤 환경 변화가 일어나지 않는 한 수십 년, 수백 년에 걸쳐 해마다 버섯을 발생시킨다.

건조에 약하고 수명이 짧은 포자를 가진 송이류는 수분이 많은 여름과 가을에 포자를 이탈시키며, 지상에 떨어진 포자는 곧 균사를 발아시켜 단번에 생장한다. 구멍장이버섯류는 건조에 강한 포자를 생성하며, 대기가 건조할 때 포자를 방출한다. 이러한 포자는 기류를 타고 멀리까지 날아가 기주에 착상하여 번식한다.

보통 버섯이라고 불리는 자실체는 식물의 꽃에 해당되며, 버섯의 일생을 통하여 포자를 만드는 번식 기관에 불과하다.

버섯의 생태

버섯은 그 종류에 따라서 영양분을 취하여 살아가는 양식이 다르다. 버섯분류학자나 채집자는 버섯의 생태(生態)와 생활 양식을 잘 알고 난 후에 버섯을 찾아 나서야 한다. 생물의 분포를 결정하는 요

◄ 솔버섯 *Tricholomopsis rutilans* 7월 10일 서오릉

인은 생물이 생장하는 데 필요한 영양이다. 버섯은 여러 가지 환경 요인인 영양·습도·온도·기후 등을 필요로 하므로 대부분 산림, 초원, 목장 등에서 많이 발생한다.

활엽수림·침엽수림은 통나무, 그루터기, 나뭇가지, 나무 줄기, 낙엽 등의 저장소이므로 버섯의 중요한 생산지라고 할 수 있다. 한 종류의 버섯이 여러 다른 지역에서도 발생할 수 있으나, 일반적으로 비슷한 특성을 지닌 서식지에서 발견된다. 다른 생물과 마찬가지로 버섯도 생명을 유지하기 위하여 생태학적 환경 인자를 갖춘 적당한 장소를 요구한다.

엽록소를 가지지 않은 버섯은 그들의 생존을 다른 생물이 합성한 유기물에 의존하는 것이 불가피하다. 따라서 버섯은 직접, 간접으로 녹색 식물에 의존하여 생존을 영위한다고 할 수 있다.

버섯은 영양 섭취에 따른 생활 양식에 따라 부생균(腐生菌), 기생균(寄生菌), 균근균(菌根菌)으로 구분한다.

죽은 동식물을 영양으로 하여 생활하는 버섯이 부생균인데, 대부분의 버섯은 이 부생균이다. 이들은 죽은 동식물의 유체, 다른 생물의 배설물, 퇴비 위, 땅 위 등에서 발생한다. 소형 버섯은 들판, 산림 속의 동식물의 사체에서 흔히 발견된다. 특히 산림은 고목, 낙엽, 부러진 가지 등이 많이 널려 있어 부생균의 먹이를 제공해 준다.

기생균은 죽은 동식물에 의지하여 생활하지 않고 살아 있는 생물에서 영양을 흡수하는데, 대부분은 나무나 다른 식물에 심한 손상을 입힌다. 산 속, 들, 길가, 정원 등의 나무 위에서 일생 동안 기생균 노릇을 하는 것도 있으나, 대부분의 기생균은 기주수(寄主樹)를 죽이고, 나무가 죽은 후에는 부생균 역할을 한다. 기생균의 포자는 나무의 상처를 통해 감염되고, 균사는 심재(心材) 속으로 침투한다. 이렇게 몸체, 밑둥, 가지 등을 공격받은 나무는 부후병을 일으키거나 폭우 등에 쓰러져 죽게 된다. 큰 나무를 해치는 기생버섯 중에는 다년생으로 그 지름이 수십 미터에 달하는 큰 자실체를 형성하는 것도 있다. 기생버섯은 기주 선택에서 특이성이 있어 기주 종과 밀접한 관계가 있다. 예를 들면 자작나무버섯은 기주인 자작나무에 기생하여 나무를 죽이고 큰 자실체로 생장한다. 뽕나무버섯은 뽕나무, 모과수, 낙엽수에 심한 피해를 입히며, 또 강력한 부생균으로도 작용하고 심지어는 초본류인 감자나 딸기까지도 공격한다.

균근균은 고등 식물의 뿌리와 균사가 결합하여 균근을 형성하는 버섯이다. 균근을 이룬 버섯은 나무를 해치는 대신에 서로 이익이 되는 물질을 교환하며 공생(共生)한다.

이때 나무는 버섯에서 인, 질소 등의 무기영양분을, 버섯은 나무에서 당분, 수분 등을 얻는다. 또 버섯은 불리한 환경에서는 나무의 보호를 받기도 한다. 담자균, 자낭균, 곰팡이의 일부가 균근성이 있는데, 특히 담자균에 속하는 균근성 버섯은 침엽수, 활엽수와 균근을 형성하여 산림 식생(植生)에 큰 도움을 주고 있다. 난초과의 천마와 드물게는 양치류, 선태류와도 공생한다. 일반적으로 소나무, 참나무, 자작나무, 포플러, 밤나무 숲에서 버섯을 많이 발견할 수 있는데, 이는 외생균근(外生菌根, ectotrophic mycorrhiza)을 형성하기 때문이다. 균근을 형성하는 고등

◄ **노란난버섯** *Pluteus leoninus* 8월 18일 융건릉

식물의 작은 뿌리는 짧고, 두껍고 갈퀴형으로 되어 산호 모양이 되고 버섯의 균사는 계속하여 뿌리 바깥쪽을 에워싼다. 이때 뿌리 표면에는 작은 혹과 같은 균근이 형성되고, 이 균근에서 버섯이 발생한다. 단풍나무·삼나무·물푸레나무·오동나무·아카시아나무 숲에 가면 버섯의 종류가 다양하지 않은데, 이는 내생균근(內生菌根, endotrophic mycorrhiza)을 형성하므로 버섯이 발생하지 않기 때문이다. 이 때 버섯의 균사는 식물 뿌리의 세포 내의 공간에 침투하여 내생균근을 만들고 영양분 등을 서로 교환하지만 외부적으로 나타나지 않아서 육안으로 식별할 수 없다.

비단그물버섯류, 못버섯류, 알버섯류 등은 소나무, 잣나무, 가문비나무, 이깔 나무, 솔송나무, 낙엽송 등의 숲에서, 광대버섯은 자작나무, 너도밤나무 주위에서 발생하는데, 이는 균근 버섯의 기주 선택성 때문이다. 기주 선택성이 까다로운 송이는 15~80년생의 적송림에서 많이 관찰된다.

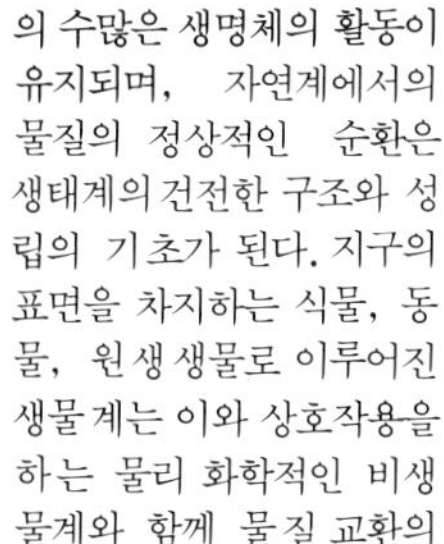

또 자연계에서 놀랄 만한 현상은 버섯과 동물의 공생이다. 흰개미가 Termitomyces속의 버섯을 개미집 속의 배설물 더미에 재배하는 것은 아프리카에서 흔히 볼 수 있는 일이다. 이 버섯의 균사체는 개미의 소화를 돕고 유충의 먹이가 되기도 하다가 성충이 되면 버섯이 발아하여 갑자기 땅 위로 발현한다.

이러한 버섯의 다양한 생활 양식은 자연 생태계에 있어서 버섯의 분포 형태와 역할을 파악하는 지침이 된다.

학자들에 의하면, 버섯은 전세계적으로 5천~6천여 종으로 추정되고 있다.

생태계에서의 버섯의 역할

한정된 지구상의 자원으로 수만 년 동안이나 무수한 생물의 생명 활동이 유지되어 온 것은 무엇 때문일까? 만약 지구상의 생물권(生物圈)이 동식물만의 세계였다면 식물에 이용되는 무기물은 수백 년 내에 소진되었을 것이다. 그리고 생태계 내에서 유기물의 분해가 없어진다면 식물은 말라 죽고 동물은 가까운 장래에 전멸하고 말 것이다.

무기물에서 유기물로, 유기물에서 무기물로 되는 물질 순환에 의하여 생태계의 수많은 생명체의 활동이 유지되며, 자연계에서의 물질의 정상적인 순환은 생태계의 건전한 구조와 성립의 기초가 된다. 지구의 표면을 차지하는 식물, 동물, 원생 생물로 이루어진 생물계는 이와 상호작용을 하는 물리 화학적인 비생물계와 함께 물질 교환의 끈을 맺어 가면서 생태계를 구성한다. 생태계의 물질 교환은 광합성에 의해 무기물에서 유기물을 제조하는 생산자 식물과, 합성된 유기물을 섭취하여 생명체를 유지하는 소비자(消費者) 동물과, 또 동식물체, 원생 생물체의 유기물을 무기물로 환원하는 분해자(分解者) 균류가 긴밀한 유대를 맺으며 이루어진다. 생물은 자연 환경 중에서 생활에 필요한 유기물과 무기물의 합성과 분해를 반복하는 물질 순환에 의해 공동 생활을 영위하고 무한히 생을 계속해 간다.

생태계에서 유기물을 분해하는 작용을 가진 것이 균류인데, 균류인 버섯은 생물계에서 유기물을 간단한 무기물로 분해

◄ **백조갓버섯** *Lepiota cygnea* 7월 17일 광릉 봉선사

하는 환원자(還元者) 역할을 하고 있다. 물론 이러한 분해 반응에는 다른 미생물과 물리적, 화학적인 힘 등도 가세하고 있다. 분해와 부패가 일어나고 있는 어둡고 습기 찬 장소에 버섯이 발생하는 현상은 식물병원균과 비등하게 버섯이 분해성을 가진 균류라는 확신을 짙게 한다. 독립 영양(獨立營養)을 하는 식물과는 달리 동물과 같이 종속 영양(從屬營養)을 하는 버섯류는 자실체를 정착, 생장시키기 위하여 필요한 에너지를 기주 환경에 의존한다. 생태계의 구성 요소로서의 역할을 분담하고 있는 버섯은 자연 법칙에 의한 현상인 부패와 병을 일으킨다. 그 예로 죽은 동식물을 분해하는 사물기생(死物寄生)을 하는 부생성 버섯과 살 아 있는 동식물에 병을 일으키는 활물기생(活物寄生)을 하는 기생성 버섯을 들 수 있다.

부생균은 녹색 식물과 달리 광합성 능력이 없어 죽은 나무, 낙엽, 부러진 가지, 동물 사체, 똥 등을 분해·환원시키면서 생활하고, 자연 생태계의 물질 순환에 중요한 역할을 한다. 분뇨(糞尿)부생성 버섯은 기주에 의존하여 생명을 유지하는 에너지를 얻으면서 유기성 쓰레기를 파괴·처분한다. 이러한 균류의 분해 작용이 없었다면 숲 속은 물론 지구 생태계는 동식물의 사체로 덮인 쓰레기장이 되고 말았을 것이다.

활물기생성버섯은 살아 있는 식물, 동물에 침입하여 병을 일으키거나 죽여서 산림이나 목재에 큰 피해를 준다.

한편, 고등 식물과 공생(共生)하는 균근성 버섯의 균사는 식물 뿌리와 균근을 형성하여 서로의 생존에 대한 이익을 나누고 있다. 즉, 버섯은 고등 식물에게 인, 질소 등을 공급해 주거나 병원균의 침입을 막아 주며 식물은 버섯에게 탄수화물, 수분 등을 제공하고 또 부적당한 환경으로부터 보호해 준다.

균근성균은 산림 조림에 중요하므로 적극적인 연구와 그 활용이 바람직하다. 또한 버섯은 식용, 약용으로서의 가치가 있으며, 배양, 재배가 가능하다는 점에서 기호 식품과 의약품의 중요한 천연 자원이다. 균류의 여러 역할로 미루어 볼 때 생태계에서 가장 경이적인 현상은 생물과 생물 사이의 상호 의존 관계가 아닐까 한다.

독버섯

오늘날 고도의 경제 성장과 더불어 국민들이 식생활 향상, 건강식에 대한 관심이 높아짐에 따라, 풍부한 단백질과 무기물, 독특한 향미 등이 함유된 버섯에 대한 기호도가 날로 높아지고 있다.

예로부터 우리 나라에서도 송이, 표고, 느타리, 싸리버섯 등은 즐겨 식용하였으나, 일본이나 유럽에 비해 식용버섯의 개발, 재배, 요리 방법 또는 선호면에서는 뒤떨어지고 있다.

한국의 버섯은 지금까지 기록된 것이 1천여 종으로, 그 중 식용할 수 있는 버섯이 100여 종, 독버섯이 50여 종인데, 생명에 관계되는 맹독성을 지닌 독버섯은 20여 종에 불과하다. 이렇게 독버섯은 그 종류가 소수임에도 불구하고 중독사고가 빈번하게 일어나는 것은, 먼저 식용버섯과 독버섯을 즉시 식별하는 민간 실험법이 아직 없고, 식용버섯과 유사한 독버섯이 많고, 또 사람들의 독버섯에 대한 기초 지식이 부족하기 때문이다. 근래

◀ **색시졸각버섯** *Laccaria vinaceoavellanea* 8월 10일 동구릉

강원도, 충청도, 경상도 등의 산간 지방에서는 버섯의 발생에 적합한 계절인 추석 전후에 독버섯 중독 사고의 실례가 종종 있으나 지방 의료 체계가 확립되지 않아 실제로 거의 보고되지 않고 있는 실정이다.

따라서 야생버섯을 처음으로 식용하고자하는 사람은, 식용하기 전에 버섯분류학자의 도움을 받으면 좋다. 비교적 소수인 독버섯의 특징을 잘 습득하여 정확히 식별하는 지식을 갖추고 난 후 선별하여 요리하는 것이 중독 사고를 피하는 방법이다. 또 무엇보다도 국가적인 측면에서 시·군·면 단위의 보건 체계를 통해 중독 사고 발생 수의 정확한 통계 및 산간인에게 독버섯에 대한 기초지식을 교육하는 것이 그 피해를 방지하는 최상의 방법일 것이다.

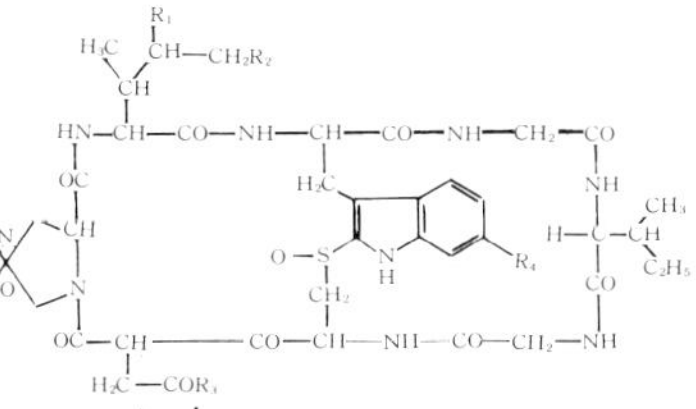

amatoxins

phallotoxins

독버섯의 독성분과 중독 증상

독버섯에 의한 중독 증상은 그 버섯이 함유하고 있는 독성분에 따라 특징과 차이가 있다. 한 종류의 버섯에도 여러 화학 성분이 함유되어 있기도 하므로, 복합적인 증상이 발현될 수도 있다. 특히 치명적인 독성분을 가진 버섯은 광대버섯속(*Amanita*)에 가장 많고, 그 밖에 화경버섯속(*Lampteromyces*), 개암버섯속(*Naematoloma*), 깔때기버섯속(*Clitocybe*), 마귀곰보버섯속(*Gyromitra*) 등이다. 버섯의 유독성분의 중독 증상은 독성분의 작용기작(mechanism)과 증상이 나타나는 시간에 따라 다음과 같이 분류된다.

1. amatoxins, phallotoxin, gyromitrin, monoethylhydrazine 성분을 함유한 독버섯은 전신의 세포를 파괴하여 신장, 간장에 장해를 주어 죽음을 초래한다. 중독 증상은 섭취후 보통 10시간 후에 나타난다.

1) cyclopeptide 유도체인 amatoxin과 phallotoxin을 함유한 버섯의 중독 증상은 섭취 후 10~20시간 내에 구토, 심한 복통, 설사로 시작하여 신장, 간장에 장해를 일으켜 1~3일 후에 사망하게 된다. 잠복기가 길기 때문에 증상 발현 후에는 이미 독성이 전신에 퍼져 생명이 위험하다.

그러나 신속한 위 세척과 혈액투석으로 생명을 구할 수 있다. 이 독성분은 버섯을 삶아도 분해되지 않으며, 독우산광대버섯·흰알광대버섯·알광대버섯·큰주머니광대버섯·절구버섯아재비에 함유되어 있다. 해독제는 thiotic acid이다.

2) gyromitrin, monomethylhydrazine을 함유한 버섯의 중독 증상은 섭취 후 2~24시간 내에 나타나며, 구토, 두통, 위경련, 설사를 동반하고, 심한 경

◀ 붉은사슴뿔버섯 *Podostroma cornu-damae* 9월 15일 융건릉

우에는 적혈구가 파괴되어 사망하기도 한다. monomethylhydrazine은 gyromitrin의 가수분해물이며, 독성이 더욱 강하고 발암성이 있다. 이들 성분은 휘발성이므로 버섯을 끓이거나 건조시키면 감소한다. 마귀곰보버섯, 안장버섯속의 일부에 함유되어 있다. 해독제는 pyridoxine이다.

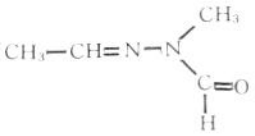

gyromitrin 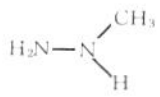　　monomethylhydrazine

2. coprine, muscarine을 함유한 독버섯의 섭취 후 중독 증상은 20분~2시간 후에 발현한다. 주로 자율신경계에 작용한다.

3) coprine을 함유한 버섯의 중독 증상은 알코올과 함께 섭취했을 때만 일어난다. 이 성분은 혈액 중의 알코올 분해를 저지하기 때문에 술과 함께 먹거나 버섯을 먹은 후 수일 후에 술을 마시면 혈액 중에 acetaldehyde가 축적되어 일종의 악취 증상, 즉 안면에서 목까지 홍조를 띠고, 두통, 구토, 현기증, 호흡 곤란이 일어난다. 두엄먹물버섯, 배불뚝이깔때기버섯에 함유되어 있다. 해독제는 알려져 있지 않다.

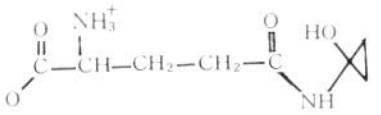

coprine

4) muscarine을 함유한 버섯의 중독 증상은 섭취 후 부교감신경에 작용하여 발한, 유루(流淚, 눈물흘림), 유연(流涎, 침흘림), 구토, 설사, 혈압강하, 호흡곤란을 일으킨다. 보통 24시간 내에 회복되지만, 다량 섭취했을 때는 심장이 정지되어 사망하기도 한다. 깔때기버섯속 일부, 땀버섯속의 대부분, 적색인 그물버섯속의 일부에 함유되어 있다. 해독제는 atropine을 사용하지만 의사의 지시를 받아야 한다.

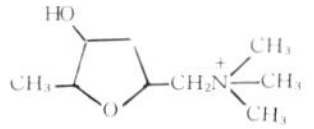

muscarine

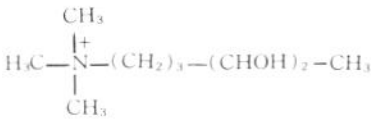

muscaridine

3. ibotenic, muscinol, muscazone, psilocybin, psilocin을 함유한 독버섯은 섭취 후 20분~2시간 후에 중독 증후가 나타나며, 중추신경계 마비를 일으킨다.

5) isoxazol 유도체 ibotenic acid, muscimol, muscazone을 함유한 버섯의 중독 증상은 섭취 후 20~30분 후에 나타난다. 증상은 위장이 울렁거린 후 술에 취한 것 같으며, 근육경련, 정신착란, 환각(幻覺), 시신경 장해를 일으키는 상태가 4시간 이상 지속된 후 잠이 들며, 수일 후 회복된다. muscimol은 glutamic acid sodium의 약 10배의 좋은 맛을 가지며, 파리를 죽이는 작용도 있다. 광대버섯, 마귀광대버섯, 뿌리광대버섯, 독송이 등에 함유되어 있다. 해독제는 physostigmine이다.

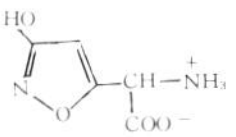

ibotenic acid 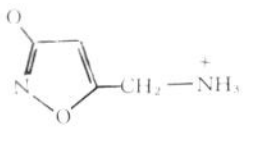　　muscimol

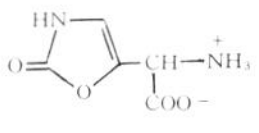

muscazone

◄ **붉은덕다리버섯** *Laetiporus sulphureus* var. *miniatus* 5월 13일 광릉

6) indole 유도체 psilocybin, psilocin을 함유한 버섯은 보통 푸른색을 띠며, psilocybin을 함유한 버섯을 섭취하면 체내에서 psilocin으로 전환되며, psilocin은 psilocybin보다 독성이 10배 강하다. psilocin의 중독 증상은 개인에 따라 차이가 있으며, 급속히 발현되어 수시간 지속되며, 손발과 혀가 꼬부라지고 불안감, 이해력 저하, 색채 환각, 환청(幻聽)이 일어나는데, 이러한 증상은 LSD의 환각 증상과 유사하다. 이 성분은 환각버섯의 대부분, 목장말똥버섯, 좀말똥버섯, 검은띠말똥버섯, 종버섯속 일부 등에 함유되어 있다. 해독제로 chloropromazine을 사용하나, 더 악화시키기도 하므로 주의해야 한다.

psilocybin

psilocin

4. lampterol, fasciculol, choline을 함유한 버섯의 중독 증상은 섭취 후 30분~3시간 후에 나타나는데, 구토, 복통, 설사, 오한이 일어난다.

7) lampterol을 함유한 버섯은 구토, 설사, 복통 등의 증상을 일으키고, 치명적이며, 발광균(發光菌)인 화경버섯에 함유되어 있다.

lampterol

8) fasciculol을 함유한 버섯은 구토와 신경마비의 중독 증상을 일으키며 노란다발에 함유되어 있다.

9) choline을 함유한 버섯의 중독은 섭취 후 choline이 체내에서 산소에 의해 acetylcholine으로 전환되어 나타나며, 혈압강하, 심장박동저하, 동공수축, 혈류증가, 소화기관의 운동촉진 등의 증상을 보인다. 삿갓외대버섯, 냄새무당버섯, 붉은싸리버섯, 황금싸리버섯, 어리알버섯, 흰갈색송이, 흰갈대버섯, 노란젖버섯 등에 함유되어 있다. 해독제는 adrenaline이다.

choline

5. glyzicin을 함유한 버섯의 중독 증상은 섭취 후 4~5일 후에 나타난다. 증상는 1개월 이상 계속되며 말초신경 장해에 의한 통증이 일어난다.

10) glyzicin은 화상균(火傷菌)인 독깔때기버섯에 함유되어 있다. 손발이 적색으로 되고 심한 통증이 1개월 이상 계속되나, 치명적은 아니다.

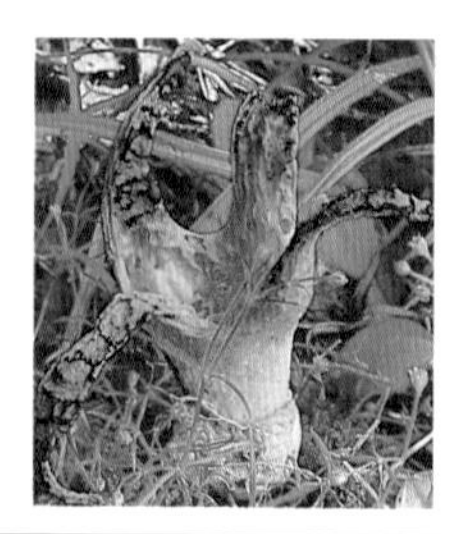

노랑망태버섯 *Dictyophora indusiata* 8월 20일 서울산업대 ►

한국의 버섯

버섯 채집·촬영에 열중하고 있는 저자 부부 (1991.6.2 서오릉에서)

◄ (PP. 30～31) **검은비늘버섯** *Pholiota adiposa* 9월 16일 영릉

◄ **간버섯** *Pycnoporus coccineus* 7월 22일 장릉

4월 25일　　제주도

7월 23일　　속리산

목이과 Auriculariaceae

목이속 *Auricularia*

담자기는 긴 원통형으로, 가로막에 의해 4실(室)이 된다. 각 실 상단에 1개의 경자가 있고 그 위에 1개의 포자를 형성한다. 포자는 백색이다. 고목생.

목이 ●

Auricularia auricula (Hook.) Underw.

봄부터 가을에 걸쳐 활엽수의 고목(枯木), 마른 가지에 군생(群生)하며, 전세계에 분포한다.

자실체(子實體)는 지름 3~12cm로 종형~귀형이며 젤라틴질이다. 비자실층은 미세한 털이 빽빽이 나 있으며 황갈색~갈색이다. 자실층은 평활하나 불규칙한 연락맥(連絡脈)이 있으며 황갈색~홍갈색이다. 담자기(擔子器)는 원통형이며, 가로막에 의해 4실(室)이 된다. 포자(胞子)는 11~17×4~7μm로 콩팥형이고, 표면은 평활하고, 포자문(胞子紋)은 백색이다.

식용버섯이며, 중국 요리, 특히 잡채 요리에 많이 사용된다.

8월 10일　　치악산 구룡사

털목이 ●

Auricularia polytricha (Mont.) Sacc.

봄부터 가을에 걸쳐 활엽수의 고목, 그루터기에 군생하며, 전세계에 분포한다.
갓은 지름 4~8cm, 두께 0.2~0.3cm로 원반형~귀형이며 젤라틴질이다. 비자실층은 회백색이며 짧은 털이 빽빽이 나 있고, 자실층은 평활하나 종종 돌기와 주름이 있고 자갈색이다. 담자기는 원통형이다. 포자는 8~13×3~5μm로 콩팥형이며, 표면은 평활하고, 포자문은 백색이다. 식용버섯이며, 재배가 가능하다.

8월 15일　강원도 대성산

좀목이과 Exidiaceae

혓바늘목이속 *Pseudohydnum*

자실체는 부채형~반원형이고 젤라틴질이다. 자실층은 침상이고 포자는 유구형이다. 목근상생(木根上生).

혓바늘목이 ●

Pseudohydnum gelatinosum (Scop. ex Fr.) Karst.

봄부터 가을에 걸쳐 침엽수림 내 썩은 나무, 그루터기 등에 군생하며, 한국・일본・북아메리카 등지에 분포한다.

자실체는 지름 2.5~7cm, 높이 2.5~5cm로 혀 모양~부채형이며 젤라틴질이다. 자실체 윗면은 회갈색~담갈색이고, 아랫면에는 장원추상의 돌기가 밀집되어 있으며, 그 전면에 자실층이 발달되었고, 대는 있으면 편심생(偏心生)이고 짧다. 담자기는 대가 있는 구형이며 세로막에 의해 2~4실(室)을 이룬다. 포자는 지름 3~7μm로 구형이며, 표면은 평활하고, 포자문은 백색이다. 식용버섯이다.

8월 14일 강원도 대성산

주걱목이속 *Phlogiotis*

자실체는 주걱형이고 젤라틴질이다. 포자는 유구형~콩팥형이다. 지상생.

장미 주걱목이

Phlogiotis helvelloides (Fr.) Martin

8월 14일 강원도 대성산

봄부터 가을에 걸쳐 침엽수림·혼합림 내 땅 위, 또는 썩은 가지에 군생 또는 단생(單生)하며, 전세계에 분포한다.

자실체는 지름 1~7cm, 높이 2.5~9 cm로 주걱형이며 반투명의 젤라틴질이다. 표면은 담홍색·장미색·적등색이며 비단상의 광택이 있고, 갓 끝은 굽은형이다. 자실층은 갓 아랫면에 있고 장미색~적등색을 띤다. 대는 편심생이며 짧고 자실층과 같은 색이다. 담자기는 구형이며 세로막에 의해 2~4실을 이룬다. 포자는 9~12×4~6μm로 유구형(類球形)~타원형이고, 표면은 평활하고, 포자문은 백색이다. 식용불명이다.

6월 8일 광릉 임업시험장

10월 26일 광릉

6월 8일 광릉 임업시험장

좀목이속 *Exidia*

담자기는 **유구형**이다. 포자는 백색이고 신장형이다. 고목생.

좀목이 ●

Exidia glandulosa Fr.

여름과 가을에 활엽수의 죽은 가지, 그루터기에 다수 군생하며, 전세계에 분포한다.

자실체는 지름 10cm 이상, 두께 0.5~2cm로 구형이고 젤라틴질이며 뇌 모양의 주름이 있다. 자실층인 표면 전체에는 유두상 돌기가 있고 청흑색을 띤다. 담자기는 전구 모양으로 윗면에서 아래로 십(十)자형으로 격막이 생겨 2~4실을 이룬다. 포자는 6~13.5×2.5~5.5 μm로 콩팥형이며 표면은 평활하고, 포자문은 백색이다. 식용버섯이다.

7월 23일　속리산

흰목이과　Tremellaceae

흰목이속　*Tremella*

담자기는 서양배형이며, +자형 세로막에 의해 4실(室)이 되고, 상단의 긴 경자 위에 포자가 형성된다. 포자는 백색이고 구형이다. 고목생.

흰목이 ●

Tremella fuciformis Berk.

6월 18일　헌인릉

여름과 가을에 활엽수의 죽은 나무에 발생하며, 전세계의 온대·열대에 널리 분포한다.

자실체는 3~8×2~5cm로 겹꽃형~파도형이며 반투명의 젤라틴질이고 백색이며, 표면에 자실층이 발달되어 있다. 담자기는 지름 10~13μm로 난구형(卵球形)이며 세로막에 의해 2~4실이 되고 그 위에 담자뿔이 형성되어 포자를 형성한다. 포자는 10~16×10~11μm로 유구형이고, 표면은 평활하고, 포자문은 백색이다. 식용버섯이다.

10월 26일　광릉 임업시험장

7월 26일　덕유산 무주 구천동

꽃흰목이 ●

Tremella foliacea Pers. ex Fr.

여름과 가을에 활엽수의 고목 또는 죽은 가지에 발생하며, 전세계에 널리 분포한다.

자실체는 6~12×4~6cm로 겹꽃형~파도형을 이루며 반투명의 젤라틴질이고 담갈색~적갈색이나 건조하면 흑갈색이 된다. 표면은 평활하고 담갈색이며 전표면에 자실층이 발달되어 있다. 담자기는 조롱박형이며, 세로막에 의해 4실(室)이 되고, 위쪽 끝에 4개의 긴 담자뿔이 생겨 그 끝에 포자를 형성한다. 포자는 9~11×6~8μm로 유구형이고, 표면은 평활하고, 포자문은 백색이다. 식용버섯이다.

10월 3일　설악산

붉은목이과　Dacrymycetaceae

붉은목이속　*Dacrymyces*

담자기는 격막이 없고, Y형이다. 포자는 백색이고 원통형이다. 고목생.

붉은목이 ●

Dacrymyces palmatus (Schw.) Burt.

10월 3일　설악산

가을에 침엽수의 고목에 군생하며, 동아시아・북아메리카 등지에 분포한다.

자실체는 지름 2~5cm로 뇌형이며 젤라틴질이고, 표면은 평활하고 황적색이다. 담자기는 격막이 없고 Y형이다. 포자는 16~20×5.5~7μm로 소시지형이며 표면은 평활하고 포자문은 백색이다. 식용불명이다.

8월 9일　덕유산 무주 구천동

7월 30일　광릉. 다발로 나 있음

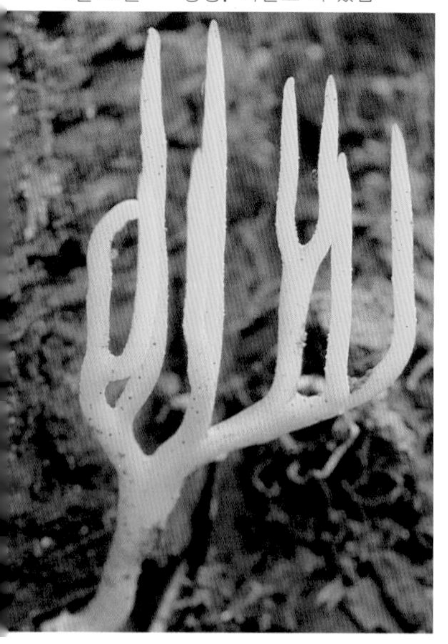

7월 30일　광릉

아교뿔버섯속 *Calocera*

담자기는 격막이 없고 Y형이다. 포자는 갈황색이고 원통형이며 표면은 평활하다. 부후고목생.

싸리아교뿔버섯

Calocera viscosa (Pers. ex Fr.) Fr.

여름과 가을에 침엽수의 썩은 나무 위에 단생 또는 산생(散生)하며, 북반구 온대 이북에 분포한다.

자실체는 높이 2.5~5cm로 산호형이며 젤라틴질이다. 표면은 등황색이며 분지(分枝)가 있고 분지 전면에 자실층이 있다. 담자기는 Y형이다. 포자는 8~13.5×3~4μm로 장타원형이며, 표면은 평활하고 1~2개의 격막이 있으며, 포자문은 갈황색이다. 식용불명이다.

7월 21일　　헌인릉

아교뿔버섯

Calocera cornea (Batsch ex Fr.) Fr.

봄부터 여름에 걸쳐 활엽수의 고목에 군생하며, 전세계에 분포한다.

자실체는 1~1.5×0.2~0.6cm로 뿔형이며 젤라틴질이다. 표면은 평활하고 담황색이며, 자실층은 전면에 발달한다. 담자기는 Y형이다. 포자는 8~9×3.5~5μm로 난형이며 표면은 평활하고 발아 전에 격막이 생겨 2~4개의 세포가 되며, 포자문은 황색이다. 식용불명이다.

7월 15일　　계룡산 갑사

7월 26일　　동구릉

7월 26일　　동구릉

혀버섯속　*Guepinia*

담자기는 격막이 없고 Y형이다. 포자는 난형~신장형이다. 고목생.

혀버섯

Guepinia spathularia (Schw.) Fr.

봄부터 가을에 걸쳐 침엽수의 고목, 죽은 가지 등에 군생하며, 전세계에 널리 분포한다.

자실체는 0.4~1.5×0.2~0.7cm로 주걱형~부채형이며 표면은 등황색이고 젤라틴질이다. 자실층은 평활하고 등황색이나 반대쪽은 짧은 털이 나 있고 담황색이며 건조하면 백색이 된다. 담자기는 격막(隔膜)이 없이 1실이며 Y형이다. 포자는 7~10.5×3.5~4μm로 난형이고 격막이 있으며, 포자문은 황색이다. 식용불명이다.

9월 28일 설악산

벚꽃버섯과 Hygrophoraceae

벚꽃버섯속 *Hygrophorus* Fr.

자실체는 왁스질이고 주름살은 성기며 두껍고 보통 내린형이다. 자실층사(絲)는 갈빗살형이다. 포자는 백색이고 난형 또는 타원형이며, 비아밀로이드이다. 외생균근성. 지상생.

노란털벚꽃버섯 ●

Hygrophorus lucorum Kalchbr.

10월 3일 설악산

늦가을에 활엽수·침엽수·조릿대 숲 내 땅 위에 단생하며, 한국·일본·유럽 등의 북반구 온대 이북에 분포한다.

갓은 지름 3~4cm로 처음에는 평반구형이나 성숙하면 볼록편평형이 되며, 표면은 강한 점성이 있고 담황색이고, 조직은 황색이다. 주름살은 내린형이며 성기고 담황색이다. 대는 5~6×0.5~0.6 cm로 표면은 끈적끈적한 피막으로 덮여 있고 백색~황색이다. 포자는 8~10×4.5~5.5μm로 타원형이며, 표면은 평활하고, 포자문은 백색이다. 식용버섯이다.

9월 9일　　치악산 구룡사. 주름살은 백색이나 암적색 반점이 생김

벚꽃버섯 ●

Hygrophorus russula (Schaeff. ex Fr.) Quél.

여름과 가을에 활엽수림·침엽수림 내 땅 위에 군생(群生)하며, 북반구 온대에 분포한다.

갓은 지름 4~13cm로 처음에는 반구형이나 후에 볼록편평형이 되며, 표면은 습하면 점성이 있고, 중앙부는 암적색, 갓 둘레는 옅은 암적색이다. 주름살은 내린형이며 빽빽하고 처음에는 백색이나 후에 갓과 같은 색의 반점으로 얼룩진다. 대는 3~10×1~3.5cm로 원통형이며, 처음에는 백색이나 후에 갓과 같은 색으로 얼룩진다. 포자는 6~8×3.5~5μm로 타원형이며, 표면은 평활하고, 포자문은 백색이다.

9월 28일　　설악산

식용버섯이며, 많이 발생하는 강원도 지역에서는 소금에 절여 저장하여 겨울에 이용한다.

8월 25일 서울산업대

꽃버섯속 *Hygrocybe* Kummer

자실체는 왁스질로 비교적 밝은 색이 많다. 자실층사(絲)는 규칙적인 평행형이다. 포자는 백색이고 타원형이며 비아밀로이드이다. 지상생.

화병꽃버섯

Hygrocybe cantharellus (Schw.) Murrill

여름과 가을에 소나무 숲, 활엽수림 내 습지에 산생 또는 군생하며, 북반구 일대에 분포한다.

갓은 지름 0.5~3.5cm로 처음에는 평반구형이나 성장하면서 오목편평형이 된다. 갓 표면은 작은 인편이 있고 선홍색~주홍색이다. 주름살은 내린형이며 성기고 담황색~난황색이다. 대는 3~9×0.1~0.3cm로 속은 비어 있고 잘 부서지며, 표면은 선홍색이나 윗부분은 등황색이다. 포자는 6.5~10×4.5~6.5μm로 4포자형 또는 9~12.5×6~7.5μm로 2포자형이고 타원형이며, 표면은 평활하고, 포자문은 백색이다. 식용불명이다.

8월 20일 서울산업대

9월 3일　　동구릉

8월 16일　　강원도 대성산

붉은꽃버섯 ●

Hygrocybe miniata (Fr.) Kummer

여름과 가을에 풀밭, 산림 내 부식토, 잔디밭 등에 군생 또는 산생하며, 동아시아 북부·오스트레일리아·시베리아 등지에 분포한다.

갓은 지름 0.5~1.5cm로 처음에는 평반구형이나 차차 편평형이 되고, 표면은 적등황색이며, 중앙부에는 작은 인편이 있다. 주름살은 완전붙은형이며 성기고 황색~적황색이다. 대는 2~5×0.2~0.5cm로 속은 비어 있고 적등색~적황색이며, 기부쪽은 담적황색이다. 포자는 7~10×4.5~5.5μm로 장타원형이며, 표면은 평활하고, 포자문은 백색이다. 식용버섯이다.

9월 16일　동구릉

노란대꽃버섯
Hygrocybe flavescens (Kauffm.) Sing.

여름과 가을에 산림 내 땅 위, 풀밭에 군생하며, 한국·일본·북아메리카·유럽 등지에 분포한다.

갓은 지름 2~5.5cm로 평반구형을 거쳐 오목편평형이 되며, 표면은 황록색~등황색이며 습하면 점성이 있고 방사상의 반투명 선이 있다. 주름살은 끝붙은형이며 약간 성기고 담황색이다. 대는 3~7×0.4~0.8cm로 황록색이며, 속은 비어 있고 위아래 굵기가 같으며 잘 부서진다. 포자는 7~9×4~5μm로 타원형이며, 표면은 평활하고, 포자문은 백색이다. 식용불명이다.

9월 10일　치악산

7월 29일 서울산업대

8월 18일 서울산업대

질산무명버섯 ●

Hygrocybe nitrata (Pers. ex Pers.) Wünsche

여름에 풀밭, 잔디밭 등에 군생하며, 한국·유럽 등지에 분포한다.

갓은 지름 2.5~4cm로 처음에는 오목반구형이나 차차 오목편평형이 된다. 갓 표면은 갈회색이며 방사상(放射狀) 선이 있고, 조직은 담백황색이고 질산 냄새가 난다. 주름살은 끝붙은형이며 약간 빽빽하고 담갈색이다. 대는 3.5~6×0.6~0.7cm로 속은 비어 있고 백황갈색이다. 포자는 7~9×4~6μm로 타원형~난형이고, 표면은 평활하며 아밀로이드이고, 포자문은 백색이다. 식용불명이다.

10월 2일 설악산. 접촉된 대 부위가 검게 변함

붉은산벚꽃버섯 ●

Hygrocybe conica (Scop. ex Fr.) Kummer

여름과 가을에 숲 속, 풀밭, 대나무 밭 등의 땅 위에 산생하며, 전세계에 분포한다.

갓은 지름 1.5~4.5cm로 처음에는 원추형이나 후에 볼록편평형이 되며, 표면은 습하면 점성이 있고 적색~적황색으로 아름답지만 만지거나 성숙하면 검은색으로 변한다. 주름살은 끝붙은형이고 약간 성기고 담황색이나 상처가 나면 흑색으로 변한다. 대는 3~8×4~8cm로 표면은 섬유상의 세로줄이 있고, 처음에는 황색이나 점차 흑색으로 변한다. 포자는 10~14.5×5~7.5μm로 장타원형이며, 표면은 평활하고, 포자문은 백색이다. 소형이어서 식용의 실제 가치는 적으나 사라다에 넣어 색조 효과를 얻는다. 체질에 따라 중독되는 예도 있으므로 주의하여야 한다.

10월 2일 설악산. 상처난 갓 꼭대기가 검게 변함

10월 8일　선정릉

11월 21일　동구릉

치마버섯과 Schizophyllaceae

치마버섯속 *Schizophyllum* Fr. ex Fr.

갓은 부채형이고 미세한 털로 덮여 있다. 주름살날은 2개의 세로줄로 갈라진다. 대는 측심생이다. 포자는 백색이고 원통형이다. 고목생, 생목생.

치마버섯

Schizophyllum commune Fr. ex Fr.

봄부터 가을에 걸쳐 활엽수·침엽수의 고목, 나무 토막, 용재(用材), 그루터기 등에 속생하는 목재백색부후균이며, 전세계에 분포한다.

갓은 지름 1~3cm로 부채형~조개형이며, 표면은 백색~회색 털이 빽빽이 나 있으며, 갓 둘레는 불규칙하게 갈라졌다. 조직은 가죽질이고 마르면 오므라들고 물에 담그면 다시 원래 모양으로 된다. 주름살은 백색·회색·담자갈색을 띠며, 주름살날은 부드럽고 작은 털이 있다. 대는 없고 갓의 일부가 기주(寄主)에 붙어 있다. 포자는 4~6×1.5~2μm로 원통형이며, 표면은 평활하고, 포자문은 백색이다. 식용불명이다.

10월 7일　동구릉. 담회갈색형

느타리과 Pleurotaceae

느타리속 *Pleurotus* (Fr.) Quél.

대는 측심생, 편심생 또는 중심생이다. 포자는 담홍색~자회색이며 원통형이고, 비아밀로이드이다. 균사에는 부리상 돌기가 있다. 고목생.

느타리 ●

Pleurotus ostreatus (Jacq. ex Fr.) Kummer

늦가을부터 이듬해 봄에 걸쳐 활엽수 또는 침엽수의 죽은 가지나 그루터기에 군생 또는 중생하는 목재백색부후균(木材白色腐朽菌)이며, 전세계에 분포한다.

갓은 너비 5~15cm로 처음에는 반구형이나 차차 콩팥형에서 조개형·깔때기형이 된다. 갓 표면은 처음에는 흑색~회청색이나 후에 회색·회갈색·회백색·백색 등 다양하고, 조직은 두껍고 탄력성이 있으며 백색이다. 주름살은 내린형이며 약간 빽빽하고 백색~회색을 띤다. 대는 1~4×0.7~1.8cm로 측심형 또는 편심형이며, 표면은 백색이고, 기부는 백색의 짧은 털 모양의 균사가 덮여 있다. 포자는 7.5~11×3~4.5 μm로 타원형이며, 표면은 평활하고, 포자문은 백색~담자회색이다. 식용버섯이다.

10월 13일　동구릉

8월 25일　　서울산업대

8월 30일　　서울산업대 . 주름살

참버섯속 *Panus* Fr. em. Sing.

자실체는 육질 또는 혁질이다. 주름살은 내린형이다. 물기가 있으면 원상으로 된다. 포자는 백색이고 비아밀로이드이다. 고목생.

참버섯 ●

Panus rudis Fr.

초여름부터 가을에 걸쳐 각종 활엽수의 그루터기, 죽은 나무에 군생 또는 속생하며, 거의 전세계에 분포한다.

갓은 지름 1.5~5cm로 깔때기형 또는 한쪽이 터진 깔때기형이며, 표면은 담황갈색~담자갈색이고 거친 털이 빽빽이 퍼져 있다. 주름살은 내린형이며 약간 빽빽하고 담황갈색을 띤다. 대는 5~20×0.3~1cm로 중심형 또는 편심형이며 짧고, 표면에는 거친 털이 있고 갓과 같은 색이다. 포자는 4.5~6×2~3μm로 타원형이며, 표면은 평활하고, 포자문은 백색이다. 어릴 때는 식용하지만 성숙하면 질겨서 식용으로 부적당하다.

10월 27일　　광릉 봉선사

표고 ●●

Lentinus edodes (Berk.) Sing.

봄부터 가을에 걸쳐 참나무·졸참나무·너도밤나무 등 활엽수의 나무 토막, 그루터기에 단생 또는 군생하는 목재백색부후균이며, 동아시아·동남 아시아·뉴질랜드 등지에 분포한다.

갓은 지름 5~10(20)cm로 반구형~콩팥형이다. 갓 표면은 담갈색이며 농갈색의 섬유상 또는 비늘 모양의 인피가 덮여 있고, 표피는 구열상(龜裂狀)이다. 주름살은 홈형이며 빽빽하고 백색이며, 주름살날은 톱니형이다. 대는 3~8×0.6~1.2cm로 편심생 또는 중심생이며 윗부분에 백색의 턱받이가 있다. 턱받이 위쪽은 백색이며 평활하고, 아래쪽은 백색~담갈색 인피(鱗皮)가 있다. 포자는 4~6.5×3~4μm로 타원형이며, 표면은 평활하고, 포자문은 백색이다. 식용버섯이며, 항암·항고혈압 성분이 포함되어 있다.

5월 10일　　광릉 임업시험장

잣버섯속 *Lentinus* Fr. em. Sing.

조직은 처음에는 연육질이나 후에 질겨지고, 대는 중심생 또는 편심생이다. 주름살날은 톱니형이다. 포자는 백색이며, 비아밀로이드이다. 고목생.

5월 20일　　동구릉

잣버섯 ●

Lentinus lepideus (Fr. ex Fr.) Fr.

이른 여름부터 가을에 걸쳐 침엽수의 그루터기, 고목, 생나무에 단생 또는 속생하는 목재갈색부후균(木材褐色腐朽菌)이며, 전세계에 분포한다.

갓은 지름 5~15(25)cm로 처음에는 평반구형이나 차차 편평형이 되고, 표면은 백색~담황갈색이며 황갈색의 인피가 있고 때로는 갓이 찢어져 백색의 조직이 보인다. 주름살은 홈형이며 약간 빽빽하고 백색이며, 주름살날은 톱니형이다. 대는 2~8×1~2cm로 표면은 백색~담황색이고 황갈색의 인피가 있다. 기부는

6월 5일　　종묘, 성균

7월 26일　　종묘, 유균

5월 31일　　광릉, 주름살

8월 6일　　종묘

비늘 모양의 인피가 덮여 있으며 담황색의 턱받이가 있다. 포자는 7~11×3~5μm로 장타원형이며, 표면은 평활하고, 포자문은 백색이다. 식용버섯이지만 가벼운 중독을 일으키기도 한다.

10월 5일 광릉 임업시험장

부채버섯속 *Panellus* Karst.

갓은 부채형이고 대는 짧다. 포자는 백색이고 타원형~원통형이며, 아밀로이드이다. 고목생.

부채버섯

Panellus stypticus (Bull. ex Fr.) Karst.

여름과 가을에 각종 활엽수의 고목·그루터기에 중생하며, 전세계에 널리 분포한다.

갓은 지름 1~2cm로 콩팥형이며 표면은 담황갈색이고, 갓 끝은 말린형이다. 주름살은 내린형이며 빽빽하고 황갈색이고 연락맥이 있다. 대는 길이 0.2~0.3cm로 측심생이며 갓과 같은 색이다. 포자는 3~6×2~3μm로 원통형이며, 표면은 평활하고 아밀로이드이며, 포자문은 백색이다. 식용불명이다.

10월 3일 광릉 임업시험장

10월 26일 광릉 임업시험장

7월 26일 종묘
잣버섯 유균

10월 27일　광릉 임업시험장

11월 1일　광릉

10월 27일　광릉 임업시험장

참부채버섯 ●

Panellus serotinus (Pers. ex Fr.) Kühn.

가을에 졸참나무·너도밤나무 등 활엽수의 고목에 중생하며, 북반구 온대 이북에 분포한다.

갓은 지름 5~10cm로 반원형이며, 표면은 점성이 있고 자갈색~자황갈색이며 가는 털이 있고, 표피는 잘 벗겨지고, 조직은 백색이다. 주름살은 내린형이고 빽빽하고 황백색이다. 대는 길이 0.3~0.5cm로 편심생이며, 표면에 갈색의 짧은 털이 있고 턱받이 모양의 볼록한 부분이 있다. 포자는 4~5.5×1μm로 원통형이며, 표면은 평활하고, 포자문은 백색이다. 식용버섯이나 독버섯인 화경버섯과 형태가 유사하므로 주의하여야 한다.

10월 7일　설악산

송이과　Tricholomataceae

송이속　*Tricholoma* (Fr.) Quél.

크기는 중형 또는 대형이고 조직은 육질이고, 주름살은 홈형이다. 턱받이가 대부분 있으며 포자는 백색이고 비아밀로이드이다. 균사에 부리상 돌기가 있다. 외생균근성. 지상생.

송이 ●

Tricholoma caligatum (Viviani) 「Ricken

가을에 20년생 이상 되는 적송림 내 땅 위에 산생 또는 군생하는 균근형성균(菌根形成菌)이며, 한국·일본·중국·타이완·이탈리아 등지에 분포한다.

갓은 지름 8~25cm로 처음에는 구형이나 후에 볼록편평형이 되고, 표면은 담황갈색~황갈색의 섬유상 인피로 덮여 있다. 조직은 치밀하고 백색이며 맛과 향기가 좋다. 주름살은 홈형, 백색이다. 대는 10~20×1.5~3cm로 위아래 굵기가 같고 솜털상의 턱받이가 있다. 턱받이 위쪽은 백색이나 아래쪽은 갈색의 섬유상 인피가 덮여 있다. 포자는 6.5~7.5×4.5~5.5μm로 타원형~구형이며, 표면은 평활하고, 포자문은 백색이다. 식용버섯이며, 한국·일본·중국 등지에서 가장 인기 있는 버섯이다.

9월 24일　속리산. 주름살

10월 15일　　동구릉. 소나무 뿌리 근처에 군생

담갈색송이 ●

Tricholoma ustale (Fr. ex Fr.) Kummer

가을에 활엽수와 소나무 숲 혼합림 내 땅 위에 단생 또는 군생하며, 북반구 온대에 분포한다.

갓은 지름 3~8 cm로 처음에는 원추형이나 후에 볼록편평형이 된다. 갓 표면은 적갈색~담갈색이며, 습할 때에는 점성이 있고 갓 끝은 굽은형이며, 조직은 백색이나 상처가 나면 갈색으로 변한다. 주름살은 홈형이며 빽빽하고 백색이나 후에 적갈색 얼룩이 생긴다. 대는 2.5~6×0.6~2 cm로 섬유상이며, 기부는 약간 굵고 위쪽은 백색, 아래쪽은 담적갈색이며 속은 비었거나 찼다. 포자는 5.5~6.5×3.5~4.5 μm로 난형이며 표면은 평활하고, 포자문은 백색이다. 독버섯이며, 오식하면 구토, 설사, 복통을 일으키나 소금에 절이면 독성이 약해진다. 또 소나무숲에서 발생하는 것은 독이 없다고 알려졌다.

9월 28일　설악산. 대기부는 굴곡되었음

금버섯 ●

Tricholoma flavovirens (Pers. ex Fr.) Lund.

가을에 침엽수림·활엽수림 내 땅 위에 단생 또는 군생하며, 북반구 일대에 분포한다.

갓은 지름 4~9cm로 처음에는 반구형이나 후에 편평형이 된다. 갓 표면은 황색 바탕에 황록갈색~갈색 인편이 있는데, 중앙부에 빽빽이 퍼져 있고, 조직은 담황색이며 쓴맛이 있다. 주름살은 끝붙은형이며 빽빽하고 황록색이다. 대는 5~9.5×0.8~1.1cm로 황색이며 기부쪽은 팽대하다. 포자는 6~8×3~5μm로 타원형이며, 표면은 평활하고, 포자문은 백색이다. 식용버섯이다.

8월 2일　재배형

9월 28일　설악산

9월 28일　설악산. 갓의 중앙부가 돌출되었음

8월 30일　홍천 강원대 연습림

독송이 ●

Tricholoma muscarium Kawam. ex Hongo

가을에 활엽수와 소나무 숲, 혼합림 내 땅 위에 단생 또는 군생하며, 한국·일본 등지에 분포한다.

갓은 지름 4~6cm로 처음에는 원추형이나 차차 중앙이 돌출한 편평형이 된다. 갓 표면은 담황색 바탕에 갈황록색이고, 방사상의 섬유가 있다. 주름살은 올린형 또는 홈형이며 빽빽하고, 백색이나 후에 황색이 된다. 대는 6~8×0.6~1.4cm로 백색~담황색이며, 조직은 백색이다. 포자는 5.5~7.5×4~5μm로 짧은 타원형이며, 표면은 평활하고, 포자문은 백색이다. 식용하나 과식은 금물이며, 아미노산인 트리코로민산(Tricholomic acid)이 함유되어 있다.

9월 9일　　치악산 구룡사. 갓의 가운데 부근에 회갈색의 작은 인편이 있음

할미송이 ●

Tricholoma saponaceum (Fr.) Kummer

가을에 침엽수림·활엽수림· 혼합림 내 땅 위에 단생 또는 군생하며, 북반구 온대 이북에 분포한다.

갓은 지름 3.5~7cm로 처음에는 반구형이나 후에 볼록편평형이 된다. 갓 표면은 황록색이나 중앙부에는 분말상의 회갈색 인편이 빽빽이 있고, 조직은 백색이다. 주름살은 홈형. 빽빽하고 처음에는 백색이나 후에 적색 얼룩이 생긴다. 대는 2.5~8×0.8~1.5cm로 백색~황록색이며 회색 인편이 빽빽하다.

포자는 5~6.5×2.5~4.5μm로 타원형이며, 표면은 평활하고, 포자문은 백색. 식용버섯이나 생식하면 중독된다.

9월 9일　　치악산 구룡사

8월 24일 동구릉

졸각버섯속 *Laccaria* Berk. et Br.

갓은 오목평반구형이고 주름살은 성기며 완전붙은형 또는 내린형이다. 포자는 백색이고 구형~장타원형이며 표면에 침상 돌기가 있고 비아밀로이드이다. 외생균근성. 지상생.

색시졸각버섯 ●
Laccaria vinaceoavellanea Hongo

여름에 활엽수림 내 땅 위에 군생하며, 한국·일본·뉴기니 등지에 분포한다.

갓은 지름 3~8cm로 처음에는 평반구형이나 후에 오목편평형이 된다. 갓 표면은 담자갈색~담황갈색이며 방사상의 홈선이 있다. 주름살은 내린형 또는 완전붙은형이며 성기고 갓과 같은 색이다. 대는 5~8×0.3~0.7cm로 위아래 굵기가 같고, 표면은 섬유상이며 세로줄이 있고 갓과 같은 색이다. 포자는 지름 7.5~8.5μm로 구형이며, 표면은 길이 1μm의 작은 돌기가 있고, 포자문은 백색이다. 식용버섯이다.

7월 12일　　서오릉. 왼쪽 것은 노균

8월 7일　　동구릉

9월 3일　　동구릉

6월 18일　　헌인릉

졸각버섯 ●

Laccaria laccata (Scop. ex Fr.) Berk. et Br.

여름과 가을에 길가나 숲 속 나무 밑 땅 위에 군생하며, 전세계에 분포한다.

갓은 지름 1.5~3.5cm로 처음에는 평반구형이나 후에 오목편평형이 되며, 표면은 선홍색~담홍갈색이고, 중앙부는 작은 인피가 빽빽이 퍼져 있다. 조직은 섬유질이며 갓과 같은 색이다. 주름살은 끝붙은형이며 성기고 담홍색이다. 대는 2~4×0.3~0.4cm로 갓과 같은 색이다. 포자는 지름 7.5~9μm로 구형이며, 표면은 밤송이상의 침상 돌기가 빽빽하고, 포자문은 백색이다. 식용버섯이다.

7월 23일　　서오릉

7월 13일　　서울산업대

7월 30일 태릉

자주졸각버섯 ●

Laccaria amethystea (Bull.) Murr.

여름과 가을에 길가, 침엽수림 · 활엽수림 · 잡목림 내 땅 위에 군생하며, 북반구에 분포한다.

갓은 지름 1.5~3cm로 처음에는 평반구형이나 후에 오목편평형이 되며, 표면은 농자주색이다. 주름살은 끝붙은형이며 성기고 자색이다. 대는 2~7×0.2~0.3cm로 위아래 굵기가 같고, 표면은 섬유상이며 갓과 같은 색이다. 포자는 지름 7.5~9μm로 구형이며, 표면은 길이 0.9~1.3μm의 작은 돌기가 있고, 포자문은 백색이다. 식용버섯이다.

8월 9일 서오릉

8월 23일　　헌인릉. 늙은 절구 버섯 갓에 3개의 자실체가 발생

7월 30일　　태릉

덧부치버섯속 *Asterophora* ex Fr. Ditm.

갓과 주름살에 후막포자가 덮여있다. 주름살은 완전붙은형이며 성기다 포자는 백색이고 타원형이다. 균사에는 부리상 돌기가 있다. 굴털이 등에 사물기생(균생).

덧부치버섯

Asterophora lycoperdoides (Bull.) Ditm. ex Fr.

여름과 가을에 굴털이・절구버섯・애기무당버섯・흑갈색무당버섯 등의 늙은 자실체 위에 기생하며, 북반구에 분포한다.

갓은 지름 0.5~1.5cm로 처음에는 반구형이나 후에 평반구형이 되고, 표면은 성숙하면 중앙부에서 담갈색을 띤 분말상의 후막포자(厚膜胞子)가 생성된다. 주름살은 완전붙은형이며 성기고 두꺼우며 백색이다. 대는 0.8~5.2×0.3~ 1.1cm로 원통형이며, 표면은 백색~오갈색이다. 포자는 3.5~5.5×2.5~3.5μm로 오이씨형이며, 포자문은 백색이다. 후막포자는 12~16×14~18μm로 별 모양이며, 표면에 수십 개의 불규칙한 크고 작은 돌기가 있다. 식용불명이다.

6월 18일　　헌인릉. 대 근부는 팽대되었음

자주방망이버섯속 *Lepista* (Fr.) W. G. Smith

자실체는 육질이며 송이형이나 턱받이가 없다. 포자는 담홍색이며 유구형으로 표면에 작은 돌기가 있고 비아밀로이드이다. 균사에는 부리상 돌기가 있다. 낙엽분해성, 균륜성. 지상생.

민자주방망이버섯 ●

Lepista nuda (Bull. ex Fr.) Cooke

7월 2일　　동구릉. 갓 끝이 말린형

가을부터 초겨울에 걸쳐 정원 잡목림 내 땅 위에 단생 또는 군생하는 낙엽분해균(落葉分解菌)으로 균륜(菌輪)을 만들며, 북반구 일대·오스트레일리아 등지에 분포한다.

갓은 지름 4~12cm로 평반구형~편평형이다. 갓 표면은 평활하고 처음에는 자주색이나 차차 퇴색하여 갈자색이 되며, 갓 끝은 굽은형이며, 조직은 담자색이다. 주름살은 끝붙은형이며 빽빽하고 처음에는 자주색이나 후에 담황자색이 된다. 대는 4~9×0.8~2cm로 표면은 자주색이고 기부는 약간 굵다. 포자는 5~7×3~4μm로 타원형이며, 표면은 미세한 돌기가 있고, 포자문은 담홍색이다. 식용버섯이나 생식하면 중독된다.

10월 9일 동구릉. 대는 위아래 굵기가 같음. 대 표면은 섬유상

자주방망이버섯아재비 ●

Lepista sordida (Schum. ex Fr.) Sing.

7월 29일 서울산업대

여름과 가을에 유기물이 많은 밭, 길가, 풀밭, 화전지(火田地) 등에 군생 또는 속생하며, 때로는 잔디 위에 균륜을 형성하며, 잔디를 마르게 하는 경우가 있어 유해균으로 여긴다. 북반구 일대에 분포한다.

갓은 지름 3~8cm로 처음에는 평반구형이나 후에 편평형~오목편평형이 되고, 표면은 처음에는 담자갈색이나 차차 황회갈색이 된다. 주름살은 완전붙은형 또는 홈형이며 성기고 담회자색이다. 대는 2.5~4.5×0.6~1cm로 위아래 굵기가 같고, 표면은 섬유상이고 담회자색이다. 포자는 6.3~7.5×3.7~5μm로 타원형이며, 표면에 사마귀상의 미세한 돌기가 있고, 포자문은 담홍색이다. 식용버섯이다.

◄ 7월 23일 서오릉

9월 18일 광릉 봉선사. 대 표면은 솜털상의 균사가 있음

8월 22일 오대산

깔때기버섯속 *Clitocybe* Kummer

자실체는 육질이다. 갓은 깔때기형이고 주름살은 내린형이다. 포자는 백색~담황색이며 비아밀로이드이다. 균사에는 부리상 돌기가 있다. 지상생.

하늘색깔때기버섯 ●

Clitocybe odora (Bull. ex Fr.) Kummer

여름과 가을에 활엽수림 내 낙엽 위에 단생 또는 군생하며, 북반구 온대 이북에 분포한다.

갓은 지름 3~10cm로 처음에는 평반구형이나 후에 오목편평형~깔때기형이 되며, 표면은 평활하고 청회색~청록색이고, 조직은 백색이다. 주름살은 약간 내린형이며 성기고 백색~담황색이다. 대는 2~8×0.4~0.8cm로 표면은 갓과 같은 색이며, 기부는 약간 굵고 섬유질상의 균사가 있다. 포자는 7~8×4~4.5 μm로 타원형이며, 표면은 평활하고, 포자문은 백색이다. 식용버섯이다.

8월 21일 광릉

깔때기버섯 ●

Clitocybe gibba (Pers. ex Fr.) Kummer

여름과 가을에 활엽수림 · 침엽수림 · 혼합수림 내 땅 위, 낙엽 위에 군생 또는 단생하며, 북반구 일대에 분포한다.

갓은 지름 3~8cm로 처음에는 평반구형이나 후에 깔때기형이 되며, 표면은 건성이고 비단상이며 담홍색~담홍갈색이고, 조직은 단단하고 백색이다. 주름살은 내린형이고 빽빽하고 좁으며 백색~담황색이다. 대는 2.5~5×0.5~1.3cm로 위아래 굵기가 같고, 표면은 건성이고 섬유상이며 갓과 같은 색이거나 약간 옅은색이다. 포자는 5.5~8×3.4~5.4μm로 타원형이며, 표면은 평활하고, 포자문은 백색~담황색이다. 식용버섯이다.

8월 21일 광릉

7월 1일　관악산 낙성대. 갓 끝은 굽은형, 갓 표면은 비단상의 광택이 있음

10월 9일　동구릉

10월 9일　동구릉

비단빛깔때기버섯 ●

Clitocybe candicans (Pers. ex Fr.) Kummer

가을에 활엽수림 내 낙엽 위에 군생하며, 한국·일본·유럽·북아메리카 등지에 분포한다.

갓은 지름 2~4cm로 처음에는 평반구형이나 후에 오목편평형이 되며, 표면은 평활, 분상·비단상의 윤기가 있고 백색이다. 갓 끝은 거의 성장할 때까지 굽은형이다. 주름살은 완전붙은형 또는 약간 내린형이며 빽빽하고 백색이다. 대는 1.5~3.5×0.2~0.4cm로 위아래 굵기가 같고, 속은 비어 있고, 기부에는 짧은 균사가 있고 굽어 있다. 포자는 4~5×2~2.5μm로 타원형이며, 표면은 평활하다. 식용불가이다.

7월 30일　　동구릉. 주름살은 약간 성김

흰삿갓깔때기버섯 ●

Clitocybe fragrans (With. ex Fr.) Kummer

가을부터 초겨울에 걸쳐 침엽수림·잡목림 내 땅 위에 군생 또는 속생(束生)하며, 북반구 온대 이북·아프리카 등지에 분포한다.

갓은 지름 1.5~4cm로 오목 편평형~깔때기형이며, 표면은 평활하고, 습할 때 방사상의 선이 나타나며 백색이나 후에 약간 담갈색이 되고 갓 끝은 처음에는 굽은형이다. 주름살은 완전붙은형 또는 내린형, 약간 빽빽하고 연락맥이 있으며 백색~담황색이다. 대는 3~5×0.3~0.8cm로 속이 비어 있고 갓과 같은 색이며, 기부는 솜털 모양의

8월 18일　　헌인릉

균사체(菌絲體)가 있다.

포자는 5~7.5×3.5~4.2μm로 장타원형이며, 표면은 평활하고 포자문은 백색이다.

식용하였으나 최근 독성분 무스카린(muscarine)을 함유한 것이 판명되었으므로 주의하여야 한다.

8월 15일　　강원도 대덕산

솔버섯속 *Tricholomopsis* Sing.

자실체는 송이형이고 갓과 대에 작은 인편이 있다. 주름살은 백색~황색이다. 포자는 백색이며 타원형이고 비아밀로이드이다. 날시스티디아는 대형이다. 고목생.

장식솔버섯 ○

Tricholomopsis decora (Fr.) Sing.

여름과 가을에 침엽수의 고목, 쓰러진 나무에 속생 또는 단생하며, 북반구 온대 이북 · 북아메리카 등지에 분포한다.

갓은 지름 3~6cm로 반구형~중앙오목형이며, 표면은 황색 바탕에 암갈색~흑색의 미세한 인편이 흩어져 있고 중앙부에 밀집되어 있다. 주름살은 완전붙은형이며 빽빽하고 황색이다. 대는 3~6.5×0.4~0.7cm로 표면은 갓과 같은 색이고 작은 인편이 산재한다. 포자는 6~7.5×4~5.5μm로 타원형이며, 표면은 평활하고 포자문은 백색이다.

7월 10일 서오릉.

솔버섯 ●

Tricholomopsis rutilans (Schaeff. ex Fr.) Sing.

7월 12일 서오릉

9월 16일 동구릉

여름과 가을에 침엽수의 그루터기, 죽은 나무 위에 단생 또는 속생하며, 거의 전세계에 분포한다.

갓은 지름 4~20cm로 처음에는 종형~평반구형이나 후에 편평형이 되고, 표면은 황색 바탕에 암적갈색의 미세한 짧은 털이 빽빽이 나 있으며 가죽 같은 감촉이 있고, 조직은 담황색이다. 주름살은 끝붙은형 또는 완전붙은형이며 약간 빽빽하고 황색이다. 대는 4~10×0.3~2cm로 위아래 굵기가 거의 같고, 표면은 황색 바탕에 적갈색의 작은 인편이 있다. 포자는 6~8×5~6μm로 타원형이며, 표면은 평활하고, 포자문은 백색이다.

식용버섯이나 중독되는 예도 있다. 2개월 이상 소금에 절여 저장하면 풍미는 떨어지지만 안전하다.

10월 2일　　설악산. 백황색 턱받이가 있음

10월 7일　　동구릉

뽕나무버섯속 *Armillariella* Karst.

포자는 백색이며 타원형이고 비아밀로이드 이다. 균사속(束)이 발달되어 있다. 생목생.

뽕나무버섯 ●

Armillariella mellea (Vahl. ex Fr.) Karst.

봄부터 가을에 걸쳐 활엽수·침엽수의 생나무 밑동, 그루터기, 죽은 가지 등에 속생한다. 산림에는 피해를 주는 기생균이며 천마(天麻)와 공생하고 난초와도 내생균근(內生菌根)을 형성하며, 전세계에 분포한다.

갓은 지름 1~12cm로 처음에는 평반구형이나 차차 편평형이 된다. 갓 표면은 담갈색~담황갈색이며, 중앙부에는 흑갈색의 섬유상 털이 나 있고, 갓 둘레는 방사상 선이 있다. 주름살은 내린형이며 약간 성기고 처음에는 백색이나 후에 담갈색이 된다. 대는 4~15×0.6~2cm로 섬유질이며, 위쪽은 백색~담황색이며 백황색의 턱받이가 있고, 아래쪽은 흑갈색이고 기부에는 흑색의 균사속을 형성한다. 포자는 7~8.5×4.5~6.5μm로 타원형이며, 표면은 평활하고 포자문은 백색이다. 맛 좋은 식용버섯이나 생식하면 중독된다.

8월 9일　서오릉. 턱받이가 없음

뽕나무버섯부치 ●

Armillariella tabescens (Scop.) Sing.

여름과 가을에 각종 활엽수의 밑동, 그루터기, 죽은 가지 등에 속생하며, 북반구 온대·오스트레일리아 등지에 분포한다.

갓은 지름 3~10cm로 처음에는 평반구형이나 차차 오목편평형이 된다. 갓 표면은 황갈색~담갈색이며, 중앙부에 섬유상 인편이 있고, 갓 둘레에는 방사상 선이 있다. 주름살은 내린형이며 약간 빽빽하고 처음에는 백색이나 차차 갈색으로 변한다. 대는 5~20×0.6~1.6cm로 위아래 굵기가 같고 섬유질상의 세로줄이 있으며 갓과 같은 색이다. 기부는 흑색의 균사속(菌絲束)을 형성한다. 포자는 7~9×4~6μm로 타원형이며, 표면은 평활하고, 포자문은 백색이다. 식용버섯이다.

9월 16일　동구릉

9월 2일　선정릉

6월 19일　　서울산업대. 대 기부는 구근상이고 섬유상 균사가 있음

볼록버섯속　*Melanoleuca* Pat.

자실체는 육질이고 송이형이다. 대 표면은 섬유상이다. 주름살은 완전붙은형이다. 포자는 백색이며 타원형이고 작은 돌기와 포자반이 있으며 아밀로이드이다. 지상생.

잔디볼록버섯 ●

Melanoleuca melaleuca (Pers. ex Fr.) Murr.

봄부터 가을에 걸쳐 산림, 풀밭, 정원 잔디밭 등지에 산생하며, 북반구 일대·오스트레일리아 등지에 분포한다.

갓은 지름 3~8cm로 처음에는 평반구형이나 차차 유두(乳頭)가 있는 편평형이 되며 표면은 암갈색이다. 주름살은 완전붙은형 또는 홈형이며 빽빽하고 백색이다. 대는 4~7×0.8~1.4cm로 위아래 굵기가 같고 곧으며, 표면은 암회갈색 섬유질의 인피가 있고, 기부는 괴근상(塊根狀)이다. 포자는 6.5~8.5×4.5~5μm로 타원형이며, 표면에 작은 돌기와 포자반이 있고, 포자문은 백색이다. 식용버섯이다.

9월 10일　　치악산 구룡사

7월 4일　서울산업대

흰볼록버섯 ●

Melanoleuca verrucipes (Fr.) Sing.

여름과 가을에 풀밭, 삼림, 정원, 잔디밭 등에 산생 또는 군생하며, 한국·일본·유럽 등지에 분포한다.

갓은 지름 2.5~7cm로 처음에는 평반구형이나 차차 유두가 있는 편평형이 된다. 갓 표면은 백색이며 평활하고, 중앙부는 갈색이고, 조직은 백색이며 밀가루 냄새가 난다. 주름살은 홈형 또는 완전붙은형이며 빽빽하고 백색이다. 대는 3~9×0.5~1cm로 표면은 백색 바탕에 갈색~흑갈색의 분말상 인편이 있으며,

7월 25일　파주 공릉

기부는 굵다. 포자는 6~9×3.5~4.5μm로 타원형이며, 표면에 미세한 돌기와 포자반(胞子斑)이 있고, 포자문은 백색이다. 식용버섯이다.

8월 31일　　홍천 강원대 연습림. 갓 끝은 어릴 때는 말린형

흰우단버섯속 *Leucopaxillus* Boursier

자실체는 중형 또는 대형이다. 갓은 편평형~깔때기형이고 갓 끝은 말린형이다. 주름살은 내린형 또는 홈형이다. 포자는 백색이며 타원형이고 아밀로이드이다. 균사에 부리상 돌기가 있다. 지상생.

흰우단버섯 ●

Leucopaxillus giganteus (Sow. ex Fr.) Sing.

여름과 가을에 공원, 산림, 대나무 숲, 특히 삼나무 숲의 땅 위에 단생 또는 군생하며, 북반구 온대 이북에 분포 한다.

갓은 지름 7~30(45) cm로 처음에는 편평형이나 차차 깔때기형이 되며, 표면은 백색의 미세한 인편이 있고, 갓 끝은 말린형이다. 주름살은 내린형이며 빽빽하고 폭이 좁고 연락맥이 있으며 담황색이다. 대는 5~12×1.5~2.5cm로 위아래 굵기가 같고, 표면은 평활하고 백색이다. 포자는 5.5~7×3.5~4.5μm로 타원형이며, 표면은 평활하고 아밀로이드이고, 포자문은 백색이다. 식용버섯으로, 희고 광택이 나고 아름 다우며 맛도 매우 좋다.

9월 10일　치악산 구룡사. 기부에 백색 균사가 있음

애기버섯속 *Collybia* Kummer

갓은 반구형으로 초기에는 갓 끝은 말린형이다. 주름살은 백색이며 내린형은 없다. 대는 질기고 연골질이다. 포자는 백색, 담황색~담홍색이며, 원형~타원형이고 비아밀로이드이다. 균생. 낙엽생. 낙엽 분해성.

흰무리애기버섯 ●
Collybia cirrhata (Pers.) Quél.

9월 10일　치악산 구룡사

봄부터 가을에 걸쳐 혼합림 내 부패한 식물체나 버섯 위에 군생하며, 한국·북아메리카·북반구 온대 등지에 분포한다.

갓은 지름 0.3~0.9cm로 처음은 반구형이나 편평형이 되고, 표면은 평활하고 백색~담홍색이며 습할 때는 투명선이 나타나고, 조직은 매우 얇고 백색이다. 주름살은 완전붙은형이고 약간 성기고 백홍색이다. 대는 2~4.2×0.1~0.2cm로 위아래 굵기가 거의 같거나 기부쪽이 약간 굵으며 백회갈색이고, 기부에는 백색 균사가 있다. 포자는 4.5~6.5×2.5~3μm로 타원형이며, 표면은 평활하고, 포자문은 백색이다. 식용불명이다.

8월 18일　　헌인릉. 주름살은　담황색

7월 17일　　광릉 봉선사

가랑잎애기버섯 ●

Collybia peronata (Bolt. ex Fr.) Kummer

여름과 가을에 걸쳐 활엽수림·침엽수림 내 낙엽 위에 속생 또는 군생하는 낙엽분해균이며, 북반구 일대·오스트레일리아·유라시아 등지에 분포한다.

갓은 지름 1.5~3.5cm로 처음에는 반구형이나 차차 볼록편평형이 되며, 표면은 황갈색~암갈색이고, 조직은 질기고 매운 맛이 난다. 주름살은 끝붙은형 또는 완전붙은형이며 성기고 담회황색~담황색이다. 대는 2.5~6×0.3~0.6cm로 위아래 굵기가 같고, 표면은 녹갈색~담황갈색이며, 아래쪽은 담황색 털이 빽빽이 나 있다. 기부는 약간 굵다. 포자는 7.5~12.5×2.5~5μm로 장타원형이며, 표면은 평활하고, 포자문은 백색이다. 식용불명이다.

6월 6일 여주 영릉

애기버섯 ●

Collybia dryophila (Bull. ex Fr.) Kummer

봄부터 가을에 걸쳐 잡목림 내 부식질이 많은 땅 위, 낙엽 위에 속생 또는 군생하며 때로는 균륜을 만들고, 전세계에 분포한다.

갓은 지름 1~5cm로 처음에는 평반구형이나 차차 편평형이 되며, 표면은 평활하고 담황색~담황토색이다. 주름살은 완전붙은형 또는 끝붙은형이고 빽빽하고 백색~담황색이다. 대는 2~6×0.2~0.4cm로 속은 비어 있으며, 표면은 평활하고, 위쪽은 담황색, 아래쪽은 황갈색이며, 기부는 굵다. 포자는 4.5~6.5×3~3.5μm로 타원형이며, 표면은 평활하고, 포자문은 백색이다. 식용버섯이며, 풍미는 팽나무버섯과 비슷하다.

9월 4일 여주 영릉

9월 3일 동구릉

7월 25일 선정릉. 대 표면에 작은 털이 있고 기부에는 백색 균사가 있음

밀버섯 ●

Collybia confluens (Pers. ex Fr.) Kummer

여름과 가을에 활엽수림 내 땅 위 낙엽에 군생 또는 속생하는 낙엽분해균(落葉分解菌)이며, 북반구 일대·아프리카·유라시아 등지에 분포한다.

갓은 2.5~5cm로 처음에는 평반구형이나 차차 편평형이 된다. 갓 표면은 평활하고 적갈색이며, 중앙부는 처음에는 짙은색이나 차차 퇴색하여 담황색~담회갈색이 된다. 주름살은 끝붙은형이고 빽빽하며 갓과 같은 색이다. 대는 2.5~9×0.1~0.4cm로 성장하면서 차차 속이

7월 17일　　제주도 중문단지

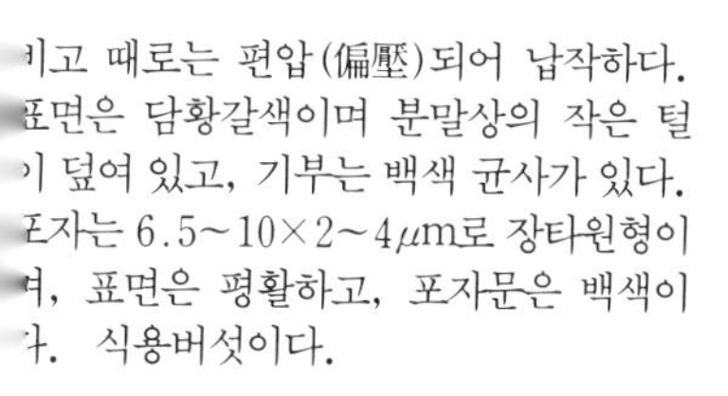

ㅣ고 때로는 편압(偏壓)되어 납작하다.
표면은 담황갈색이며 분말상의 작은 털
ㅣ 덮여 있고, 기부는 백색 균사가 있다.
E자는 6.5~10×2~4μm로 장타원형이
ㅕ, 표면은 평활하고, 포자문은 백색이
ㅏ. 식용버섯이다.

7월 2일　　동구릉

9월 4일　　영릉

8월 10일　　치악산 구룡사. 성균

9월 4일　　영릉

버터애기버섯 ●

Collybia butyracea (Bull. ex Fr.) Quél.

여름과 가을에 활엽수림·침엽수림 내 땅 위, 낙엽 위에 군생하는 낙엽분해균이며, 북반구 일대에 분포한다.

갓은 지름 3~7cm로 처음에는 평반구형이나 차차 볼록편평형이 되며, 표면은 습하면 적갈색이고 마르면 황갈색이다. 주름살은 떨어진형이며 빽빽하고 백색이다. 대는 2.5~5×0.5~1cm로 속은 비어 있다. 표면은 적갈색이고 섬유상의 세로줄이 있으며 아래쪽은 굵고, 기부는 백색의 균사로 덮여 있다. 포자는 5~7×2.5~4μm로 타원형이며, 표면은 평활하고, 포자문은 담황색이다. 식용버섯이다.

7월 14일　　계룡산 갑사. 갓과 대 표면에 적갈색의 반점이 생겼음

점박이애기버섯 ●

Collybia maculata (Alb. et Schw. ex Fr.) Quél.

여름과 가을에 침엽수림·활엽수림 내 땅 위에 단생 또는 군생하며, 때때로 균륜을 형성하며, 북반구 온대에 널리 분포한다.

갓은 지름 3.5~11.1cm로 평반구형이고, 표면은 평활하고 흡수성(吸水性)이며 백색~담홍색이나 후에 적갈색의 반점이 생기고, 갓 끝은 말린형이다. 조직은 육질이고 백색이다. 주름살은 홈형 또는 떨어진형이고 빽빽하며 백색·담황색·담홍색이나 때때로 적갈색 반점이 생긴다. 대는 4.5~10.8×0.6~1.5cm로 속이 비었고 질기며, 표면은 섬유상 세로줄이 있고 백색이나 적갈색의 반점이 생긴다. 포자는 크기 5.5~6.5×4.5~5μm로 유구형~광타원형이고, 표면은 평활하고, 포자문은 담황홍색이다. 균사에는 부리상돌기가 있다. 식용버섯이다.

9월 9일 치악산 구룡사

밤버섯속 *Calocybe* Kuher

갓 표면은 백색, 담홍색, 담자색 등 다양하다. 주름살은 홈형, 포자는 백색이며 난형~유구형이고 비아밀로이드이며 표면은 평활하거나 돌기상이다. 지상생.

분홍밤버섯 (신칭) ●

Calocybe carnea (Bull. ex Fr.) Kühn.

여름과 가을에 침엽수림・활엽수림 땅 위에 군생 또는 단생하며, 동아시아・유럽 등지에 분포한다.

갓은 지름 1.5~4cm로 반구형이며, 표면은 평활하고 담홍색이고, 조직은 백색이다. 주름살은 완전붙은형이며 빽빽하고 백색이다. 대는 2~4×0.3~0.7 cm로 섬유질이며 표면은 작은 털이 약간 있고 담홍색이며, 속은 비어 있다. 포자는 4~5.5×2~3μm로 난형이며, 표면은 평활하고, 포자문은 백색이다. 식용버섯이다.

7월 18일　　서울 효자동

7월 18일　　서울 효자동　주름살

낙엽버섯속 *Marasmius* Fr.

자실체는 질기다. 주름살은 성기며 떨어진형 또는 완전붙은형이며 건조 후 물에 담그면 원상대로 된다. 포자는 백색이며 타원형~방추형이고 비아밀로이드이다. 균륜성. 고목생, 지상생, 초목생, 낙엽생.

우산낙엽버섯

Marasmius cohaerens (Alb. et Schw. ex Fr.) Cooke et Quél.

가을에 활엽수림 내 낙엽 위에 군생하며, 북반구 온대에 분포한다.

갓은 지름 2~3.5cm로 처음에는 종형이나 후에 볼록편평형이 된다. 갓 표면은 담적갈색이고 확대경으로 보면 짧은 털이 보인다. 주름살은 끝붙은형 또는 떨어진형이며 성기고 처음에는 백색이나 후에 갈색이 된다. 대는 5~8×0.2~0.4cm로 질기며, 표면은 위쪽은 갈백색, 아래쪽은 적갈색이고, 기부에는 백색의 솜모양의 균사가 있다. 포자는 7~9×4~5μm로 타원형이고, 포자문은 백색이다. 식용불명이다.

7월 17일　광릉 봉선사

7월 15일　치악산 구룡사

7월 14일　계룡산 갑사, 노균

큰낙엽버섯 ●
Marasmius maximus Hongo

봄부터 가을에 걸쳐 각종 산림, 대나무숲, 정원 내 땅 위, 낙엽 위에 군생 또는 속생하는 낙엽분해균이며, 한국·일본 등지에 분포한다.

갓은 지름 3~10cm로 처음에는 평반구형이나 차차 볼록편평형이 된다. 갓 표면은 평활하나 점차 방사상 홈선이 나타나고 담황색~담황갈색이나 건조하면 다소 백색이며, 조직은 얇고 질기다. 주름살은 끝붙은형 또는 떨어진형이며 성기고 갓보다 약간 옅은색이다. 대는 4~9×0.2~0.3cm로 위아래 굵기가 비슷하며 섬유질이고 질기며 표면은 담황갈색이다. 포자는 7~9×3~4μm로 방추형~타원형이고, 포자문은 백색이다. 식용버섯이다.

7월 14일　　계룡산 갑사

말총낙엽버섯 (신칭)

Marasmius crinisequi F. Müll. ex Kalchbr.

여름과 가을에 낙엽 위에 모발상의 근상균사속(根狀菌絲束)을 형성하고 그 위에 군생하며, 한국·인도·일본·오스트레일리아·유럽 등지에 분포한다.

갓은 지름 0.6~0.7cm로 종형~반구형이며 표면은 처음에는 백색이나 후에 황갈색이 되고 방사상 홈선이 있다. 주름살은 떨어진형이며 성기고(주름살 수 7~8개) 갓보다 옅은색이다. 대는 1~10×0.01~0.02cm로 모발상이고 흑색이다. 포자문은 백색이다. 식용불명이다.

7월 14일　　계룡산 갑사

6월 22일　　서오릉

애기낙엽버섯

Marasmius siccus (Schw.) Fr.

여름과 가을에 활엽수림 내 낙엽 위에 군생 또는 산생하며, 북반구 일대에 분포한다.

갓은 지름 1~2cm로 종형~반구형이며, 표면은 방사상 홈선이 있고 황토색·등황색·담홍색 등 다양하고, 조직은 종이처럼 얇고 질기다. 주름살은 완전붙은형 또는 끝붙은형이며 성기고 백색~담황색이다. 대는 4~7×0.1cm로 가늘고 길며 속은 비어 있고, 표면은 백색~담황색이나 차차 기부에서부터 흑갈색으로 된다. 포자는 16~21×3~5μm로 방추형이며, 표면은 평활하고, 포자문은 백색이다. 식용불명이다.

7월 13일　　정릉. 등황색형

◄ 7월 2일　　동구릉. 홍갈색형

7월 17일　　광릉 봉선사. 자홍색형

앵두낙엽버섯 (신칭) ●

Marasmius pulcherripes Peck

여름과 가을에 산림 내 낙엽 위에 군생 또는 산생하며, 한국·일본·북아메리카 동부 등지에 분포한다.

갓은 지름 0.7~1.5cm로 방추형~반구형이며, 표면은 담홍색~자홍색이고 방사상 홈선이 있다. 주름살은 완전붙은형이며 성기고(주름살 수 16~18개) 백색~담홍색이다. 대는 3~6×0.07~0.2cm로 철사 모양이며 흑갈색이다. 포자는 11~15.5×3.5~4μm로 곤봉형이며, 표면은 평활하고 포자문은 백색이다. 식용불명이다.

7월 14일 동구릉

7월 14일 동구릉

7월 15일 용문산

7월 17일 광릉 봉선사. 등황색형

6월 25일　　서울산업대

6월 25일　　서울산업대

마른가지버섯속 *Marasmiellus* Murr.

자실체는 낙엽버섯과 비슷하나 건조 후 물에 담가도 원상대로 안 된다. 갓 표피 균사는 분지가 많고, 표면은 백색·회색·적갈색이다. 포자는 비아밀로이드이며, 균사에는 부리상 돌기가 있다. 고목생, 초목생, 낙엽생.

검은대마른가지버섯

Marasmiellus nigripes (Schw.) Sing.

여름과 가을에 혼합림 내 부러진 가지나 죽은 식물에 산생하며, 전세계에 분포하는데, 특히 열대·아열대에 많다.

갓은 지름 0.3~1.8cm로 처음에는 평반구형이나 차차 오목편평형이 된다. 갓 표면은 홈선이 있고 백색의 분말이 덮여 있다. 주름살은 완전붙은형이며 성기고 백색이며 연락맥이 있다. 대는 1~2.5×0.05~0.15cm로 위쪽은 백색, 아래쪽은 청흑색이며, 표면에는 백색 분말이 있다. 포자는 6~9×5~8μm로 십자형 또는 4면체형이며, 포자문은 백색이다. 식용불명이다.

7월 14일 계룡산 갑사. 대 표면은 미세한 가루상이고 아래쪽은 회흑색

하얀마른가지버섯

Marasmiellus candidus (Bolt.) Sing.

여름과 가을에 산림 내 부러진 나뭇가지에 산생 또는 군생하며, 북반구 온대에 분포한다.

갓은 지름 0.6~2.2cm로 처음에는 반구형이나 후에 편평형이 된다. 갓 표면은 평활하고 방사상 홈선이 있으며 순백색이다. 주름살은 완전붙은형이며 성기고 연락맥이 있고 백색이다. 대는 0.8~2.2×0.1~0.8cm로 표면은 미세한 분말이 있고 백색이나, 아래쪽은 회색~회흑색이다. 포자는 12~17×4~5μm로 종자형~곤봉형이며, 표면은 평활하고, 포자문은 백색이다. 식용불명이다.

6월 13일 전남 대흥사. 주름살

6월 13일 전남 대흥사

9월 24일 동구릉. 대 표면은 가루상

6월 14일 전남 대흥사

분마른가지버섯 ●

Marasmiellus ramealis (Bull. ex Fr.) Sing.

여름부터 가을에 혼합림 내 부러진 가지나 썩은 가지 위에 군생하며, 한국·유럽·북아메리카 등지에 분포한다.

갓은 지름 0.6~1.1cm로 처음에는 평반구형이나 차차 편평형이 되고, 표면은 담홍색이나 중앙부는 짙다. 주름살은 끝붙은형이며 성기고 백색~담홍색이다. 대는 1.2~1.7×0.01~0.12cm로 위아래 굵기가 같고 섬유질이며 표면은 분말물질이 있고, 위쪽은 백색, 기부쪽은 갈흑색이다. 포자는 8~10×3~4μm로 장타원형이며, 표면은 평활하고, 포자문은 백색이다. 식용불명이다.

8월 2일　서울산업대. 주름살은 크고 넓음

긴뿌리버섯속 *Oudemansiella* Speg.

갓은 점성이고 주름살은 성기고 떨어진형 또는 완전붙은형이다. 포자는 백색이고 원형~타원형이며, 비아밀로이드이다. 균사에는 부리상 돌기가 있다. 고목생, 부생, 지상생.

넓은주름긴뿌리버섯 ●

Oudemansiella platyphylla (Pers. ex Fr.) Moser in Gams

여름과 가을에 활엽수의 고목에 군생 또는 단생하며, 북반구 온대 이북에 분포한다.

갓은 지름 5~20cm로 처음에는 평반구형이나 차차 오목편평형이 되며, 표면은 회색~회갈색이며 방사상 섬유선이 있고, 조직은 얇고 백색이다. 주름살은 홈형이며 성기고 크고 넓으며 백색이다.

7월 19일　서울산업대

대는 7~12×0.7~2cm로 원통형이고 백색~회색이며, 속은 비어 있고, 기부에는 섬유상 백색 털이 있다. 포자는 7~10×5~7μm로 표면은 평활하고 타원형이며, 포자문은 백색이다. 식용하였으나 북미에서는 복통과 설사를 일으킨다고 보고되었다.

8월 30일　　광릉. 대에 턱받이가 있음

끈적긴뿌리버섯 ●

Oudemansiella mucida (Schrad. ex Fr.) Höhnel

9월 19일　　광릉

여름과 가을에 활엽수의 고목(枯木), 생나무, 죽은 가지 등에 산생 또는 속생하며, 북반구 온대·오스트레일리아 등지에 분포한다.

갓은 지름 2~8cm로 처음에는 반구형이나 차차 편평형이 되고, 표면은 점성이 있고 약간 투명하며 백색이고, 중앙부는 담회색~갈회색이며, 조직은 연하고 백색이다. 주름살은 완전붙은형 또는 내린형이며 성기고 백색이다. 대는 3~10×0.3~1cm로 원통형이며 속은 비어 있다. 표면은 백색이고 위쪽에 막질(膜質)의 백색 턱받이가 있다. 포자는 16~23.5×15~21.5μm로 원형~유구형이며, 표면은 평활하고, 포자문은 백색이다. 식용버섯이다.

7월 15일　　계룡산 갑사

9월 19일 광릉. 갓과 대에 가는 털이 많음

털긴뿌리버섯 ●

Oudemansiella pudens (Pers.) Pegler

여름과 가을에 혼합림 내 땅 위에 발생하며, 동아시아·유럽·북아메리카·오스트레일리아 등지에 분포한다.

갓은 지름 1.5~5.8cm로 평반구형~볼록편평형이고, 표면은 건조하고 갈색~담회갈색 바탕에 적황갈색의 가는 털이 빽빽이 나 있으며, 조직은 백색이다. 주름살은 떨어진형이며 성기고 백색이다. 대는 6~20×0.3~0.45cm로 속은 비어 있고, 표면은 갓과 같은 색이다. 기부는 약간 굵고 다시 가늘어져 긴 뿌리 모양을 이루며, 대 위쪽은 약간 옅은색이다. 포자는 10~12.5×9~10μm로 구형~유구형이며, 표면은 평활하고, 포자문은 백색이다. 식용버섯이다.

8월 9일　　덕유산 무주 구천동

8월 9일　　덕유산 무주 구천동. 균사가 보임

8월 28일　　동구릉.　주름살

8월 27일　　동구릉. 갓 끝은 톱니형.

애주름버섯속　*Mycena* (Pers. ex Fr.) S. F. Gray

자실체는 작고 연하다. 갓은 원추형~반구형이며, 습할 때 반투명 선이 보이고 갓 끝은 처음부터 곧은형이다. 대는 속은 비어 있고 연골질이다. 포자는 백색이며 아밀로이드이다. 고목생, 낙엽생, 부생.

적갈색애주름버섯 ●

Mycena haematopoda (Pers. ex Fr.) Kummer

여름과 가을에 활엽수의 말라 죽은 나무나 그루터기에 속생하며, 전세계에 분포한다.

상처가 난 부위가 적색으로 변함

갓은 지름 1~4 cm로 원추형~종형, 표면은 자갈색~적갈색이고, 갓 끝은 톱니형, 갓 둘레는 방사상의 선이 있다. 주름살은 완전붙은형이고 약간 성기며, 처음에는 백색이나 후에 적갈색으로 얼룩진다. 대는 4~10×0.1~0.25 cm로 속은 비어 있고 표면은 갓과 같은 색이며, 상처가 나면 붉은 유액이 나온다. 기부는 백색 균사로 덮여 있다. 포자는 7.5~10×7.5 μm로 타원형, 표면은 평활하고 아밀로이드이고, 포자문은 백색이다. 식용불명이다.

6월 21일　　한라산 영실. 자실체 전체가 점액에 덮여 있음

6월 21일　　한라산 영실

점질대애주름버섯

Mycena rorida (Scop. ex Fr.) Quél.

봄부터 가을에 걸쳐 삼림 내 낙엽 위나 부러진 가지에 발생하며, 북반구 온대에 분포한다.

갓은 지름 0.2~1cm로 반구형~오목평반구형이며, 표면은 습하면 방사상의 선이 있고 점액이 덮여 있으며 백색~담회갈색이다. 주름살은 내린형이며 성기고 백색이다. 대는 1~4×0.01cm로 기부쪽이 다소 굵고, 대 표면은 점액으로 덮여 있으며 갓과 같은 색이다. 포자는 7~10.5×3.5~5μm로 방추형이며, 표면은 평활하고 아밀로이드이고, 포자문은 백색이다. 식용불명이다.

7월 8일　　경남 내원사. 기부에 흡반이 있음

수레바퀴애주름버섯

Mycena stylobates (Pers. ex Fr.) Kummer

늦은봄부터 가을까지 혼합림 내 낙엽, 부러진 가지에 산생하며, 북반구 온대·아프리카 등지에 분포한다.

갓은 지름 0.4~0.8cm로 종형~반구형이며 표면은 백색이나, 중앙부는 회갈색이며 점성이 있고 방사상 선이 있다. 주름살은 떨어진형이며 성기고 백색이다. 대는 1.2~2.5×0.05~0.1cm로 백색이며 반투명하고, 표면에는 분말이 있고, 기부에는 흡반(吸盤)이 있다. 포자는 6~7×3~4μm로 타원형이며, 표면은 평활하고 약아밀로이드이며, 포자문은 백색이다. 날시스티디아는 20~50×10~15μm로 털형·곤봉형·방추형이다. 식용불명이다.

7월 18일　　장릉

7월 13일　　정릉. 대 표면에 백색의 털이 나 있음

흰애주름버섯

Mycena osmundicola J. Lange

여름에 낙엽, 부러진 가지, 썩은 뿌리 위에 산생하며, 한국·동아시아·유럽·북아메리카 등지에 분포한다.

갓은 지름 0.5~1cm로 반구형이며 표면은 백색이고 백색 분말이 덮여 있으며 방사상 홈선이 있다. 주름살은 끝붙은형 또는 떨어진형이고 성기며 백색이다. 대는 2~4×0.08~0.1cm로 반투명하고, 표면은 백색의 짧은 털이 나 있다. 포자는 6~8×3.5~4.5μm로 타원형이며, 표면은 평활하고 아밀로이드이고, 포자문은 백색이다. 갓 표피 시스티디아는 17.5~22.5×10~17.5μm로 타원형이다. 식용불명이다.

7월 10일　　용문산

9월 4일　　여주 영릉. 기부에 백색 균사가 있음

솔잎애주름버섯

Mycena epipterygia (Scop. ex Fr.) S.F. Gray

여름과 가을에 침엽수림·활엽수림 내 땅 위에 난생 또는 군생하며, 북반구 일대·오스트레일리아 등지에 분포한다.

갓은 지름 1~2cm로 종형~반구형이며, 표면은 평활하고 점성이 있으며 습하면 방사상 줄이 나타나고 황갈색이나, 갓 둘레는 담황색이다. 주름살은 내린형~끝붙은형이며 약간 빽빽하고 백색~황색이며 반투명하다. 조직은 백색이고 대는 5~7.5×0.1~0.2cm로 표면은 점성이 있고 갓과 같은 색이며, 속은 비어 있고 기부는 녹황색이며 백색 털이 나 있다. 포자는 8~11×4~6μm로 타원형이며, 표면은 평활하고 아밀로이드이며, 포자문은 백색이다. 식용불명이다.

9월 10일　　치악산 구룡사. 습하면 반투명선이 나타남

맑은애주름버섯 ●

Mycena pura (Pers. ex Fr.) Kummer

봄부터 가을에 걸쳐 활엽수림·침엽수림 내 낙엽 위에 군생 또는 산생하는 낙엽분해균이며, 전세계에 분포한다.

갓은 지름 2~4cm로 처음에는 원추형~반구형이나 차차 볼록평반구형이 된다. 갓 표면은 평활하고 장미색·홍자색·담회자색 등 빛깔이 다양하며, 습하면 반투명의 방사상의 선이 나타나고, 조직은 홍자색~담자색이다. 주름살은 완전붙은형이며 성기고 회백색~담회자색이다. 대는 4~8×0.2~0.7cm로 속은 비어 있고, 표면은 평활하

9월 3일 동구릉. 자색형

9월 3일 동구릉

10월 9일 광덕산 원아사

고 갓과 같은 색이며, 기부는 섬유상의 백색 균사로 덮여 있다. 포자는 5~9×3~4 μm로 장타원형이며, 표면은 평활하고 아밀로이드이고, 포자문은 백색이다.

무 냄새가 나는 독특한 식용 버섯으로 알려졌으나 독성분 무스카린을 함유하므로 주의하여야 한다.

7월 2일　　동구릉

7월 2일　　동구릉

7월 2일　　동구릉

털가죽버섯속 *Crinipellis* Pat.

자실체는 낙엽버섯형과 비슷하다. 갓과 대에 후막모(厚膜毛)가 덮여 있다. 포자는 백색이고 난형이며 비아밀로이드이다. 균사에 부리상 돌기가 있다. 벼과의 식물체상생 또는 초상생(草上生).

털가죽버섯

Crinipellis stipitaria (Fr.) Pat.

여름과 가을에 벼과(Poaceae) 식물 생체 또는 식물 사체(死體)에 군생하며, 북반구 일대에 분포한다.

갓은 지름 0.7~1.4cm로 처음에는 반구형이나 후에 볼록평반구형이 되며, 표면은 건성이고 중앙부는 농갈색 털이 있으며, 갓 둘레는 광택 있는 갈색 털이 환문(環紋)을 이룬다. 주름살은 끝붙은형이며 약간 빽빽하고 백색이다. 대는 2~4×0.1cm로 철사 모양이며, 표면은 갈색의 짧은 털이 덮여 있다. 포자는 6~9×2.5~4μm로 난형이며, 표면은 평활하고, 포자문은 백색이다. 식용불명이다.

8월 21일　　광릉. 습하면 갓에 반투명선이 나타남

이끼살이버섯속 *Xeromphalina* Kühn. et Maire

자실체는 작고 낙엽버섯처럼 질기고 갓은 애기버섯형~낙엽버섯형~종형이고 주름살은 내린형이다. 포자는 백색이고 타원형이며 아밀로이드이다. 지상생, 부생, 고목생.

이끼살이버섯 ○

Xeromphalina campanella (Batsch ex Fr.) Maire

여름과 가을에 숲 속 이끼 낀 침엽수의 나무 토막, 그루터기에 다수 군생 또는 속생하며, 북반구 일대에 분포한다.

갓은 지름 0.8~2cm로 처음에는 종형이나 차차 오목편평형이 되며, 표면은 평활하고 황갈색~적갈황색이며 습하면 반

8월 10일　　치악산 구룡사. 주름살은 내린형

8월 1일　　광릉

투명 선이 나타나고, 조직은 황색이다. 주름살은 완전붙은형 또는 내린형이며 성기고 담황색이다. 대는 1~3×0.05~0.2cm로 질기며, 표면은 평활하고 위쪽은 담황색, 아래쪽은 갈색이다. 포자는 5~7.5×3~4μm로 좁은 타원형이며, 표면은 평활하고, 포자문은 담적황색이다. 식용버섯이나 소형이어서 실용 가치가 없다.

9월 9일　　치악산 구룡사

10월 9일　　동구릉. 대 표면은 비로드상

1월 26일　　서울산업대. 눈 속에 발생함

팽나무버섯속 *Flammulina* Karst.

갓 표면은 점성이 있다. 대 표면은 흑갈색의 비로드상이다. 포자는 백색이고 타원형이며 비아밀로이드이다. 균사에 부리상 돌기가 있다. 고목생.

팽나무버섯 ●　　「Sing.

Flammulina velutipes (Curt. ex Fr.)

늦가을부터 이듬해 봄에 걸쳐 감나무, 뽕나무, 아카시아, 포플러 등 각종 활엽수의 고목이나 그루터기에 다수 속생하며, 눈이 쌓이는 겨울에도 발생하는 내한성균이며, 전세계에 분포한다.

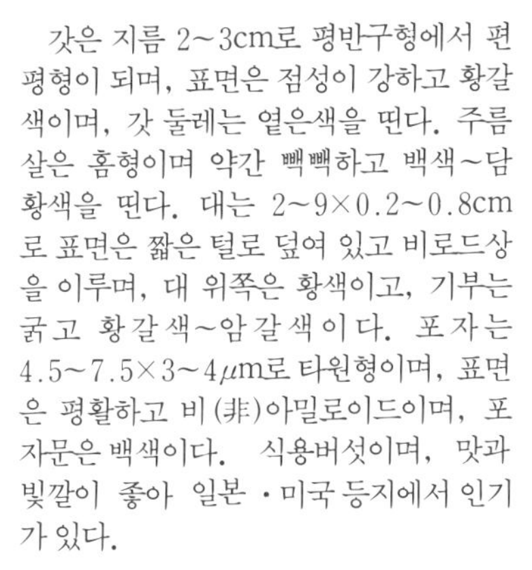

갓은 지름 2~3cm로 평반구형에서 편평형이 되며, 표면은 점성이 강하고 황갈색이며, 갓 둘레는 옅은색을 띤다. 주름살은 홈형이며 약간 빽빽하고 백색~담황색을 띤다. 대는 2~9×0.2~0.8cm로 표면은 짧은 털로 덮여 있고 비로드상을 이루며, 대 위쪽은 황색이고, 기부는 굵고 황갈색~암갈색이다. 포자는 4.5~7.5×3~4μm로 타원형이며, 표면은 평활하고 비(非)아밀로이드이며, 포자문은 백색이다. 식용버섯이며, 맛과 빛깔이 좋아 일본·미국 등지에서 인기가 있다.

9월 19일 광릉. 주름살은 담황색

10월 27일 광릉 임업시험장

10월 30일 광릉. 재배형, 흰콩나물형

6월 5일　　종묘

6월 6일　　수원 융건릉

패랭이버섯속 *Gerronema* Sing.

소형균이다. 습하면 방사상 줄이 나타난다. 등색~황색의 색소를 가진 것이 많다. 주름살은 내린형이다. 포자는 백색이며 장타원형이다. 이끼생.

이끼패랭이버섯

Gerronema fibula (Bull. ex Fr.) Sing.

봄부터 여름에 걸쳐 정원·산림 내 이끼가 많은 곳에 산생하며, 북반구 온대에 분포한다.

갓은 지름 0.5~1cm로 오목평반구형에서 차차 편평형이 되고, 표면은 등황색~등황적색이고, 중앙부는 짙은색이며, 갓 끝은 파도형이다. 주름살은 내린형이며 성기고 백색~담황색이다. 대는 2~6×0.1cm로, 속은 비어 있고, 가늘고 길며 표면은 백색~담황색이고, 포자는 4~6×2~2.5μm로 장타원형이며, 포자문은 백색이다. 식용불명이다.

6월 20일 한라산 영실. 주름살은 백색을 거쳐 담홍색이 됨

민버섯속 *Macrocystidia*

갓은 원추형이며 주름살은 백색 후에 담홍색이다. 포자는 담홍색이고 장타원형이며 대형 시스티디아가 있다. 지상생.

6월 20일 한라산 영실

밤색민버섯 ●

Macrocystidia cucumis (Pers. ex Fr.) Heim

봄부터 가을에 걸쳐 산림·목장·길가의 땅 위에 단생하며, 아시아·북아메리카·유럽 등지에 분포한다.

갓은 지름 1~2cm로 처음에는 원추형이나 차차 종형이 된다. 갓 표면은 광택이 있고 농갈색이나, 갓 둘레는 담갈색이며, 조직은 갈색이다. 주름살은 떨어진형이며 약간 빽빽하고 백색을 거쳐 담홍색이 된다. 대는 1.3~29×0.1~0.25cm로 표면은 짧은 털이 나 있고 농갈색이며, 기부쪽은 흑갈색이다. 포자는 8~9×3~4μm로 장타원형이며, 표면은 평활하고, 포자문은 담홍색이다. 오이와 생선 냄새가 난다. 식용불명이다.

6월 18일　　한라산 영실. 주름살은 처음은 흰색이나 차차 분홍색이 됨. 오른쪽은 귀버섯

난버섯과　Pluteaceae

난버섯속　*Pluteus* Fr.

주름살은 떨어진형이고 처음에는 백색이나 후에 담홍색이 된다. 포자는 담홍색이고 난형~타원형이며 비아밀로이드이다. 고목생.

붉은난버섯 ●

Pluteus aurantiorugosus (Trog.) Sacc.

봄부터 여름에 걸쳐 활엽수의 고목, 썩은 나무 등에 단생 또는 속생하며, 북반구 온대에 분포한다.

갓은 지름 2~4cm로 처음에는 반구형이나 차차 편평형이 되며, 표면은 평활하고 등적색이다. 주름살은 떨어진형이며 약간 빽빽하고 처음에는 백색이나 후에 담홍색이 된다. 대는 3~4×0.4~0.7cm로 표면은 섬유상이고 등황색이다. 포자는 5~6.5×4.5~5.5μm로 유구형이고, 표면은 평활하며, 포자문은 담홍색이다. 식용버섯이다.

7월 22일　　서오릉. 주름살은 흰색이나 차차 분홍색이 됨

노란난버섯 ●

Pluteus leoninus (Schaeff. ex Fr.) Kummer

봄부터 초겨울에 걸쳐 활엽수의 고목, 썩은 나무 등에 군생 또는 속생하며, 북반구 일대에 분포한다.

갓은 지름 2~6cm로 처음에는 종형이나 후에 볼록편평형이 되고, 표면은 평활하고 선황색이며 습하면 갓 둘레에 방사상 홈선이 있다. 주름살은 떨어진형이며 빽빽하고 처음에는 백색이나 후에 담홍색이 된다. 대는 3.5~7×0.6~1.2cm로 위아래 굵기가 같고, 차차 속이 비며, 표면은 백색이고 섬유상 선이 있고, 조직은 백색이다. 포자는 5.5~7×4.5~6μm로 유구형이고, 표면은 평활하고, 포자문은 담홍색이다. 식용버섯이다.

6월 11일　　동구릉

7월 13일　　서울산업대

5월 20일　　동구릉. 주름살은 처음은 백색이나 분홍색이 됨

난버섯 ●

Pluteus atricapillus (Batsch) Fayod

봄부터 가을에 걸쳐 활엽수의 썩은 나무에 산생하며, 전세계에 분포한다.

갓은 지름 5~14cm로 처음에는 난형~평반구형이나 차차 편평형이 된다. 갓 표면은 회갈색이며 섬유상 인편이 밀집해 있고 건조하면 비단 같은 광택이 있다. 주름살은 떨어진형이며 약간 빽빽하고 담홍색이다. 대는 3.5~7×0.6~1.2cm로 속은 비어 있고, 표면은 백색~담회갈색이며 섬유상 인편이 있다. 포자는 7~8×5~6μm로 광타원형이며, 표면은 평활하고, 포자문은 담홍색이다. 날시스티디아는 곤봉형, 측시스티디아는 방추형이다. 식용버섯이다.

6월 14일　　동구릉

8월 18일　　정릉
대에 섬유상 인편이 있음 ►

8월 13일　설악산 오색약수터

7월 18일　제주도 한라산

7월 18일　제주도 한라산

8월 11일　설악산

광대버섯과 Amanitaceae

광대버섯속 *Amanita* Pers. ex Hooker

갓 표면과 대 기부에 외피막이 남아 있다. 주름살은 떨어진형이며, 턱받이와 대주머니가 있다. 포자는 백색이고 비아밀로이드 또는 아밀로이드이다. 주로 독버섯이 많다. 균근성. 지상생.

달걀버섯 ●

Amanita hemibapha (Berk. et Br.) Sacc. subsp. *hemibapha*

여름과 가을에 침엽수림 · 활엽수림 내 땅 위에 단생 또는 산생하는 균근성균이며, 한국 · 중국 · 일본 · 스리랑카 · 북아메리카 등지에 분포한다.

유균은 달걀형이다. 갓은 지름 5~18 cm로 처음에는 반구형이나 차차 편평형이 되며, 표면은 적색~적황색이며 갓 둘레에는 방사상의 선이 있다. 주름살은 떨어진형이며 약간 빽빽하고 황색이다. 대는 10~20×0.6~2cm로 표면은 황색이며 적황색의 섬유상 인편이 있고, 위쪽에는 등황색의 턱받이가 있고, 기부에는 두꺼운 백색 대주머니가 있다. 포자는 7.5~11×5.5~8cm로 광타원형이며, 표면은 평활하고 비아밀로이드이며, 포자문은 백색이다. 적색의 식용버섯으로, 매우 아름다운 버섯이다.

8월 15일　　광릉 임업시험장

노란달걀버섯 ●

Amanita hemibapha (Berk. et Br.) Sacc. subsp. *javanica* Corner et Bas

여름과 가을에 침엽수림·활엽수림 내 땅 위에 군생하며, 한국·일본·동남 아시아 등지에 분포한다.

유균은 달걀형이다. 갓은 지름 3~15 cm로 처음에는 반구형이나 후에 편평형이 되고, 표면은 황색~등황색이고, 갓 둘레에는 방사상의 홈선이 있다. 주름살은 떨어진형이며 약간 빽빽하고 황색이다. 대는 8~18×0.4~1.8cm로 표면은 황색이고 등황색의 섬유상 인편이 있다. 황색의 턱받이가 있고, 기부에는 영구성 백색 대주머니가 있다. 포자는 7~9×5~7μm로 광타원형이며, 표면은 평활하고 비아밀로이드이고, 포자문은 백색이다. 식용버섯이다.

9월 15일　수원 용주사. 회갈색 갓에 긴 방사상의 선이 있음. 대와 대주머니는 백색

우산버섯 ●

Amanita vaginata (Bull. ex Fr.) Vitt. var. *vaginata*

여름과 가을에 활엽수림·침엽수림 내 땅 위에 단생 또는 산생하는 균근성균이며, 전세계에 분포한다.

유균(幼菌)은 달걀형이며, 갓은 지름 3~9cm로 처음에는 반구형이나 후에 볼록편평형이 되고, 표면은 평활하고 회색~회갈색이며 방사상 홈선이 있고, 조직은 백색이다. 주름살은 떨어진형이며 약간 빽빽하고 백색이다. 대는 9~12×1.5~2cm로 위쪽이 가늘며 속은 비어 있고, 표면은 백색~회백색이며, 분말이 조금 있다. 기부에는 외피막의 백색 대주머니가 있다. 포자는 지름 9~12μm로 구형이며, 표면은 평활하고 비아밀로이드이고, 포자문은 백색이다. 식용버섯이나 생식하면 중독된다.

7월 19일　영릉

7월 25일　　선정릉. 대와 대주머니는 황갈색

8월 14일　　동구릉

고동색우산버섯 ●

Amanita vaginata (Bull. ex Fr.) Vitt. var. *fulva* (Schaeff.) Gill.

여름과 가을에 활엽수림 내 땅 위나 초원에 단생 또는 산생하며, 북반구 일대에 분포한다.

유균은 달걀형이며, 갓은 지름 4~9cm로 처음에는 구형이나 차차 볼록편평형이 된다. 갓 표면은 적갈색~적황갈색이며, 갓 둘레는 뚜렷한 방사상 홈선이 있고, 조직은 백색이다. 주름살은 떨어진형, 약간 빽빽하고 백색이다. 대는 7~15×0.8~1.2cm로 위쪽이 약간 가늘며, 속은 비어 있다. 표면에는 때때로 담황갈색의 비단 모양 또는 솜털 모양의 인편이 있고, 기부에는 갓과 같은 색의 대주머니가 있다. 포자는 지름 9~12μm로 구형이며, 표면은 평활하고 비아밀로이드이고, 포자문은 백색이다. 식용버섯이다.

8월 10일　　치악산 구룡사

암회색광대버섯아재비 ●

Amanita pseudoporphyria Hongo

9월 12일　　공릉

여름과 가을에 활엽수림・침엽수림 내 땅 위에 산생 또는 군생하는 균근성균(菌根性菌)이며, 한국・일본 등지에 분포한다.

갓은 지름 3~11cm로 처음에는 반구형이나 차차 편평형이 된다. 갓 표면은 회색~갈회색이고 중앙부는 짙은색이며 분말상 인편이 있고, 갓 끝에는 외피막 조각이 부착되어 있고, 조직은 백색이다. 주름살은 떨어진형이며 빽빽하고 백색이고, 주름살날에는 분말이 있다. 대는 5~12×0.6~1.9cm로 기부는 부풀어 뿌리 모양이며, 표면은 백색이고 인편이 있으며, 대 위쪽에는 백색 막질의 턱받이가 있으나 조기탈락성(早期脫落性)이며, 대주머니는 백색의 막질이다. 포자는 7~8.5×4~5μm로 타원형이며, 표면은 평활하고 아밀로이드이고, 포자문은 백색이다. 독버섯이다.

8월 27일　　동구릉. 주름살은 담홍색이고 대주머니는 백색~담홍색

긴골광대버섯아재비 ●
Amanita longistriata Imai

여름과 가을에 침엽수림 · 활엽수림 · 혼합림 내 땅 위에 단생하며, 한국 · 일본 등지에 분포한다.

갓은 지름 2~6cm로 처음에는 난형~종형이나 후에 편평형이 된다. 갓 표면은 평활하고 회갈색~회색이며 습하면 점성이 있으며, 갓 둘레는 방사상 홈선이 있고, 조직은 백색이다. 주름살은 떨어진형이고 약간 빽빽하며, 담홍색이고, 주름살날은 분말상이다. 대는 4~9×0.4~0.8cm로 위쪽이 약간 가늘며, 표면은 백색이고 막질의 회백색 턱받이가 있고, 기부에는 백색의 컵 모양 또는 칼집 모양의 대주머니가 있다. 포자는 10.5~14×7.5~9.5μm로 난형이고 표면은 평활하고 비아밀로이드이고, 포자문은 백색이다. 독버섯이다.

8월 26일　　수원 용주사

7월 22일　　동구릉(갈색형)

◄ 8월 3일　　서오릉. 대에 인편이 있음

7월 26일　　동구릉. 대주머니가 크고 백색~담갈적색

큰주머니광대버섯 ●

Amanita volvata (Peck) Martin.

여름과 가을에 잡목림 내 땅 위에 단생 또는 산생하며, 한국·일본 등지에 분포한다.

갓은 지름 2~8cm로 처음에는 종형이나 후에 편평형이 되고, 표면은 백색이며 담적갈색의 분말상 외피막 인편이 있다. 주름살은 떨어진형이며 약간 빽빽하고 처음에는 백색이지만 성숙하면 담홍색이 된다. 대는 4~12×0.5~1.5cm로 속은 비어 있고 분말상의 인편이 있으며, 기부에는 크고 두꺼운 대주머니가 있다. 포자는 7.5~18×5~7μm로 장타원형이며, 표면은 평활하고 아밀로이드이며, 포자문은 백색이다. 일부 지방에서는 식용하지만, 일본에서는 독버섯으로 알려졌다.

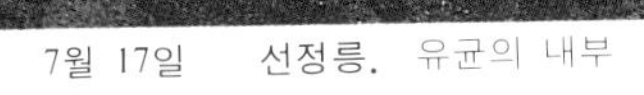

7월 17일 선정릉. 유균의 내부

7월 17일 선정릉. 유균

8월 26일 수원 용주사. 대에는 솜상의 인편이 있음

8월 23일 헌인릉. 갓에는 담갈홍색의 인편이 있음

8월 10일 치악산 구룡사

흰오뚜기광대버섯

Amanita castanopsidis Hongo

여름과 가을에 활엽수림·혼합림 내 땅 위에 단생하며, 한국·일본 등지에 분포한다.

갓은 지름 3~7cm로 처음에는 평반구형이나 차차 편평형이 되며, 자실체 전체가 백색이다. 갓 표면은 높이 0.1~0.3cm의 추형 돌기가 있고, 갓 끝은 턱받이 조각이 남아 있다. 주름살은 떨어진형이며 약간 빽빽함. 주름살 끝은 분상(粉狀)이다. 대는 7~8×0.5~0.9cm로 기부는 팽대하고 각형의 돌기가 부착되어 있고, 턱받이는 줄 모양 또는 거미줄 모양이며 소실성(消失性)이다. 포자는 8~12×5.5~7μm로 장타원형이며, 표면은 평활하고 아밀로이드이고, 포자문은 백색이다. 식용불명이다.

8월 10일 치악산 구룡사. 기부는 구근상

8월 11일　　설악산. 기부는 양파형

양파광대버섯 ●

Amanita abrupta Peck

여름과 가을에 활엽수림·혼합림 내 땅 위에 발생하는 외생균근성균(外生菌根性菌)이며 한국·일본·북아메리카 등지에 분포한다.

갓은 지름 3~7cm로 전체가 백색이며 처음에는 반구형이나 후에 편평형이 되며, 표면은 추형(錘形)의 작은 돌기가 많으나 탈락하기 쉽다. 주름살은 떨어진형이며 빽빽하고, 주름살날은 분상(粉狀)이다. 대는 8~14×0.6~0.8cm로 표면에는 돌기가 부착되어 있고, 기부는 양파모양이고, 턱받이는 막질이다. 포자는 지름 7~8.5μm로 구형이며, 표면은 평활하고 아밀로이드이고, 포자문은 백색이다.　독버섯이다.

9월 20일　　치악산 구룡사

7월 22일 동구릉. 갓과 대 표면에 흑갈색의 섬유상~분말상의 외피막 파편이 있음

7월 21일 헌인릉. 유균

7월 21일 헌인릉

뱀껍질광대버섯 ●

Amanita spissacea Imai

여름과 가을에 활엽수림・침엽수림 내 땅 위에 단생 또는 군생하며, 한국・일본・중국 등지에 분포한다.

갓은 지름 4~12.5cm로 처음에는 반구형이나 차차 편평형이 된다. 갓 표면은 갈회색~암회갈색이고 흑갈색의 섬유상 또는 분말상의 외피막 파편이 있고, 조직은 백색이다. 주름살은 떨어진형 또는 내린형이고 빽빽하며 백색이고, 주름살날은 분말상이다. 대는 5~15×0.8~1.5cm로 표면은 회색~회갈색이며 섬유상 인편이 있다. 턱받이는 회백색이고 막질이며, 기부에는 4~7개의 회갈색의 분말상 또는 솜 모양의 환문이 있다. 포자는 8~10.5×7~7.5μm로 타원형이며, 표면은 평활하고 아밀로이드이고, 포자문은 백색이다.

준맹독버섯으로, 중국에서는 때때로 중독의 예가 있으며, 중독되면 오심(惡心), 환시(幻視), 혼수 상태에 빠지며, 1~2일 후에 회복된다.

7월 22일 동구릉 ►

7월 21일　　헌인릉. 갓에는 가루상 큰 인편이 있음

노란대광대버섯 ◎
Amanita flavipes Imai

여름과 가을에 혼합림 내 땅 위에 단생 또는 군생하는 균근성균이며, 한국·일본 등지에 분포한다.

갓은 지름 4~6.5cm로 처음에는 반구형이나 차차 편평형이 된다. 갓 표면은 황갈색이고, 황색의 분말상의 큰 외피막이 산재한다. 주름살은 백색~담황색이며 떨어진형이고 약간 빽빽하며 그 끝은 분말상이다. 대는 7~10×0.7~1cm로 담황색이다. 기부는 구근상이며 황등색의 분말상 인편이 불완전한 환문을 형성하고, 턱받이는 담황색이고 막질이다. 포자는 8~9×6~7μm로 광타원형이며, 표면은 평활하고 아밀로이드이고, 포자문은 백색이다. 식용불명이다.

8월 21일 광릉. 외피막은 담갈색~회백색이고, 자실체는 상처시나 성숙하면 적갈색이 됨

붉은점박이광대버섯 ●

Amanita rubescens (Pers. ex Fr.) S.F. Gray

여름과 가을에 침엽수림·활엽수림 내 땅 위에 단생하며, 북반구 온대 이북에 분포한다.

갓은 지름 6~18cm로 처음에는 반구형이나 차차 편평형이 되고, 표면은 적갈색이며 회백색~담갈색의 외피막 파편이 있다. 조직은 백색이나 상처가 나면 적갈색이 된다. 주름살은 떨어진형이며 약간 빽빽하고 백색이나 상처가 나거나 성숙하면 적갈색으로 얼룩진다. 대는 8~20×0.8~2cm로 표면은 담적갈색이며 적갈색 인편이 있고, 상처가 나면 적갈색으로 변한다. 대 위쪽에는 백색 턱받이가 있으며, 기부는 구근상이다. 포자는 7.5~10×5~7.5μm로 타원형~난형이며, 표면은 평활하고 아밀로이드이며, 포자문은 백색이다. 식용버섯이나 생식하면 중독된다.

7월 28일 마곡사

8월 3일　서오릉. 갓에는 백색 외피막 파편이 산재

8월 22일　월악산

마귀광대버섯 ●

Amanita pantherina (DC. ex Fr.) Krombh.

여름과 가을에 침엽수림·활엽수림 내 땅 위에 군생 또는 단생(單生)하며, 북반구 온대 이북·아프리카 등지에 분포한다.

갓은 지름 4~25 cm로 구형에서 차차 오목편평형이 된다. 갓 표면은 회갈색~황갈색이며, 습하면 점성이 있고 백색의 사마귀 모양의 외피막 파편이 산재하며, 갓 둘레에는 방사상의 홈선이 있다. 주름살은 떨어진형이며 약간 빽빽하고 백색이며, 주름살날은 약간 톱날형이다. 대는 5~3.5×0.6~3 cm로 표면은 백색이며 위쪽에 백색 턱받이가 있고, 턱받이 아래쪽에는 섬유상 인편이 있다. 기부는 구근상이며, 그 위에 외피막 일부가 2~4개의 불완전한 환문을 이룬다. 포자는 9.5~12×7~9 μm로 광타원형이며, 표면은 평활하고 비아밀로이드이고, 포자문은 백색이다. 맹독버섯이다.

10월 3일　　용문산

붉은주머니광대버섯

Amanita rubrovolvata Imai

여름과 가을에 활엽수림・낙엽송림 내 땅 위에 단생 또는 군생하며, 한국・일본・말레이시아 등지에 분포한다.

갓은 지름 2.5~3.5cm로 처음에는 반구형이나 평반구형이 된다. 갓 표면은 등황색~적황색이고 분말상의 등색 외피막 파편이 있고, 갓 둘레는 방사상 홈선이 있고 황색이며, 조직은 백색~담황색이다. 주름살은 떨어진형이고 약간 빽빽하고 처음에는 백색이나 후에 담황색이 된다. 대는 3.5~11×0.4~0.6cm로 표면은 분말상의 담황색~황등색이고, 기부는 구근상이고 적황색의 분말상의 인편이 불완전한 환(環)을 이루며, 대 위쪽에 담황색의 턱받이가 있다. 포자는 7~8.5×6~7.5μm로 유구형이고, 표면은 평활하고 비아밀로이드이고, 포자문은 백색이다. 식용불명이다.

9월 9일　　치악산 구룡사

개나리광대버섯 ●

Amanita subjunquillea Imai

여름과 가을에 침엽수와 활엽수의 혼합림 내 땅 위에 단생 또는 산생하며, 한국 · 일본 등지에 분포한다.

갓은 지름 3~7.5cm로 난형이나 차차 종형을 거쳐 볼록편평형이 된다. 갓 표면은 습할 때는 점성이 있고 섬유상의 인편이 있으며 담황색~황등색이고 때때로 백색 외피막 파편이 남아 있다. 조직은 육질이고 백색이며, 주름살은 떨어진형이고 빽빽하며 백색이다. 대는 5~11×0.6~1cm로 원통형이고 아래쪽으로 갈수록 굵어지고, 기부는 구근상이다. 속은 비고 표면은 황색이나 갈황색으로 되고 섬유질 인편이 있으며 윗부분에 막질상의 백색 턱받이가 있고 기부에는 막질상의 백색 대주머니가 있다. 포자는 7~7.6×5~5.6μm로 유구형이며, 표면은 평활하고 아밀로이드이며, 포자문은 백색이다. 독버섯이다.

8월 18일 헌인릉

암적색분말광대버섯

Amanita rufoferruginea Hongo

여름과 가을에 적송림・혼합림에 군생(群生)하며, 한국・일본・중국 등지에 분포한다.

갓은 지름 4.5~9cm로 반구형이며, 표면은 황적갈색의 분말상 인편이 퍼져 있어 접촉하면 묻어난다. 주름살은 떨어진형이며 빽빽하고 백색이다. 대는 9~12×0.7~2cm로 위쪽에 백색의 턱받이가 있으나 탈락하기 쉽다. 표면은 등황색의 분말상 인편이 빽빽이 퍼져 있고, 기부는 팽대하며 등갈색의 분말상의 인편이 바퀴 모양으로 남는다. 포자는 7.5~9×7~8.1μm로 구타원형이며, 표면은 평활하고 비아밀로이드이며, 포자문은 백색이다. 식용불명이다.

8월 18일 헌인릉

8월 18일　　헌인릉. 암적색분말광대버섯

7월 25일　　선정릉. 갓은 황록색, 대에는 인편이 있으며 대주머니는 크고 단단함

알광대버섯 ●
Amanita phalloides (Fr.) Link

여름과 가을에 침엽수림·활엽수림 내 땅 위에 단생하며, 전세계에 분포한다.

갓은 지름 7~10cm로 처음에는 난형이나 차차 편평형이 되며, 표면은 황록갈색이며 약간 점성이 있다. 주름살은 떨어진형이고 빽빽하며 백색이다. 대는 8~12×0.5~0.8cm로 표면은 백색~백회색이고, 대 위쪽은 약간 가늘고 백색의 막질의 턱받이가 있으며 아래쪽에는 인편이 덮여 있다. 기부는 굵으며, 크고 단단한 칼집 모양의 대주머니가 있다. 포자는 8~11×7~8.5μm로 단타원형이며, 표면은 평활하고 아밀로이드이고, 포자문은 백색이다. 맹독버섯이다.

9월 15일 　수원 융건릉. 갓 표면에는 가루상의 인편과 방사상 홈선이 있음

8월 26일 　수원 용주사

파리버섯 ●

Amanita melleiceps Hongo

여름에 적송림 내 땅 위에 산생하는 균근성균(菌根性菌)이며, 한국·일본 등지에 분포한다.

갓은 지름 3~6cm로 처음에는 평반구형이나 차차 오목편평형이 되며, 표면은 담황색이고 백색~담황색의 분말상 인편과 방사상 홈선이 있다. 주름살은 떨어진형이며 약간 성기고 백색이다. 대는 3~5×0.3~0.6cm로 기부는 구근상이며, 표면은 위쪽은 백색, 아래쪽은 담황색의 분말상의 인편이 덮여 있다. 포자는 8~12×6~8μm로 광타원형이며,표면은 평활하고 비아밀로이드이며, 포자문은 백색이다. 독버섯이며, 파리 살충성분이 있다.

10월 4일　　장릉. 갓 표면에 백색~황록색의 외피막이 있음. 기부는 구근상

애광대버섯

Amanita citrina (Schaeff.) Pers. var. *citrina*

여름과 가을에 활엽수림·혼합림 내 땅 위에 단생하는 균근성균이며, 북반구 온대 이북·오스트레일리아 등지에 분포한다.

갓은 지름 4~10cm로 처음에는 반구형~평반구형이나 차차 편평형이 된다. 갓 표면은 평활하고 황록색이며 습하면 점성이 있고 백색~황록색의 외피막 파편이 있으며 생감자 냄새가 난다. 주름살은 떨어진형이며 약간 빽빽하고 백색이다. 대는 5~12×0.8~1.2cm로 속은 비어 있고, 표면은 백색~담황색이다. 대 위쪽에는 백색의 턱받이가 있으나 성숙하면 소실된다. 기부는 구근상이며 그 위에 외피막 일부가 환상의 대주머니를 형성한다. 포자는 7.5~9.5 μm로 구형이고, 표면은 평활하고 아밀로이드이고, 포자문은 백색이다. 무독설이 있으나, 요주의.

8월 14일　　서울대공원

8월 26일　　수원 융건릉

8월 26일　　수원 용주사

8월 26일　　수원 융건릉.

잿빛가루광대버섯

Amanita griseofarinosa Hongo

여름과 가을에 활엽수림 내 땅 위에 단생하며, 한국 · 일본 등지에 분포한다.

갓은 지름 3~6.5(15)cm로 처음에는 반구형이나 차차 편평형이 된다. 표면은 담회색 바탕에 회색~암갈회색의 분말상 또는 솜털 모양의 외피막 파편이 있고, 갓 끝은 백색의 내피막 파편이 부착되어 있으며, 조직은 백색이다. 주름살은 떨

갓 표면에 가루상의 갈회색 외피막이 있음 갓 끝에는 백색 내피막이 있음

어진형이고 약간 빽빽하며, 백색이고, 주름살날은 분말상이다. 대는 7~12×0.3~0.8cm로 표면은 담회색이며 갓과 같은 색의 분말상 또는 솜 모양의 외피막 파편과 회색 턱받이가 있으나 소실되기 쉽다. 포자는 9.5~11.5×7.5~9.5μm로 타원형~유구형이며, 표면은 평활하고 아밀로이드이고, 포자문은 백색이다. 식용불명이다.

9월 10일 동구릉. 유균은 난형이나 표면은 돌기상

점박이광대버섯

Amanita ceciliae (Berk. et Br.) Bas

9월 10일 동구릉

여름과 가을에 침엽수림·혼합림 내 땅 위에 단생하며, 북반구 일대·오스트레일리아 등지에 분포한다.

갓은 지름 4~12cm로 처음에는 반구형이나 후에 편평형이 되며, 표면은 황갈색 바탕에 회갈색~회색의 외피막 파편이 있고, 갓 둘레에는 방사상 홈선이 있으며, 조직은 백색이다. 주름살은 떨어진형이며 약간 빽빽하고 처음에는 백색이나 차차 회색 분말이 나타난다. 대는 7.5~13×1.5~2cm로 속은 비어 있고, 표면은 백색이며 분말상 또는 섬유상의 회색 인편이 있다. 기부는 약간 굵고 그 위에 2~4개의 회색 분말상의 불완전한 환문이 있다. 포자는 지름 11~15μm로 구형이며, 포자 속에 유구(油球)가 있다. 표면은 평활하고 비아밀로이드이고, 포자문은 백색이다. 식용불명이다.

◀ 9월 10일 동구릉. 갓 표면에 농회갈색의 외피막 파편이 있음

10월 7일　　동구릉. 자실체가 순백이며 갓 둘레에는 방사상의 긴 홈선이 있음

흰우산버섯 ●

Amanita vaginata (Bull. ex Fr.) Vitt. var. *alba* Gill.

여름과 가을에 적송림·활엽수림 내 땅 위에 단생 또는 군생하며, 북반구 일대에 분포한다.

갓은 지름 3~9cm로 처음에는 반구형이나 후에 편평형이 되며, 표면은 평활하고 순백색이며, 갓 둘레에는 선명한 방사상의 홈선이 있다. 대는 5~20×1.4~2cm로 표면은 백색이고 분말상의 작은 인편이 있으며, 백색의 대주머니가 있고, 턱받이는 없다. 포자는 지름 9.5~11.5 μm로 구형이며, 표면은 평활하고 비아밀로이드이며, 포자문은 백색이다. 식용버섯이나 생식하면 중독된다.

8월 9일 덕유산. KOH 용액에 의해 황색으로 변함

8월 10일 용문산. 턱받이가 있음

독우산광대버섯 ●

Amanita virosa (Fr.) Bertillon

여름과 가을에 침엽수림·활엽수림 부근 땅 위에 단생 또는 군생하며, 북반구 일대·오스트레일리아 등지에 분포한다.

버섯 전체가 백색이고, 유균은 달걀형이다. 갓은 지름 4~15cm로 처음에는 원추형~반구형이나 차차 볼록편평형이 되며, 표면은 평활하고, 조직은 KOH 용액에 의해 황변한다. 주름살은 떨어진형이며 약간 빽빽하고 백색이다. 대는 8~24×0.7~2cm로 표면에는 섬유상 큰 인편이 있고, 위쪽에는 백색 턱받이가 있고, 기부는 구근상이며 주위에 대주머니가 있다. 포자는 6.5~7×6~7μm로 구형이며, 표면은 평활하고 아밀로이드이며, 포자문은 백색이다. 맹독버섯이다.

8월 12일 설악산. 갓에는 끝이 뾰족한 인편이 있음. 턱받이는 찢어져 떨어져 있음

흰가시광대버섯

Amanita virgineoides Bas

여름과 가을에 혼합림 내 땅 위에 단생하는 균근성균이며, 북반구 일대에 분포한다.

갓은 지름 9~20cm로 전체가 백색이며 처음에는 구형~반구형이나 차차 편평형이 되며, 표면은 백색이고 분말상의 뾰족한 인편이 많이 있고, 조직은 백색이다. 주름살은 떨어진형이며 약간 빽빽하고 백색~담황색이다. 대는 12~22×1.3~2.5cm로 속은 비어 있고, 표면은 백색이며, 위쪽에는 막질의 큰 턱받이가 있으나 갓이 피면서 탈락하고, 기부는 곤봉형이며 분말상의 뾰족한 인편이 불완전한 환문을 이룬다. 포자는 8~10.5×6~7.5μm로 타원형이며, 표면은 평활하고 아밀로이드이고, 포자문은 백색이다. 식용불명이다.

7월 12일　서울산업대. 주름살은 두껍고 넓으며 약간 성김

무당버섯과 Russulaceae

무당버섯속 *Russula* Pers. ex S.F. Gray

갓의 조직은 구형세포와 사상세포로 되어 잘 부서지고 대는 짧고 뭉툭하고 원통형이다. 포자는 표면은 백색~황색이고, 돌기와 망목상이다. 균근성. 지상생.

절구버섯 ●

Russula nigricans (Bull.) Fr.

7월 20일　동구릉

여름과 가을에 활엽수림·침엽수림 내 땅 위에 산생 또는 군생하며, 북반구 일대에 분포한다.

갓은 지름 5~20cm로 처음에는 평반구형이나 차차 오목편평형이 된다. 갓 표면은 담갈백색이나 담홍회색을 거쳐 흑으로 변하고, 조직은 백색이며 상처가 나면 담홍회색을 거쳐 흑색으로 변한다. 주름살은 성기고 내린형이며, 처음에는 백색이나 후에 흑색으로 변한다. 대는 3~8×1~3cm로 위아래 굵기가 같고, 표면은 백색이나 후에 갈색을 거쳐 흑색으로 변한다. 조직은 갓 조직과 같이 흑색으로 변한다. 포자는 7~9×6~7.5μm로 유구형이며, 표면은 돌기가 있는 망목상(網目狀)이고, 포자문은 백색이다. 식용버섯이나 생식하면 중독된다.

9월 15일　　수원 융건릉.　갓 둘레에 방사상의 홈선이 있고 갓은 습할 때 점성이 있음

깔때기무당버섯 ●

Russula foetens Pers. ex Fr.

여름과 가을에 잡목림 내 땅 위에 군생 또는 단생(單生)하며, 북반구 일대에 분포한다.

갓은 지름 5~12cm로 처음에는 평반구형이나 후에 오목편평형이 된다. 갓 표면은 황갈색이며 습하면 점성이 있고, 갓 둘레는 뚜렷한 방사상 돌기선이 있다. 주름살은 끝붙은형이며 빽빽하고 처음에는 백색이나 차차 갈색으로 얼룩진다. 대는 3~9×0.5~3.5cm로 위아래 굵기가 같고 속은 비어 있고 표면은 백갈색이다.

9월 22일　　동구릉. 주름살

포자는 7.5~10×6.5~9μm로 구형이며, 표면은 곰보 모양의 돌기가 있는 망목상이고, 포자문은 백색이다. 독버섯이며 악취가 심하게 나고 매운맛이 있다.

8월 18일　헌인릉. 갓 표피가 코스모스상으로 갈라졌음

흙무당버섯 ●

Russula senecis Imai

8월 11일　설악산

여름과 가을에 활엽수림 내 땅 위에 단생 또는 군생하며, 한국・일본・뉴기니 등지에 분포한다.

갓은 지름 5~10cm로 처음에는 반구형이나 차차 오목편평형이 된다. 갓 표면은 황갈색이고 표피는 코스모스 잎 모양으로 갈라지며, 갓 둘레에는 방사상의 홈선이 있다. 조직은 냄새가 있고, 매운 맛이 난다. 주름살은 떨어진형이며 약간 빽빽하고 처음에는 백색이나 차차 갈색으로 얼룩진다. 대는 4~12×0.9~3.2cm로 위아래 굵기가 같고, 표면은 황색이며 갈색~흑갈색의 작은 점이 있다. 포자는 지름 7.5~9.5μm로 구형이며, 표면은 거친 날개 모양의 융기가 있고, 포자문은 백색이다. 독버섯이다.

7월 2일　동구릉

9월 28일　설악산

7월 25일　선정릉

수원무당버섯 ●
Russula bella Hongo

여름과 가을에 활엽수림・침엽수림 내에 단생 또는 군생하며, 한국・일본 등지에 분포한다.

갓은 지름 1.5~5cm로 처음에는 반구형이나 차차 편평형~깔때기형이 되며, 표면은 선홍색이며 담홍색의 분말상의 얼룩이 있다. 주름살은 내린형이며 빽빽하고 처음에는 백색이나 후에 담황색이 된다. 대는 2~5×0.6~0.8cm로 표면은 갓보다 열은색이며, 조직은 백색이고 달콤하고 특이한 냄새가 난다. 소금에 절여 겨울에 식용한다.

9월 28일　　설악산. 조직은 백색, 주름살도 백색이나 후에 담황색이 됨

황금무당버섯 ●

Russula aurata (With.) Fr.

9월 28일　　설악산

여름과 가을에 침엽수림·활엽수림 내 땅 위에 단생 또는 군생하며, 북반구 일대에 분포한다.

갓은 지름 4.5~9cm로 처음에는 반구형이나 차차 오목편평형이 된다. 갓 표면은 적황색~등황색이며 습하면 점성이 있고, 성숙하면 갓 둘레에 낟알 모양의 선이 다소 나타나고, 맛과 냄새가 없고 표피 밑은 황색이나 조직은 백색이다. 주름살은 약간 빽빽하고 떨어진형이며 처음에는 백색이나 후에 담황색이 되고, 주름살 사이에는 연락맥이 있고, 주름살 날은 황색이다. 대는 6~9×1~1.1cm로 처음에는 백색이나 후에 담황록색이 된다. 포자는 지름 8~9×6~8μm로 유구형이고, 표면은 돌기가 있고 망목상이며, 포자문은 황토색이다. 식용버섯이다.

9월 10일 동구릉

흰무당버섯아재비 ●

Russula pseudodelica Lange

여름과 가을에 혼합림에 단생 또는 군생하며, 한국·일본·유럽 등지에 분포한다.

갓은 지름 6~20cm로 처음에는 반구형이나 차차 깔때기형이 되며, 표면은 분말상이고 백색을 거쳐 황갈색이 된다. 조직은 두껍고 단단하며 백색이고 쓴맛이 조금 있다. 주름살은 끝붙은형이며 빽빽하고 처음에는 백색이나 후에 담황색~황토색이 된다. 대는 3~6×0.6~1cm로 위아래 굵기가 같고 백색이다. 포자는 6~8×4.7~6μm로 난형이며, 표면은 미세한 돌기가 있고 망목상이고, 포자문은 담황색~황토색이다. 식용하였으나 독성이 있다는 보고가 있다.

9월 10일 동구릉. 주름살은 담황색

9월 15일　　수원 용주사. 갓 둘레에 방사상의 분말상 선이 있음. 조직은 백색

밀짚색무당버섯

Russula laurocerasi Melzer

여름과 가을에 주로 활엽수림 내 땅 위에 군생하며, 한국·일본·북아메리카·유럽 등지에 분포한다.

갓은 지름 5~9cm로 처음에는 반구형이나 후에 오목편평형이다. 갓 표면은 갈황토색~황토색이며 습하면 점성이 있으며, 갓 둘레는 방사상의 분말상 선이 있고, 조직은 백색이며 쓴맛이 있고 불쾌한 냄새가 난다. 주름살은 완전붙은형이며 빽빽하고 처음에는 백색이나 후에 갈색 반점이 생기고, 수적(水滴)을 분비한다. 대는 2.3~9×0.6~1.2cm로 위아래 굵기가 같고, 속은 비어 있고, 처음에는 백색이나 후에 황갈색이 된다. 포자는 10.5~12.5×9.5~10.5μm로 유구형이고, 표면에는 큰 돌기와 날개 모양의 돌기가 있으며, 포자문은 백색이다. 식용 불명이다.

7월 23일　　속리산

8월 18일　　수원 융건릉. 주름살은 백색이나 후에 담황색이 됨

기와버섯 ●

Russula virescens (Schaeff.) Fr.

여름과 가을에 활엽수림 · 잡목림 내 땅 위에 소수 군생하며, 북반구 온대 이북에 분포한다.

갓은 지름 5~12cm로 처음에는 반구형이나 차차 오목편평형이 된다. 갓 표면은 녹색~회록색이며 표피는 불규칙하게 갈라져 있다. 주름살은 떨어진형이며 약간 빽빽하고 백색이다. 대는 3~10×1~2cm로 위아래 굵기가 같고, 표면은 평활하고 백색이다. 포자는 6~8μm로 구형이며, 표면은 돌기가 있는 가는 망목상이고, 포자문은 백색이다.

청갈버섯 또는 청버섯이라고도 하며, 널리 식용되는 버섯이다.

7월 25일　　파주 공릉

7월 2일 동구릉. 갓 끝에는 돌기선이 있음

회갈색무당버섯

Russula sororia (Fr.) Romell

여름과 가을에 정원, 길가, 산림 내 땅 위에 발생하는 균근성균으로, 북반구 온대에 분포한다.

갓은 지름 3~8cm로 평반구형~오목편평형이며, 표면은 담회갈색이며 습하면 점성이 있고, 갓 끝에는 돌기선이 있고, 조직은 백색이다. 주름살은 끝붙은형이며 약간 빽빽하고 백색이다. 대는 2~6×0.6~1.2cm로 표면은 백색이나, 아래쪽은 담회색이다. 포자는 7~8×6~6.4μm로 유구형이고, 표면은 돌기가 있으며 불완전한 망목상이고, 포자문은 담황색이다. 식용불명이다.

9월 3일　　동구릉

8월 26일　　수원 용주사

청머루무당버섯 ●

Russula cyanoxantha (Schaeff.) Fr.

여름과 가을에 활엽수림·혼합림 내 땅 위에 산생하며, 북반구 일대·아프리카·오스트레일리아 등지에 분포한다.

갓은 지름 6~10cm로 처음에는 반구형이나 차차 오목편평형이 되며, 표면은 습하면 점성이 있고 담자색·자색·녹색·청색·황록색 등 색의 변화가 많다. 주름살은 내린형이며 빽빽하고 백색이다. 대는 4~5×1.3~2cm로 위아래 굵기가 같고, 표면은 백색이며 조직은 백색이다. 포자는 7~9.5×5.5~7.5μm로 유구형이며, 표면은 미세한 돌기와 연락사(連絡絲)가 있고, 포자문은 백색이다. 식용버섯이다.

7월 22일 동구릉. 갓 표면은 처음은 백색이나 회갈색을 거쳐 흑색이 됨

애기무당버섯 ●

Russula densifolia (Secr.) Gill.

여름과 가을에 혼합림 내 땅 위에 단생하며, 북반구 온대·유럽·북아메리카 등지에 분포한다.

갓은 지름 6~10cm로 평반구형~깔때기형이며, 표면은 처음에는 백색이나 차차 회갈색을 거쳐 흑색이 된다. 조직은 백색이나 상처가 나면 적색을 거쳐 흑색으로 변한다. 주름살은 완전붙은형·내린형, 빽빽하고 백황색이다. 대는 3~5×1~1.4cm로 표면은 백색이나 상처가 나면 흑색으로 변한다. 포자는 6~7.5×5.5~6.5μm로 유구형이고 망목상이며, 포자문은 백색이다. 식용버섯이다.

9월 2일　선정릉

7월 25일　선정릉. 생장하면 표피가

8월 10일　동구릉

흰꽃무당버섯 (신칭)

Russula alboareolata Hongo

이른 여름부터 가을에 걸쳐 활엽수림 내 땅 위에 산생하며, 한국·일본 등지에 분포한다.

갈라져 갓 끝에는 방사상의 돌기선이 생김

갓은 지름 5~8cm로 처음에는 반구형이나 후에 오목편평형이 된다. 갓 표면은 백색이며 미세한 분말이 있고 습하면 점성이 있다. 생장하면서 표피가 갈라지고, 갓 끝에는 방사상의 돌기선이 생긴다. 주름살은 떨어진형이며 약간 빽빽하고 백색이다. 대는 2~5.5×0.7~1.2cm로 표면은 세로줄이 있고 백색이다. 포자는 6~8×5~7μm로 유구형이고, 표면에는 돌기가 있고, 포자문은 백색이다. 식용불명이다.

10월 1일　설악산. 갓 표면은 점성이 없고 대는 백색이나 차차 적갈색이 됨

7월 16일　한라산 영실

7월 21일　한라산 영실

담갈색무당버섯

Russula compacta Frost et Peck apud Peck

여름과 가을에 활엽수림 내 땅 위에 산생 또는 군생하며, 한국·일본·북아메리카 등지에 분포한다.

갓은 지름 7~10cm로 처음에는 반구형이나 후에 깔때기형이 된다. 갓 표면은 점성이 없고 적갈색이다. 주름살은 떨어진형이며 빽빽하고 백색이나 상처가 나면 담적갈색으로 얼룩진다. 대는 4~6×1~1.3cm로 원통형이며 비듬상의 세로줄이 있으며 처음은 백색이나 차차 적갈색이 된다. 포자는 8~9×7~8μm로 유구형이고, 표면에는 작은 돌기와 망목상의 연락사(連絡絲)가 있으며, 포자문은 담갈색이다. 식용불명이다.

8월 6일 헌인릉. 갓 표면은 적자색이고 조직은 백색

참무당버섯 ●

Russula atropurpurea (Krombh.) Britz.

여름과 가을에 혼합림 내 땅 위에 산생하며, 한국·중국·일본·유럽·북아메리카·시베리아 등지에 분포한다.

갓은 지름 4~12cm로 처음에는 반구형이나 차차 오목편평형이 된다. 갓 표면은 처음에는 자회색이나 차차 퇴색하며, 갓 둘레에는 돌기선이 있다. KOH 용액으로 적갈색을 나타내며, 조직은 백색이고 맵다. 주름살은 끝붙은형이고 빽빽함. 처음에는 백색이나 후에 갈황색이 되며 백색 분말이 붙어 있다. 대는 2~8×0.4~1.1cm로 표면은 처음에는 백색이나 차차 회색이 된다. 포자는 지름 8~9μm로 구형이며, 표면에는 돌기가 있고, 내부에는 유구가 있으며, 포자문은 백색~담황색. 식용버섯이다.

7월 25일 선정릉

10월 3일　　광릉 임업시험장. 대는 백색

9월 26일　영릉

9월 3일　　동구릉

냄새무당버섯 ●

Russula emetica (Schaeff. ex Fr.) S. F. Gray

여름과 가을에 활엽수림·침엽수림 내 땅 위에 단생 또는 군생하며, 북반구 일대·오스트레일리아 등지에 분포한다.

갓은 지름 3~10cm로 처음에는 반구형이나 차차 오목편평형이 된다. 갓 표면은 평활하고 선홍색이며 습하면 점성이 있고, 조직은 백색이고 매우 맵다. 주름살은 떨어진형 또는 끝붙은형이며 약간 빽빽하고 처음에는 백색이나 후에 담황색이 되며, 주름살날은 평활하다. 대는 2.5~9×0.7~2cm로 속은 해면상(海綿狀)이며, 표면은 평활하고 백색이다. 포자는 9~10×6.5~8.5 μm로 유구형이고, 표면은 돌기가 있는 망목상이며, 포자문은 백색이다. 독버섯이다.

7월 17일　　광릉 봉선사

자줏빛무당버섯

Russula violeipes Quél.

여름과 가을에 침엽수림·활엽수림·잡목림 내 땅 위에 군생하는 균근성균이며, 한국·일본·유럽 등지에 분포한다.

갓은 지름 3~9 cm로 처음에는 반구형이나 차차 편평형을 거쳐 오목편평형이 된다. 갓 표면은 분말상이며, 습하면 점성이 있고 처음에는 전체가 담황색이나 차츰 자적색~자주색의 반점이 생기며, 갓 끝은 파도형이다. 주름살은 짧은내린형 또는 끝붙은형이며 빽빽하고 담황색이다. 대는 4~10×0.6~2 cm로 표면은 분말상 백색~담황색 바탕에 담자적색의 무늬가 있고, 조직은 백색이다. 포자는 6.5~9×6~8 μm로 난형~유구형이고, 표면은 망목상이며, 포자문은 백색이다. 식용불명이다.

8월 21일 서오릉

구릿빛무당버섯 ●

Russula aeruginea Lindbl. ex Fr.

여름과 가을에 침엽수림·활엽수림 내 땅 위에 군생하며, 한국·중국·북아메리카 등지에 분포한다.

갓은 지름 5~8.5cm로 처음에는 평반구형이나 후에 오목편평형이 된다. 갓 표면은 평활하고 점성이 있으며, 황청색~회황록색 바탕에 황색 얼룩이 있고, 갓 둘레는 방사상 선이 있고, 조직은 백색이다. 주름살은 내린형이며 넓고 빽빽하고 황백색을 띤다. 대는 4~6×0.5~0.9cm로 하부쪽이 가늘고, 표면은 평활하고 황백색이다. 포자는 6.2~8.3×5.1~6.8μm로 타원형~유구형이며, 표면은 돌기가 있고 아밀로이드이며, 포자문은 등황색이다. 식용버섯이다.

10월 5일　　광릉 임업시험장

홍색애기무당버섯 ●

Russula fragilis (Pers. ex Fr.) Fr.

여름과 가을에 활엽수림 내 습한 땅 위에 군생하며, 북반구 일대에 분포한다.
갓은 지름 2.5~5cm로 처음에는 평반구형이나 후에 깔때기형이 되며, 표면은 습하면 점성이있고 적자색이나,중앙부는 자적색을 거쳐 황록색으로 변하며, 조직은 맵고 백색이다. 주름살은 완전붙은형이며 빽빽하고, 백색이며 주름살날은 톱니형이다. 대는 2.3~5×0.6~1cm로 속은 비어 있고, 표면은 백색이다. 포자는 지름 8~9μm로 유구형이며, 표면은 망목상이고 아밀로이드이며, 포자문은 백색이다. 식용불명이다.

7월 21일　　헌인릉. 버섯 전체가 선황색임

노랑무당버섯 ●

Russula flavida Frost et Peck apud Peck

여름과 가을에 침엽수림・활엽수림 내 땅 위에 단생 또는 군생하는 균근성균이며, 한국・중국・일본・북아메리카 등지에 분포한다.

갓은 지름 3~8.5cm로 처음에는 평반구형이나 후에 깔때기형이 되고, 버섯 전체가 아름다운 선황색이며, 표면은 분말상이다. 주름살은 떨어진형 또는 끝붙은형이고 약간 빽빽하며 백색이다. 대는 3~8×0.8~2.2cm로 위아래 굵기가 비슷하며, 표면은 가루상이고 갓과 같은 색이다. 포자는 6.5~9×6~7.5μm로 구형이며, 표면은 돌기가 있는 망목상이고, 포자문은 백색이다. 식용불명이고 불쾌한 냄새가 난다.

7월 6일 경남 내원사

박하무당버섯

Russula albonigra (Krombh.) Fr.

여름과 가을에 활엽수림·침엽수림·혼합림 내 땅 위에 단생하며, 한국·유럽 등지에 분포한다.

갓은 지름 4.5~10cm로 처음에는 평반구형이나 후에 편평형을 거쳐 깔때기형이 된다. 갓 표면은 회갈색을 거쳐 흑갈색~흑색으로 변하고, 주름살은 내린형이고 빽빽하고 백회색이나 상처가 나면 흑색으로 변한다. 대는 3~6×1.5~2 cm로 아래쪽이 약간 가늘고 갓과 같은 색이고 박하맛이 난다. 포자는 7~9×7~8μm로 표면은 작은 돌기와 망목상이 있고, 포자문은 백색~담황색이다. 식용 불명이다.

9월 10일 동구릉

8월 10일　　치악산 구룡사. 유액은 백색에서 황색으로 변함

젖버섯속 *Lactarius* (D.C. ex) S.F. Gray

갓은 보통 깔때기형~오목편평형, 자실체는 상처시 유액이 분비되는 유액균사(乳液菌絲)가 있다. 포자는 유구형이고 표면은 미세한 돌기, 망목상 또는 날개상이다. 균근성. 지상생.

민들레젖버섯 (신칭) ●
Lactarius scrobiculatus (Scop. ex Fr.) Fr.

여름과 가을에 산 속의 침엽수림 내 지상에 산생하며, 한국·일본 등 북반구 아한대에 분포한다.

갓은 지름 5.5~20cm로 깔때기형이며 표면은 평활하나 작은 인편이 있기도 하며 황갈백색으로 환문이 있다. 갓 끝은 굽은형이다. 주름살은 내린형으로 빽빽하고 황백색이다. 조직은 백색이고 유액은 맵고 백색으로 다량 분비되며 곧 황색으로 변한다. 대는 3~6×1.5~3.5cm이며 표면은 황갈색으로 약간 짙은색의 얼룩이 있고 아래쪽은 가늘다. 포자는 6.5~9×5~7.5μm로 광타원형이며, 표면은 망목상이고 아밀로이드이며 포자문은 백색~담백황색. 독버섯이다.

8월 26일　　수원 용주사. 상처시에 백색 유액이 분비되며 주름살은 성김

흰주름젖버섯 ●

Lactarius hygrophoroides Berk. et Curt.

여름과 가을에 활엽수림·잡목림 내 땅 위에 산생하며, 북반구 일대에 분포한다.

갓은 지름 2.5~10cm로 처음에는 평반구형이나 차차 오목편평형이 된다. 갓 표면은 평활하거나 주름상이며 황색~황갈색이고, 조직은 백색이다. 주름살은 완전붙은형 또는 내린형이며 성기고 백색~담황색이고 상처가 나면 백색 유액이 분비되나 변색하지 않는다. 대는 2.5×0.8~2cm로 위아래 굵기가 같고, 속은 해면상이며 표면은 갓과 같은 색이다. 포자는 7~10×6~7μm로 유구형이며, 표면은 작은 날개 모양의 돌기가 있고, 포자문은 백색이다. 식용버섯이다.

8월 26일　　수원 용주사

7월 26일　　동구릉

8월 30일 　홍천 강원대 연습림. 백색 유액이 담자색으로 변함

◄

민맛젖버섯 ●

Lactarius camphoratus (Bull. ex Fr.) Fr.

봄부터 가을에 침엽수림・활엽수림 내 땅 위에 단생 또는 군생하며, 북반구 일대에 분포한다.

갓은 지름 1.5~4cm로 처음에는 평반구형이나 차차 깔때기형이 되며, 표면은 암갈색이고, 중심부에 작은 돌기가 있다. 주름살은 내린형이며 빽빽하고 담갈색이다. 유액은 우유색이다. 대는 1~5×0.4~0.7cm로 갓과 같은 색이다. 포자는 6.3~8×6~7μm로 구형이며, 표면에는 불완전한 그물과 주름이 있고, 포자문은 담황색이다. 식용버섯이다.

◄ 8월 11일 　치악산 구룡사
대 밑에는 황갈색 균사가 있음

▲ 잿빛젖버섯 ●

Lactarius violascens (Otto ex Fr.) Fr.

여름과 가을에 활엽수림 내 땅 위에 단생하며 한국・일본・유럽・북아메리카 등지에 분포한다.

갓은 지름 4~10cm로 처음에는 평반구형이나 차차 편평형이 되며, 표면은 습할 때는 점성이 있고 담자갈색이며 짙은 색의 환문이 있다. 주름살은 완전붙은형이고 약간 빽빽하고 처음에는 백색이나 점차 담회자색으로 얼룩지며, 상처가 나면 백색 유액을 분비하나 담자색으로 변한다. 대는 2~7×0.8~1.8cm로 위아래 굵기가 같고 속은 성숙하면 해면상이고 처음에는 황갈색이나 자황색으로 얼룩진다. 대 조직은 백색이나 차차 담자색으로 변한다. 포자는 7.5~8.5×6~6.2μm로 유구형이고, 표면은 돌기가 있는 불완전한 망목상이다. 식용불명이다.

8월 12일　　선정릉. 갓 끝은 말린형

8월 12일　　선정릉. 주름살

새털젖버섯 ●

Lactarius vellereus (Fr.) Fr.

봄부터 여름에 걸쳐 혼합림 내 땅 위에 단생 또는 군생하는 균근성균(菌根性菌)이며, 동아시아・유럽・북아메리카 등지에 분포한다.

갓은 지름 8~30cm로 처음에는 오목평반구형이나 차차 깔때기형이 되며, 표면은 가는 털이 있고 처음에는 백색이나 후에 황토색이 되며, 갓 끝은 말린형이다. 조직은 백색이나 공기와 접촉하면 담황갈색으로 변하며 $FeSO_4$ 용액에 의해 적변한다. 유액은 백색이나 시간이 경과하면 유황색이 되고 매운 맛이 있다. 주름살은 완전붙은형 또는 내린형. 약간 빽빽함. 처음에는 백색이나 후에 암황색이 된다. 대는 2~6×1.5~4cm로 원통형이며, 표면은 짧은 털이 있고 백색을 거쳐 암황색이 된다. 포자는 7~10×6~8μm로 유구형이고, 표면은 돌기가 있고 망목상이며, 포자문은 담황색이다. 날・측시스티디아는 40~65×5~8μm로 원통형이다. 식용불명이다.

8월 18일　　헌인릉. 유액은 백색이나 곧 담황색으로 변함

털젖버섯아재비 ●
Lactarius subvellereus Peck

8월 14일　　강원도 대성산

여름과 가을에 혼합림 내 땅 위에 단생 또는 군생하며, 동아시아·북아메리카 등지에 분포한다.

갓은 지름 5~12cm로 처음에는 오목평반구형이나 차차 깔때기형이 된다. 갓 표면은 짧은 털이 덮여 있고 백색이나 담황색 얼룩이 있고 갓 끝은 어릴 때는 말린형. 주름살은 내린형이며 빽빽하고 담황백색이나 상처가 나면 황갈색으로 변하고, 유액은 백색 후에 담황색이 되며 맵다. 대는 1.5~5.5×0.8~2.5cm로 위아래 굵기가 비슷하고, 표면은 백색이며 비로드상이고 작은 털이 나 있다. 포자는 7~8.5×6~6.4μm로 난형~유구형이고, 표면은 망목상이다. 식용불명이다.

8월 14일　　강원도 대성산. 주름살은 성기고 유액은 백색

우유젖버섯 ●
Lactarius subpiperatus Hongo

여름과 가을에 활엽수림·침엽수림 내 땅 위에 군생하며, 한국·일본 등지에 분포한다.

갓은 지름 5~8cm로 처음에는 평반구형이나 차차 깔때기형이 된다. 갓 표면은 평활하고 백색이나 오황갈색의 얼룩이 생기며, 갓 끝은 유균일 때에는 굽은형이고, 조직은 백색이나 상처가 나면 담황색이 된다. 주름살은 내린형이며 성기며 오황색이고, 유액은 백색이나 담백황색이 되며 매우 맵다. 대는 4~6×1.5~2.2cm로 백색 바탕에 오황색의 얼룩이 있고, 기부쪽은 가늘다. 포자는 6~7.4×5.5~6.4μm로 유구형이고, 표면은 미세한 돌기가 있는 망목상이며, 포자문은 백색이다. 식용불명이다.

9월 15일 수원 융건릉. 유액은 백색

굴털이 ●

Lactarius piperatus (Scop. ex Fr.) S.F. Gray

여름과 가을에 활엽수림·혼합림 내 땅 위에 군생하며, 북반구 일대·오스트레일리아 등지에 분포한다.

갓은 지름 4~18cm로 처음에는 오목반구형이나 차차 깔때기형이 된다. 갓 표면은 평활하고 점성이 있으며 처음에는 백색이나 후에 담황색이 되며 황색~황갈색의 얼룩이 생긴다. 주름살은 내린형이며 빽빽하고 처음에는 백색이나 후에 담황색이 되고 상처가 나면 백색 유액이 분비되는데, 변색하지 않고 매우 맵다.

10월 2일 설악산

대는 3~9×1~3cm로 위아래 굵기가 거의 같고, 속은 해면상이며, 표면은 백색이다. 포자는 5.5~8×5~6.5μm로 유구형이고, 표면에는 미세한 돌기와 선이 있고, 포자문은 백색이다. 식용버섯이나, 유액은 구토를 일으키므로 유액을 씻은 후 요리하여야 한다.

8월 21일　　광릉. 유액은 백색

젖버섯 ●

Lactarius volemus (Fr.) Fr.

여름과 가을에 활엽수림 내 땅 위에 단생하며, 북반구 일대에 분포한다.

갓은 지름 3.5~10cm로 처음에는 평반구형이나 차차 오목편평형이 된다. 갓 표면은 평활하고 담황적갈색~등황갈색이며 분말상이다. 주름살은 완전붙은형 또는 내린형이며 빽빽하고 백색이나 후에 담갈색이 되고, 상처가 나면 백색 유액이 분비되고 갈색으로 변한다. 대는 2.5~6×1~2cm로 위아래 굵기가 같고, 표면은 갓과 같은 색이며 이따금 적갈색으로 얼룩진다. 포자는 지름 7~10μm로 구형이며, 표면은 날개 모양 또는 망목상이고, 포자문은 백색이다. 식용 버섯이다.

◄ 7월 14일　　계룡산 갑사

8월 18일　　헌인릉

8월 26일　　수원 용주사

7월 23일　　서오릉. 갓 표면에는 환문이 있음. 당귀 냄새가 남

8월 10일　　덕유산 무주 구천동

8월 2일　　서울산업대

당귀젖버섯 ●

Lactarius subzonarius Hongo

여름과 가을에 활엽수림·침엽수림 내 땅 위에 군생 또는 단생하며, 한국·일본 등지에 분포한다.

갓은 지름 2.5~4cm로 반구형이나 차차 오목편평형이 되며, 표면은 점성이 있고 담갈색과 갈색의 환문이 있으며, 조직은 담갈색이고 건조하면 당귀(當歸) 냄새가 난다. 주름살은 완전붙은형 또는 내린형이며 약간 빽빽하고 담홍색이며 상처가 나면 백색 유액이 분비되고 담갈색으로 변한다. 대는 2.5~3×0.5~0.7cm로 위아래 굵기가 같고, 속은 해면상이다. 표면은 적갈색이며, 기부에는 담황갈색의 거친 털이 있다. 포자는 6~8.5×4.8~7.7μm로 유구형이며, 표면은 망목상, 포자문은 담황색. 식용버섯이다.

9월 9일　　치악산 구룡사. 유액은 등색

호박젖버섯 ●

Lactarius laeticolorus (Imai) Imaz.

여름과 가을에 전나무 숲 내 땅 위에 단생 또는 군생하는 균근성균이며, 동아시아 극동 지방에 분포한다.

갓은 지름 5~15cm로 처음에는 오목평반구형이나 차차 오목편평형이 된다. 갓 표면은 평활하고 담등황색 바탕에 등황색의 환문이 있고 습하면 점성이 있다. 주름살은 내린형이며 약간 빽빽하고 등황색이고 등색의 유액이 분비되며 변색하지 않는다. 대는 3~10×2.5~6.5cm로 표면은 갓과 같은 색이며 얼룩무늬가 있다. 포자는 7~10×6~7μm로 광타원형이며, 표면은 망목상이고, 포자문은 담황색이다. 식용버섯이다.

10월 5일　　광릉 임업시험장

7월 15일　　치악산 구룡사

9월 10일 치악산 구룡사. 유액은 황색, 갓에는 희미한 환문이 있음

10월 3일 설악산

노란젖버섯 ●

Lactarius chrysorrheus Fr.

여름과 가을에 침엽수림·잡목림 내 땅 위에 단생 또는 산생하며, 북반구 온대에 분포한다.

갓은 지름 4~10cm로 처음에는 평반구형이나 차차 오목편평형이 된다. 갓 표면은 황갈색~담황색이며 짙은색의 희미한 환문이 있고 습하면 점성이 있다. 주름살은 완전붙은형 또는 약간 내린형이고 빽빽하고 담황색이며 상처가 나면 백색 유액이 분비되나 곧 황색으로 변하며 매우 맵다. 대는 4~7×0.8~2.2cm로 위아래 굵기가 같고 속은 비어 있고 갓과 같은 색이거나 옅은색이다. 포자는 6~9×5~7.5μm로 구형이며, 표면은 돌기가 있는 망목상이고, 포자문은 담황색이다. 독버섯이다.

9월 26일　　여주 영릉. 자실체는 상처시 청록색으로 변함

젖버섯아재비 ●

Lactarius hatsutake Tanaka

여름과 가을에 적송림 내 땅 위에 군생 또는 단생하며, 한국·중국·일본 등지에 분포한다.

갓은 지름 4~12cm로 처음에는 평반구형이나 차차 얕은 깔때기형이 된다. 갓 표면은 담적갈색이며 짙은색의 환문이 있고 습하면 다소 점성이 있으며, 상처가 난 자리는 청록색으로 얼룩진다. 주름살은 완전붙은형·내린형. 빽빽하고 담적갈색이고 상처가 나면 암홍색의 유액이 다소 분비되나 곧 청람색으로 변한다. 대는 2~6×0.6~2cm로 위아래 굵기가 같고, 속은 차차 해면상이 되며, 표면은 갓보다 옅은색이다. 포자는 6.7~8.7×5.6~6.8μm로 광유구형이며, 표면은 망목상이고, 포자문은 담암황색이다. 식용버섯이다.

9월 26일　　여주 영릉. 주름살

9월 3일　　설악산

8월 23일　동구릉, 소형임

7월 2일　동구릉

7월 2일　동구릉

고염젖버섯 (신칭)

Lactarius obscutus (Lasch) Fr.

여름부터 늦가을에 걸쳐 활엽수림・혼합림 내 습한 땅 위에 단생 또는 군생하며, 한국・유럽 등지에 분포한다.

갓은 지름 0.6~1.3cm로 처음에는 편평형이나 후에 깔때기형이 된다. 갓 표면은 평활하고 황갈색이나, 중앙부는 농황갈색이다. 주름살은 끝붙은형 또는 내린형이며 약간 성기고 담황갈색이며 유액은 백색이나 변색하지 않는다. 대는 1.7~2.1×0.2~0.3cm로 원통형이며, 표면은 평활하고 황갈색이다. 포자는 6~7.7×5~6.2μm로 타원형이며, 표면은 돌기가 잘 발달된 망목상이고 포자문은 백색이다. 식용불명이다.

8월 18일　　수원 융건릉. 갓과 대 표면은 비로드상

애기젖버섯 ●

Lactarius gerardii Peck

여름과 가을에 활엽수림·침엽수림·혼합림 내 땅 위에 단생 또는 군생하며, 북반구 온대에 분포한다.

갓은 지름 5~10cm로 처음에는 평반구형이나 차차 오목편평형이 된다. 갓 표면은 황갈색~회갈색이며 주름이 있고 비로드상이며, 조직은 백색이다. 주름살은 완전붙은형 또는 내린형이며 성기고 다소 두꺼우며 백색~담황색이고 상처가 나면 백색 유액이 분비되나 변색하지 않는다. 대는 2~8×0.8~2cm로 표면은 갓과 같은 색이며 암갈색의 짧은 털로 덮여 있다. 포자는 8~10.5×7.5~9.5μm로 유구형이고, 표면은 망목상이며, 포자문은 담황색이다. 식용버섯이다.

8월 12일　　선정릉

8월 21일　　서오릉

7월 17일　　광릉 봉선사. 조직은 백색이나 상처시 적색으로 됨

7월 15일　　치악산 구룡사

주름버섯 ●

Agaricus campestris L. ex Fr.

봄부터 가을에 걸쳐 비옥한 풀밭, 목장, 잔디밭, 밭 등에 군생하며, 균륜을 형성하고, 전세계에 널리 분포한다.

갓은 지름 3~10cm로 처음에는 구형이나 후에 편평형이 된다. 갓 표면은 평활하고 섬유상 인편이 있고 처음에는 백색이나 차차 담적갈색이 되며 건조하면 비단 같은 광택이 있고, 조직은 백색이나 상처가 나면 적색으로 변한다. 주름살은 떨어진형이며 빽빽하고 처음에는 백색이나 차차 담적갈색을 거쳐 자갈색으로 변한다. 대는 5~10×0.7~1.8cm로 백색이나 상처가 나면 담홍색을 거쳐 갈색으로 변하며, 대 위쪽에는 막질의 흰 턱받이가 있다. 포자는 6~9.5×4.5~7.5μm로 타원형~난형이며, 표면은 평활하고, 포자문은 자갈색이다. 우수한 식용버섯이며 특히 유럽인이 선호한다.

주름버섯과 Agaricaceae

주름버섯속 *Agaricus* L.ex Fr.

갓은 육질이며 주름살은 떨어진형이고 백색이나 흑자갈색이 된다. 대에 턱받이가 있다. 포자는 자갈색이고 발아공이 있다. 초지생.

9월 15일 서울산업대. 조직은 백색이나 상처시에 황색으로 변함

흰주름버섯 ●

Agaricus arvensis Schaeff. ex Fr.

6월 27일 설악산

봄부터 가을에 걸쳐 풀밭, 잔디, 삼림 근처 땅 위에 단생하며, 때때로 균륜을 형성하고, 전세계에 분포한다.

갓은 지름 8~20cm로 처음에는 난형이나 후에 편평형이 된다. 갓 표면은 평활하고 백색~담황색이나 상처가 나면 황색으로 변하며 다소 인편이 있다. 갓 끝에는 턱받이의 파편이 남아 있고, 조직은 처음에는 백색이나 후에 황색으로 변한다. 주름살은 떨어진형이며 빽빽하고 처음에는 백색이나 차차 홍회색을 거쳐 흑갈색이 된다. 대는 5~20×1~3cm로 속은 비어 있고, 표면은 백황색이나 상처가 나면 황색으로 변한다. 대 위쪽에는 2중막의 백색의 턱받이가 있고 턱받이 아래쪽에는 방사상으로 갈라진 솜털 물질이 있다. 포자는 7.5~10×4.5~5μm로 타원형이며, 표면은 평활하고, 포자문은 갈색~암갈색이다. 식용버섯이다.

9월 26일　　여주 영릉. 갓 표면에 암갈색의 인피가 있음

6월 19일　　서울산업대

주름버섯아재비

Agaricus placomyces Peck

여름과 가을에 혼합림·잡목림 내 땅 위에 단생 또는 군생하며, 한국·일본·중국·북아메리카 등지에 분포한다.

갓은 지름 5~15cm로 처음에는 구형~반구형이나 성숙하면 편평형이 된다. 갓 표면은 백색이나 접촉하면 담갈색으로 변하고, 중앙부에는 회갈색~암갈색의 인피가 밀집해 있다. 주름살은 떨어진형이며 빽빽하고 처음에는 백색이나 차차 담홍색을 거쳐 흑갈색이 된다. 대는 4~11×1.3cm로 속은 비어 있고 표면은 백황색이고 백색의 턱받이가 있으며, 기부는 구근상이고, 조직은 백색이나 접촉하거나 상처가 나면 담황색을 거쳐 담갈색으로 변한다. 포자는 4~6×3~3.5μm로 타원형이며, 표면은 평활하고, 포자문은 갈색~암갈색이다. 식용불명이다.

10월 29일　　수원 농기원

양송이 ●

Agaricus bisporus (J. Lange) Imbach var. *albidus* (J. Lange) Sing.

여름과 가을에 잔디밭, 퇴비 더미 주위에 군생 또는 속생(束生)하며, 북반구 온대 · 오스트레일리아 · 아프리카 등지에 분포한다.

갓은 지름 5~12cm로 처음에는 구형이나 차차 편평형이 되며, 표면은 평활하고 백색~담황갈이며 점차 갈색의 섬유상 인편이 생긴다. 조직은 백색이나 상처가 나면 담홍색으로 변한다. 주름살은 떨어진형이며 빽빽하고 처음에는 백색이나 차차 담홍색을 거쳐 흑자갈색으로 변한다. 대는 4~15×1~3cm로 표면은 백색이며, 대 위쪽에 백색의 턱받이가 있다. 포자는 6.5~9×4.5~7μm로 광타원형이며, 표면은 평활하고, 포자문은 흑자갈색이다. 담자기에 2개의 포자만이 착생한다. 전세계에서 널리 재배하는 식용버섯이며, 품종이 다양하다.

2월 15일　　주름살. 대에 턱받이가 보임

8월 18일 헌인릉. 갓 표면은 비단상, 2중 턱받이가 있음

8월 18일 헌인릉

담황색주름버섯 ●

Agaricus silvicola (Vitt.) Sacc.

여름과 가을에 침엽수림・활엽수림 내 땅 위에 단생하며, 한국・중국・일본・유럽・북아메리카 등지에 분포한다.

갓은 지름 5~12cm로 처음에는 종형이나 후에 편평형이 된다. 갓 표면은 비단 같은 광택이 있고 처음에는 담황색이나 후에 황색으로 변하며, 조직은 담갈색이다. 주름살은 떨어진형이며 빽빽하고 처음에는 백색이나 차차 담홍색을 거쳐 흑갈색으로 변한다. 대는 5~12×1.5~2.5cm로 표면은 황백색이고, 속은 비어 있고, 위쪽에 2중 턱받이가 있고, 기부는 굵다. 포자는 5~6×3~4μm로 타원형이며, 표면은 평활하고, 포자문은 자갈색이다. 식용버섯이며, 맛과 냄새가 좋다.

7월 25일　　선정릉. 갓에 자갈색 인편이, 대에 털모양의 섬유상 인편이 있음

진갈색주름버섯 ●

Agaricus subrutilescens (Kauffm.) Hot. et Stuntz

여름과 가을에 침엽수림·활엽수림·혼합림 내 땅 위에 산생하는 낙엽분해균이며, 한국·동남 아시아·북아메리카 등지에 분포한다.

갓은 지름 5~20cm로 처음에는 반구형이나 차차 편평형이 된다. 갓 표면은 백색이나, 중앙부에 자갈색의 섬유상 인편이 밀집해 있다. 조직은 처음에는 백색이나 후에 자갈색이 된다. 주름살은 떨어진형이며 빽빽하고 백색이나 차차 담홍색을 거쳐 자갈색으로 변한다. 대는 5~20×0.8~2cm로 표면은 백색이며 섬유상 또는 털 모양의 인편이 있고, 대 위쪽에는 백색의 큰 턱받이가 있다. 포자는 5~6×3~3.5μm로 타원형이며, 표면은 평활하고, 포자문은 회자갈색이다. 식용버섯이나 개체에 따라 위통을 일으키기도 한다.

7월 16일　　치악산 구룡사

9월 16일　　여주 영릉

숲주름버섯

Agaricus silvaticus Schaeff. ex Fr.

여름과 가을에 침엽수림 내 낙엽층 땅 위에 단생(單生)하며, 북반구 일대에 분포한다.

갓은 지름 4~8cm로 처음에는 평반구형이나 후에 편평형이 된다. 갓 표면은 적갈색이며 표피가 터져 중앙에서 갓 둘레로 향해 방사상 인편을 이루고 있다. 조직은 백색이나 상처가 나면 적색으로 변한다. 주름살은 끝붙은형이며 빽빽하고 처음에는 담홍색이나 후에 흑갈색으로 변한다. 대는 8~11×1~1.5cm로 속은 비어 있고, 표면은 백색이며, 전체는 굵은 인피로 덮여 있다. 포자는 5.5×4μm로 구형이며, 표면은 평활하고, 포자문은 자갈색이다. 식용불명이다.

7월 18일　서울산업대. 가동성 막질의 턱받이가 있음

갓버섯속 *Lepiota* (Pers.) S. F. Gray

주름살은 백색이고 대부분 떨어진형이다. 턱받이는 가동성 때로는 비가동성이다. 포자는 백색이고 보통 위(僞)아밀로이드이다. 부생, 지상생, 초지생.

두엄갓버섯 ●

Lepiota alborubescens Hongo

여름에 퇴비, 초원, 잔디밭 등에 산생 또는 군생하며, 한국・일본 등지에 분포한다.

갓은 지름 2~7cm로 처음에는 난형이나 후에 평반구형을 거쳐 볼록편평형이 된다. 갓 표면은 평활하고 백색~담갈색이며 인피가 산재하고, 조직은 백색이나 상처가 나면 적색으로 변하고 밀가루 냄새가 난다. 주름살은 떨어진형이며 빽빽하고 백색이다. 대는 2~10×0.2~0.7 cm로 속은 비어 있고, 기부는 팽대하며 처음에는 백색이나 차차 갈색으로 변하고 가동성(可動性)의 막질의 턱받이가 있다. 포자는 8~11×6~7μm로 광타원형이며, 표면은 평활하고, 포자문은 백색이다. 날시스티디아는 곤봉형 또는 원추형이며, 균사에 부리상 돌기가 있다. 식용버섯이다.

9월 9일　　치악산 구룡사. 표피가 갈라진 가루상의 인피가 있음

8월 16일　　용문산

방패갓버섯 ●

Lepiota clypeolaria (Bull. ex Fr.) Kummer

여름과 가을에 혼합림 내 땅 위에 단생 또는 속생하며, 전세계에 분포한다.

갓은 지름 3~7cm로 처음에는 종형~난형이나 후에 평반구형~볼록편평형이 된다. 표면은 적갈색~담홍색의 융단상이며 표피가 갈라진 분말상의 인피가 있다. 주름살은 떨어진형이며 빽빽하고 백색~담황색이다. 대는 3.5~8.5×0.3~0.8cm로 표면에는 담황색의 솜상 또는 분말상의 인피가 있고, 턱받이는 솜상이며 흔적만 있다. 포자는 14~22×4~6μm로 좁은 방추형이며, 표면은 평활하고, 포자문은 백색이다.

9월 9일 치악산 구룡사. 대 중앙에 턱받이가 있음

백조갓버섯

Lepiota cygnea J. Lange

여름과 가을에 침엽수림·활엽수림·혼합림 내 땅 위에 단생 또는 산생하며, 한국·동아시아·유럽·북아메리카 등지에 분포한다.

갓은 지름 1.5~1.9cm로 처음에는 평반구형이나 차차 볼록편평형이 되며, 표면은 비단상 광택이 있고 백색이며, 중앙부는 담황색이다. 주름살은 떨어진형이며 빽빽하고 백색이다. 대는 2~4×0.2~0.4cm로 표면은 백색이며 기부는 약간 팽대하고, 막질의 턱받이는 대 중앙에 있다. 포자는 7~8×4~5μm로 타원형이며, 표면은 평활하고, 포자문은 백색이다. 날시스티디아는 25~50×8~12μm이다. 식용불명이다.

8월 25일　　서울산업대. 갓과 대에 백색의 가루덩이가 덮여 있음

흰여우갓버섯아재비

Lepiota pseudogranulosa (Berk. et Br.) Sacc.

여름에 혼합림 내 땅 위에 군생하며, 한국・동아시아・유럽・남아메리카 등지에 분포한다.

갓은 지름 1~2cm로 처음에는 원추형이나 후에 종형을 거쳐 평반구형이 된다. 갓 표면은 백색의 분말이 덮여 있으나 쉽게 소실되며, 갓 둘레에는 분말상의 내피막(內皮膜) 잔유물이 있다. 주름살은 떨어진형이며 약간 빽빽하고 처음에는 백색이나 후에 갈색의 얼룩무늬가 생긴다. 대는 2~4×1.5~2cm로 표면에는 백색 분말이 두껍게 덮여 있으며, 턱받이는 분말상 또는 섬유질로 때때로 흔적만 남아 있다. 포자는 4.5~5×2.5~3μm로 타원형이며, 표면은 평활하고, 포자문은 백색이다. 식용불명이다.

7월 25일　　선정릉

7월 14일　　계룡산 갑사. 갓 표피가 갈라져 흰 조직이 보임

갈색고리갓버섯 ●

Lepiota cristata (Bolt. ex Fr.) Kummer

여름과 가을에 정원, 잔디밭, 쓰레기장의 땅 위나 혼합림 내 습한 땅 위에 군생하며, 거의 전세계에 분포한다.

갓은 지름 2~5cm로 처음에는 종형이나 차차 볼록편평형이 된다. 갓 표면은 적갈색이며 성장하면 중앙부 이외의 표피가 갈라져 작은 인피를 형성하여 백색 조직이 보인다. 주름살은 떨어진형이며 빽빽하고 백색~담황색이다. 대는 20~25×0.3~0.4cm로 위아래 굵기가 같고, 표면은 처음에는 백색이나 점차 담홍색으로 변한다. 턱받이는 막질이며 초기에 없어진다. 포자는 5.5~8×3.4~4.5μm로 마름모꼴이며, 표면은 평활하고 위(僞)아밀로이드이며, 포자문은 백색이다. 식용할 수 없다.

7월 14일　계룡산 갑사. 주름살

9월 4일　여주 영릉. 갓에 방사상 홈선이 있고 황색 가루가 덮여 있음

각시버섯속 *Leucocoprinus* Pat.

소형이며, 먹물버섯과 비슷하다. 갓은 얇고 방사상의 홈줄이 있다. 포자는 백색~담갈황색이고 발아공이 있으며 위아밀로이드이다. 지상생.

여우꽃각시버섯 ●

Leucocoprinus fragilissimus (Rav.) Pat.

여름과 가을에 정원, 온실, 혼합림 내 땅 위에 단생하며, 동아시아·유럽·북아메리카 등지에 분포한다.

갓은 지름 2~4cm로 처음에는 종형이나 평반구형을 거쳐 차차 볼록편평형이 된다. 갓 표면은 백색 바탕에 황색 분말이 빽빽이 퍼져 있고 방사상의 선명한 홈선이 있다. 주름살은 떨어진형이며 성기고 백색~담황색이며, 주름살날에는 담황색의 분말이 있다. 대는 3~7×0.2~0.3cm로 위아래 굵기가 거의 같으나, 기부쪽이 약간 굵고, 속은 비어 있다. 표면은 담황색이고, 턱받이는 황색의 막질이고 탈락성이며 아래쪽에는 황색의 짧은 털이 나 있다. 포자는 8~11.5×6~8μm로 레몬형이며, 표면은 평활하고 발아공(發芽孔)이 있고, 포자문은 백색이다. 식용불명이다.

9월 1일　　광릉 봉선사. 갓은 황갈색의 가루로 덮여 있고 방사상으로 주름이 생김

참낭피버섯 ●

Cystoderma amianthinum (Scop. ex Fr.) Fayod

여름과 가을에 침엽수림 내 땅 위에 군생하는 낙엽분해균으로, 때때로 균륜을 형성하며, 북반구 일대・오스트레일리아・아프리카 등지에 분포한다.

갓은 지름 1.4~4.5cm로 처음에는 평반구형이나 차차 볼록편평형이 된다. 갓 표면은 방사상의 주름이 있고 황갈색~황토색의 분말로 덮여 있고, 갓 둘레에는 내피막의 잔유물이 산재한다. 주름살은 끝붙은형 또는 완전붙은형이고 빽빽하며 백색이나 성숙하면 담황색을 띤다. 대는 2.5~6×0.2~0.7cm로 위아래 굵기가 같고, 표면 위쪽은 평활하고 백색이며, 아래쪽은 담황색의 분말이 덮여 있다. 턱받이는 조기탈락성(早期脫落性)이다. 포자는 5~7.5×2.5~3.5μm로 타원형이며, 표면은 평활하고 아밀로이드이고, 포자문은 백색이다. 식용버섯이다.

8월 29일　　서울대공원

낭피버섯속 *Cystoderma* Fayod

갓과 대의 표피는 구형 세포로 이루어져 있다. 주름살은 떨어진형이 아니다. 내피막이 있어 불완전한 턱받이를 형성한다. 포자는 백색이고 균사에 부리상 돌기가 있다. 균륜성, 낙엽분해성. 지상생, 고목생.

9월 18일　　광릉 봉선사

9월 10일　　동구릉. 갓은

8월 30일　　홍천 강원대 연습림

큰갓버섯속　*Macrolepiota* Sing.

대형균으로, 갓 표면에는 섬유상 인편이 있다. 주름살은 떨어진형이다. 대 기부는 구근상이고, 가동성의 턱받이가 있다. 포자는 백색이고 발아공이 있고 위(僞)아밀로이드이다. 균사에는 대부분 부리상 돌기가 있다. 지상생, 초지생.

표피가 갈라져 생긴 섬유상의 적갈색 인편이 있음

큰갓버섯 ●

Macrolepiota procera (Scop. ex Fr.) Sing.

여름과 가을에 삼림, 대나무 숲, 풀밭, 목장 등에 단생 또는 산생하며, 전세계에 분포한다.

갓은 지름 7~20cm로 처음에는 난형~구형이나 후에 볼록편평형이 된다. 갓 표면은 담회갈색~회갈색이며 표피가 갈라지면서 생긴 적갈색의 거친 섬유상의 인편이 있다. 주름살은 떨어진형이며 빽빽하고 백색이다. 대는 15~30×0.6~1.5cm로 속은 비어 있고, 표면은 갈색~회갈색이며 표피가 갈라져 뱀 껍질 모양을 이룬다. 턱받이는 가동성이며, 기부는 구근상(球根狀)이다. 포자는 15~20×10~13μm로 난형 또는 타원형이며, 표면은 평활하고 발아공이 있으며, 위아밀로이드이고 포자문은 백색이다. 식용버섯이나 생식은 금물이다.

6월 4일 서울산업대. 턱받이가 보임

6월 4일 서울산업대

5월 15일 서울산업대

5월 5일 선정릉. 갓은 원추형, 갓 끝부터

먹물버섯과 Coprinaceae

먹물버섯속 *Coprinus* Pers.

갓은 원추형~종형이다. 포자가 성숙하면 갓 둘레부터 액화한다. 포자는 흑색~흑갈색이고 발아공이 있다. 부생성. 지상생, 분생, 물유체상생.

두엄먹물버섯 ●

Coprinus atramentarius (Bull. ex Fr.) Fr.

봄부터 여름에 걸쳐 정원, 화전지, 목장, 부식질이 많은 밭 등에 군생 또는 속생하며, 전세계에 분포한다.

갓은 지름 3~7cm로 처음에는 난형이나 후에 종형~원추형이 된다. 갓 표면은

잉크화됨

처음에는 회백색이나 후에 회갈색이 되고, 중앙부는 회황갈색이며 인편이 있고, 갓 둘레는 방사상의 선과 주름이 있다. 주름살은 끝붙은형이며 빽빽하고 처음에는 백색이나 후에 자회색을 거쳐 흑색으로 변하며, 갓 끝 부위부터 액화 현상이 일어나서 대만 남게 된다. 대는 5~15×0.5~1.3cm로 속은 비어 있고, 표면은 백색이며, 대 아래쪽에 내피막 흔적의 불완전한 턱받이가 있다. 포자는 8~12×4.5~6.5μm로 타원형이고, 표면은 평활하고 발아공이 있고, 포자문은 흑색이다.

식용하였으나 술과 함께 먹으면 중독을 일으킨다.

10월 27일　　광릉 임업시험장. 갓은 담회갈색이며 선명한 방사상의 홈선이 있음

좀밀먹물버섯

Coprinus plicatilis (Curt. ex Fr.) Fr.

봄부터 가을에 걸쳐 잔디밭, 길가, 들, 퇴비 위에 단생 또는 속생하며, 전세계에 분포한다.

갓은 지름 0.5~3cm, 높이 0.7~1.3cm로 처음에는 종형이나 차차 오목편평형이 된다. 갓 표면은 처음에는 황색 또는 담회색이나 후에 갈색이 되며 투명하고, 갓 둘레에는 선명한 방사상 홈선이 있고, 조직은 백색이다. 주름살은 끝붙은형이며 성기고 회색을 거쳐 회흑색이 되며, 액화 현상은 없다. 대는 4~7×0.3~0.4cm로 속은 비어 있고, 표면은 평활하고 대 위쪽은 백색, 아래쪽은 갈색이며, 기부에는 융털이 있다. 포자는 10~13×7.5~10.5μm로 원통형이며, 표면은 평활하고 발아공이 있고, 포자문은 흑갈색이다. 식용불명이다.

8월 3일　　장릉. 갓 둘레에는 방사상의 선이 있음

갈색먹물버섯 ●

Coprinus micaceus (Bull. ex Fr.) Fr.

여름과 가을에 활엽수의 그루터기, 매몰된 나무 위에 속생 또는 군생하며, 전세계에 분포한다.

갓은 지름 1~4cm로 처음에는 종형이나 후에 타원형이 되고, 표면은 담황갈색이며 인편이 있고, 갓 둘레에는 방사상의 선이 있다. 주름살은 끝붙은형이며 빽빽하고 처음에는 백색이나 후에 흑갈색으로 변하며, 서서히 액화 현상이 일어난다. 대는 3~10×0.2~0.4cm로 위아래 굵기가 같고, 속은 비어 있으며, 표면은 백색이고, 기부는 담황색이다. 포자는 6.5~12×4~8μm로 타원형이며, 표면은 평활하고 발아공이 있고, 포자문은 흑색이다. 어릴 때 식용한다.

5월 23일　　서울 산업대

7월 10일 서오릉. 갓은 섬유상의 백색 솜털로 덮여 있음

소녀먹물버섯 ●

Coprinus lagopus Fr. (Fr.)

여름과 가을에 쓰레기장, 퇴비 더미, 낙엽이 썩은 땅 위에 군생 또는 속생하며, 북반구 일대 · 아프리카 등지에 분포한다.

갓은 지름 2~5cm로 처음에는 솜털로 덮힌 난형이나 후에 편평형을 거쳐 깔때기형이 된다. 갓 표면은 처음에는 백색이나 후에 회색으로 변하며 섬유상의 솜털이 있으나 중앙부 이외는 곧 소멸된다. 주름살은 떨어진형이며 빽빽하고 폭이 좁으며, 표면은 처음에는 백색이나 후에 흑색으로 변한다. 대는 5~8×0.2~0.4cm로 위아래 굵기가 같고, 표면은 백색이며 솜털이 있고, 기부는 약간 굵다. 포자는 9~12×5.5~8μm로 타원형이며, 표면은 평활하고 발아공이 있고, 포자문은 흑색이다. 식용불명이다.

8월 16일　　북한산 세검정. 기부와 기주 표면은 등황갈색의 균사에 뒤덮여 있음

노랑먹물버섯

Coprinus radians (Desm. ex Fr.) Fr.

여름과 가을에 벚나무·참나무·수양버들 등 활엽수의 그루터기나 넘어진 나무 위에 군생 또는 속생하며, 한국·일본·유럽·북아메리카·오스트레일리아 등지에 분포한다.

갓은 지름 2~3cm로 처음에는 난형이나 후에 원추형~종형이 된다. 갓 표면은 황갈색~회갈색이며 갈색의 작은 인편이 있고, 갓 둘레에는 방사상 홈선이 있다. 주름살은 끝붙은형 또는 떨어진형이며 약간 빽빽하고 처음에는 백색이나 후에 갈색을 거쳐 흑색이 되며 액화 현상이 일어난다. 대는 2.5~5×0.4~1.5cm로 위아래 굵기가 같고, 표면은 평활하고 백색이며, 기부와 기주에 담황색~등황색의 균사속이 뒤덮여 있다. 포자는 6~10×3~4μm로 난형~타원형이며, 표면은 평활하고 발아공이 있고, 포자문은 흑색이다. 식용불명이다.

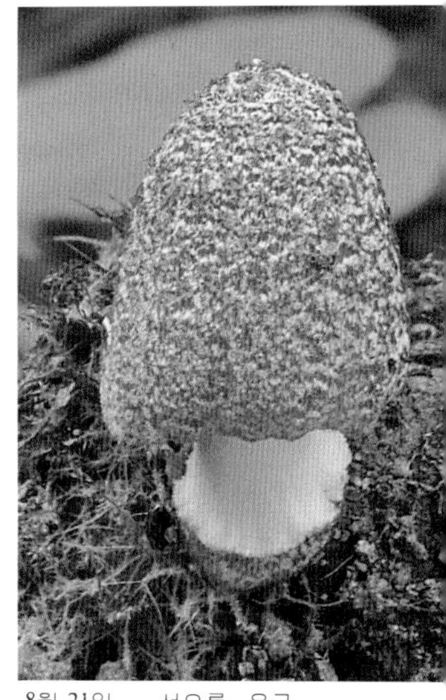

8월 21일　　서오릉. 유균

7월 15일　　치악산 구룡사. 갓에 흰 인편과 방사상 홈선이 있음

꼬마먹물버섯

Coprinus friesii Quél.

봄부터 가을에 걸쳐 마른풀, 옥수숫대, 수숫대 위에 군생하며, 한국·일본·중국·유럽 등지에 분포한다.

갓은 지름 0.5~0.8cm로 처음에는 난상타원형이나 차차 종형을 거쳐 편평형이 된다. 갓 표면은 백색이고, 중앙부는 담홍색~회색이고 백색 인편이 있고, 갓 둘레에는 홈선이 있다. 주름살은 끝붙은형이며 성기고 처음에는 백색이나 후에 자갈색을 띤다. 대는 1~3×0.1~0.2cm로 표면은 백색이고 미세한 분말상이고, 기부는 약간 팽대하고 백색 털이 있다. 포자는 난형~유구형이고, 표면은 평활하고 발아공이 있고, 포자문은 갈흑색이다. 식용불명이다.

4월 25일　　제주도. 갓에 선명한 방사상 홈선이 있음

고깔먹물버섯 ●

Coprinus disseminatus (Pers. ex Fr.) S. F. Gray

봄부터 가을에 걸쳐 썩은 활엽수의 그루터기, 고목에 다수 군생하며, 전세계에 분포한다.

갓은 지름 0.5~1.5cm로 처음에는 난형이나 후에 종형이 된다. 표면은 백회색이나 후에 담회갈색을 띠며 선명한 방사상 홈선이 있다. 주름살은 끝붙은형이며 성기고 처음에는 백색이나 후에 흑색이 되고 액화 현상은 없다. 대는 1.5~3.5×0.1~0.3cm로 표면은 평활하고 백색이며, 기부는 담황색을 띠며 미세한 털이 있다. 포자는 7~9.5×3.7~5μm로 타원형이며, 표면은 평활하고 발아공이 있고, 포자문은 흑갈색~황갈색이다. 식용버섯이다.

7월 16일　　용문산

5월 31일　　설악산

9월 26일 서울산업대. 유균은 장난형, 가동성 턱받이가 대 아래에 보임

먹물버섯 ●

Coprinus comatus (Müll. ex Fr.) Pers.

봄부터 가을에 걸쳐 정원, 목장, 잔디밭, 또는 길가 부식질이 많은 땅 위에 군생 또는 속생하며, 전세계에 분포한다.

갓은 지름 3~5cm, 높이 5~10cm로 처음에는 장난형이나 차차 종형이 되며, 표면은 백색 바탕에 담갈색의 거친 섬유상 인피가 덮여 있다. 주름살은 끝붙은형 또는 떨어진형이며 빽빽하고 처음에는 백색이나 차차 갈적색을 거쳐 흑색으로 변하며, 갓 끝 부위부터 액화(液化) 현상이 일어나서 갓은 없어지고 대만 남는다. 대는 15~25×0.8~1.5cm로 속은 비어 있고, 표면은 백색이며, 기부는 약간 굵고, 턱받이는 백색이며 가동성이다. 포자는 13~18×7~8μm로 타원형이며, 표면은 평활하고 발아공(發芽孔)이 있고, 포자문은 흑색이다. 유균은 식용한다.

5월 26일 서울산업대

9월 27일 서울산업대 ►
갓 끝부터 잉크화 됨

8월 26일　　수원 용주사

5월 15일　　서울산업대

눈물버섯속 *Psathyrella* (Fr.) Quél.

자실체는 부서지기 쉽고, 갓은 반구형이고 갓 끝에 내피막이 남아 있는 것도 있다. 턱받이가 있는 것도 있다. 포자는 흑갈색~자갈색이고 발아공이 있다. 지상생, 고목생.

다람쥐눈물버섯 ●

Psathyrella hydrophila (Bull. ex Merat) Maire

여름과 가을에 활엽수의 썩은 나무나 그 부근에 속생 또는 군생하며, 북반구 일대·아프리카 등지에 분포한다.

갓은 지름 1.5~5cm로 처음에는 반구형이나 차차 볼록평반구형이 되고, 표면은 담갈색~농갈색이며 습하면 희미한 선이 보인다. 주름살은 끝붙은형이며 빽빽하고 폭은 좁으며 갈색~자갈색을 띤다. 대는 2~8×0.2~0.5cm로 위아래 굵기가 같고, 속은 비어 있고, 표면은 백색이다. 턱받이는 백색이고 쉽게 탈락한다. 포자는 4.7~7.5×2.8~4μm로 타원형이며, 표면은 평활하고 발아공이 있고, 포자문은 자갈색이다. 식용버섯이다.

7월 12일　　서오릉. 갓 끝에 내피막의 일부가 부착되어 있음

족제비눈물버섯 ●

Psathyrella candolliana (Fr. ex Fr.) Maire

여름부터 가을에 걸쳐 활엽수의 그루터기, 죽은 가지 위나 그 부근의 땅 위에 속생 또는 군생하며, 전세계에 분포한다.

갓은 지름 2~8cm로 처음에는 평반구형이나 후에 편평형이 된다. 갓 표면은 담갈색~담황갈색이며 백색의 인피가 산재하고, 갓 끝에는 내피막 잔유물 일부가 붙어 있다. 주름살은 끝붙은형이며 빽빽하고 처음에는 백색~회색이나 점차 자갈색으로 변한다. 대는 2~5×0.2~0.4cm로 위아래 굵기가 같고, 속은 비어 있으며, 표면은 백색이고 비단상의 인편이 있고, 막질의 백색 턱받이가 있으나 쉽게 탈락한다. 포자는 6~8.5×4~5μm로 타원형이며, 표면은 평활하고 발아공이 있고, 포자문은 자갈색이다. 식용버섯이다.

7월 17일　　치악산 구룡사

7월 19일　　서울산업대. 갓에 섬유상 인편, 대에 섬유상 턱받이가 있음

6월 26일　　서울산업대

8월 18일　　서울산업대

큰눈물버섯 ●

Psathyrella velutina (Pers.) Sing.

여름과 가을에 혼합림 내 땅 위, 풀밭, 길가 등에 군생하며, 북반구에 분포한다.

갓은 지름 2~10cm로 처음에는 평반구형이나 차차 볼록평반구형이 된다. 갓 표면은 갈색~황갈색이며 섬유상의 인편이 빽빽이 퍼져 있고, 갓 끝에 내피막의 일부가 남아 있다. 주름살은 완전붙은형 또는 끝붙은형이며 빽빽하고 암자갈색이며, 주름살 측면에는 담갈색~농갈색의 반점이 있다. 대는 3~10×0.3~1cm로 위아래 굵기가 거의 같고, 속은 비어 있고, 표면은 갈색~황갈색이며 섬유상 인피가 빽빽이 퍼져 있다. 대 위쪽에는 섬유상의 백색 턱받이가 있으나 쉽게 탈락하며, 턱받이 위쪽은 백색이다. 포자는 8.5~11.5×4.5~7μm로 타원형이며, 표면에는 돌기가 있고, 포자문은 자갈색 또는 흑갈색이다. 식용버섯이다.

8월 15일 　강원도 대성산. 갓 끝에 백색 내피막의 일부가 부착되어 있음

말똥버섯속 *Panaeolus* (Fr.) Quél.

갓은 특유의 종형이며 때로는 원추형이다. 주름살면에 포자의 성숙에 따라 반점이 나타난다. 턱받이가 있는 것도 있다. 포자는 평활하고 흑색이며 발아공이 있다. 지상생, 분생(糞生).

레이스말똥버섯 ●
Panaeolus sphinctrinus (Fr.) Quél.

6월 28일 　홍천 강원대 연습림

봄부터 가을에 걸쳐 말똥, 기름진 밭, 퇴비 더미 주위에 속생하며, 한국・동남아시아・유럽・북아메리카 등지에 분포한다.

갓은 지름 1.8~4cm로 종형~반구형이다. 갓 표면은 평활하고 회색~회갈색이나 부분적으로 짙은 부위가 있고 중앙부는 갈색이고, 갓 둘레는 톱니상이며, 갓 끝에는 내피막 일부가 붙어 있다. 주름살은 완전붙은형 또는 떨어진형이며 약간 빽빽하고 회색을 거쳐 흑색이 되며, 주름살 측면에는 반점이 있다. 대는 5~15×0.2~0.6cm로 속은 비어 있고, 표면은 회색~회갈색이며 백색 분말이 있다. 포자는 1.5~17×7~11 μm로 레몬형이며, 표면은 평활하고, 포자문은 흑색이다. 독버섯이다.

7월 23일　영릉. 일기가 습할 때에는 갓 둘레에 회갈색 환문이 나타남

7월 23일　서오릉. 회갈색 환문이 보임

검은띠말똥버섯 ●

Panaeolus subbalteatus (Berk. et Br.) Sacc.

여름과 가을에 쇠똥·말똥 위나 기름진 밭 등에 속생 또는 군생하며, 한국·일본·인도·유럽·북아메리카·아프리카 등지에 분포한다.

갓은 지름 1~4cm로 처음에는 종형~원추형이나 차차 볼록편평형이 되고, 표면은 적갈색이나 건조하면 담갈색이며, 습하면 갓 둘레에 회갈색의 환문이 생긴다. 주름살은 끝붙은형이며 빽빽하고 흑색이며, 주름살날에는 백색 분말이 있다. 대는 4.5~8×0.3~0.5cm로 속은 비어 있고, 표면은 담적갈색이며, 대 위쪽에는 미세한 분말이 있다. 포자는 10.5~13×6.5~9μm로 레몬형이며, 표면은 평활하고, 포자문은 흑색이다. 독버섯이다.

8월 5일　서울산업대

소똥버섯과 Bolbitiaceae

종버섯속 *Conocybe* Fayod

자실체는 소형으로 잘 부서지며 갓은 원추형~종형이고 표피세포는 서양배형이고 시스티디아는 볼링핀형이다. 포자는 적갈색이고 발아공이 있다. 초지생, 지상생.

노란종버섯 ●

Conocybe lactea (J. Lange) Métrod

초여름부터 가을에 걸쳐 길가, 잔디밭, 목초지, 보리밭 등에 단생 또는 산생하며, 거의 전세계에 분포한다.

갓은 지름 3.5~4.5cm로 처음에는 원추형이나 후에 종형이 되며, 갓 끝은 위쪽으로 뒤집힌다. 갓 표면은 평활하고 중앙부는 황토색이나, 갓 둘레는 백색~담황색이며 습하면 방사상의 선이 나타난다. 주름살은 완전붙은형이며 빽빽하고 폭이 좁고 적갈색이다. 대는 11~13×0.3~0.4cm로 속은 비어 있고, 표면은 백색이며 분말상이고, 기부는 굵다. 포자는 12~15×7~8.5μm로 난형~타원형이며, 표면은 평활. 식용불명이다.

7월 23일　동구릉

9월 10일　동구릉. 막질의 턱받이에는 포자가 떨어져 농갈색임

6월 10일 설악산

볏짚버섯속 *Agrocybe* Fayod

갓은 반구형이며 턱받이는 없는 것도 있다. 포자는 갈색이며 타원형이고 표면은 평활하고 발아공이 있다. 지상생.

볏짚버섯 ●

Agrocybe praecox (Pers. ex Fr.) Fayod

봄부터 가을에 걸쳐 풀밭, 황무지, 맨땅에 군생 또는 속생하며, 북반구 온대 일대·아프리카 등 전세계에 분포한다.

갓은 지름 2~8cm로 처음에는 반구형이나 차차 볼록편평형이 된다. 갓 표면은 평활하고 황갈색이며, 갓 끝에는 작은 내피막이 약간 붙어 있고 파도형이며, 조직은 백색이다. 주름살은 완전붙은형 또는 내린형이며 약간 빽빽함. 처음에는 황백색이나 후에 농갈색이 된다. 대는 4~8×0.5~1.2cm로 표면은 섬유상 인편이 있고, 갈색~암갈색이고 막질의 턱받이가 있다. 포자는 8.5~10×5~7.5μm로 난상타원형이며, 표면은 평활하고 발아공이 있으며, 포자문은 농갈색이다. 식용버섯 이다.

5월 27일　　백양산. 이중 턱받이가 있음

독청버섯과　Strophariaceae

독청버섯속　*Stropharia* (Fr.) Quél.

갓은 반구형이고, 습하면 점성이 있으며, 젤라틴질이다. 턱받이가 있다. 포자는 자회색~자흑색이고 발아공이 있다. 황색 날시스티디아가 있고 균사에는 부리상 돌기가 있다. 식물유체상생, 분생, 고목생.

독청버섯아재비 ●

Stropharia rugosoannulata Farlow in Murr.

봄부터 가을에 걸쳐 풀밭, 쓰레기장, 소똥, 목장 부근의 유기질이 많은 밭 등에 군생 또는 단생하며, 북반구 일대에 분포한다.

갓은 지름 4~15cm로 처음에는 반구형이나 후에 편평형이 된다. 갓 표면은 평활하고 습하면 점성이 있고 처음에는 적갈색이나 후에 회색~황갈색이 되며 섬유상의 인피가 있고, 조직은 백색이다. 주름살은 완전붙은형이며 빽빽하고 폭이 넓으며 처음에는 백색이나 차차 담자색을 거쳐 자흑색이 된다. 대는 6~15×0.2~2cm로 곤봉형이며, 기부는 굵고 표면을 평활하고 위쪽은 백색, 아래쪽은 황색이며, 2중막 턱받이의 윗면에는 방사상의 홈선이 있고 포자가 낙하하여 암갈색이며, 턱받이의 아랫면은 조각으로 갈라져서 별 모양을 이룬다. 포자는 9.5~12.7×6.2~8.5μm로 타원형~난형이며, 표면은 평활하고 발아공이 있고, 포자문은 자갈색이다. KOH 용액에 증색되는 노란 시스티디아가 있다. 식용버섯이다.

9월 26일 　여주 영릉

비늘버섯속 *Pholiota* (Fr.) Kummer

갓에 대부분 인피가 있으며, 턱받이가 있으나 흔적만 남아 있다. 포자는 적갈색으로 작은 발아공이 있다. 고목생, 지상생.

검은비늘버섯 ●

Pholiota adiposa (Fr.) Kummer

봄부터 가을에 걸쳐 활엽수의 죽은 가지, 그루터기에 속생하며, 북반구 일대에 분포한다.

갓은 지름 3~8cm로 처음에는 반구형이나 차차 평반구형 또는 편평형이 된다. 갓 표면은 습하면 점성이 있고 황갈색이며, 갓 둘레는 담황색이고 갓 전면에 탈락성인 삼각형의 백색 인피가 있으나 갈황색이 된다. 주름살은 완전붙은형이며 약간 빽빽하고 처음에는 황백색이나 차

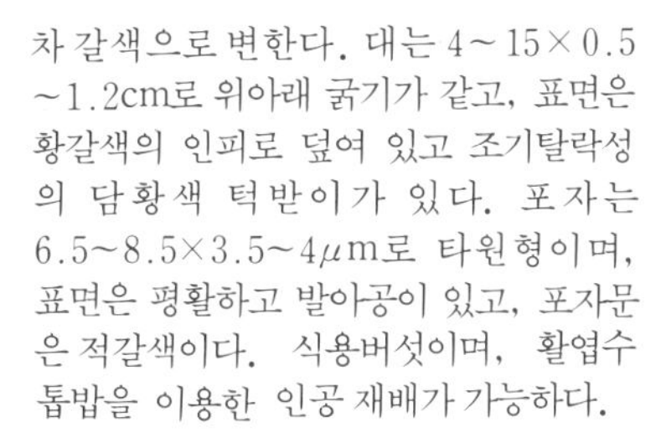

차 갈색으로 변한다. 대는 4～15×0.5～1.2cm로 위아래 굵기가 같고, 표면은 황갈색의 인피로 덮여 있고 조기탈락성의 담황색 턱받이가 있다. 포자는 6.5～8.5×3.5～4μm로 타원형이며, 표면은 평활하고 발아공이 있고, 포자문은 적갈색이다. 식용버섯이며, 활엽수 톱밥을 이용한 인공 재배가 가능하다.

10월 15일　동구릉

9월 26일　여주 영릉

9월 26일　여주 영릉. 유균

10월 4일 광릉 임업시험장. 대는 백색이고 표면은 섬유상

10월 4일 광릉 임업시험장

꽈리비늘버섯 (신칭) ●

Pholiota lubrica (Pers. ex Fr.) Sing.

가을에 삼림 내 땅 위, 침엽수의 죽은 가지나 묻힌 가지 주위에 산생 또는 단생하며, 북반구 온대에 널리 분포한다.

갓은 지름 5~10cm로 처음에는 평반구형이나 차차 편평형이 된다. 갓 표면은 적갈색이며 점성이 있고, 갓 둘레는 엷은 색이며 솜털상의 황색 인편이 흩어져 있고, 조직은 백색이다. 주름살은 완전붙은형 또는 약간 내린형이며 빽빽하고 담갈색~갈색이다. 대는 5~10×0.6~1cm로 섬유상이고 백색이나 아래쪽은 갈색이며, 기부는 약간 굵고 백색 균사가 있다. 포자는 6.5~7.5×3.5~4μm로 타원형이며, 표면은 평활하고, 포자문은 갈색이다. 식용버섯이다.

7월 22일 용주사. 대는 담황색이며 섬유상·솜털상의 인편이 있음

땅비늘버섯 ●

Pholiota terrestris Overh.

봄부터 가을에 걸쳐 삼림 내 밭, 길가의 땅 위에 속생 또는 군생하며, 한국·일본·북아메리카 등지에 분포한다.

갓은 지름 2~6cm로 처음에는 원추형~평반구형이나 차차 볼록편평형~편평형이 된다. 갓 표면은 담황색~담갈색이고 섬유상 농갈색의 인편이 많이 있으며, 갓 끝에는 내피막 일부가 붙어 있다. 조직은 담황색이고 주름살은 완전붙은형이며 담황색을 거쳐 농갈색으로 변한다. 주름살 측면에는 노란 시스티디아가 있다. 대는 3~7×0.3~0.6cm로 위쪽은 백색이고 아래쪽은 담황색~담갈색이며, 섬유상 인편과 솜털 모양의 내피막이 있으나 턱받이는 없다. 포자는 5~7×3~4μm로 타원형이며, 표면은 평활하고, 포자문은 농갈색이다. 식용하였으나 설사, 구토 등의 중독 예가 보고된 바 있다.

10월 9일　　동구릉. 갓과 대에 적갈색 거친 인편이 있음

비늘버섯 ●

Pholiota squarrosa (Müll. ex Fr.) Kummer

여름과 가을에 활엽수·침엽수의 생나무, 고목, 마른 가지, 그루터기 등에 속생하며, 북반구 온대에 분포한다.

갓은 지름 5~10cm로 처음에는 원추형~반구형이나 후에 편평형이 되고, 표면은 담황갈색이고 거친 적갈색 인편이 있고, 조직은 등황색이다. 주름살은 완전붙은형이며 약간 빽빽하고 처음에는 녹황색이나 차차 갈변한다. 대는 5~12×0.4~1cm로 아래쪽이 가늘고, 위쪽에는 농갈색의 턱받이가 있고, 턱받이 위쪽은 평활하고 갈황색이며, 아래쪽은 적갈색의 거친 인편이 있다. 포자는 6~8×3.5~5μm로 타원형이며, 표면은 평활하고, 포자문은 갈색이다. 식용버섯이나 두통, 설사 등의 중독을 일으키는 경우도 있으며, 특히 알코올류와 함께 먹으면 더욱 심하다.

◀ 10월 15일　　동구릉. 유균

7월 22일 동구릉

7월 22일 동구릉

개암비늘버섯 (신칭)

Pholiota astragalina (Fr.) Sing.

가을에 침엽수의 죽은 나무, 그루터기 등에 군생하며, 북반구 온대·북아메리카 등지에 분포한다.

갓은 지름 2.5~5cm로 반구형~평반구형이며, 표면은 습할 때는 점성이 있고 처음에는 적등색이나 후에 담홍색이 되고, 갓 끝에는 내피막(內皮膜) 일부가 있으며, 조직은 쓴맛이 있다. 주름살은 완전붙은형이며 빽빽하고 등황색이다. 대는 5~10×0.4~0.5cm로 속은 비어 있고, 표면은 담황색이며 섬유상~솜털상의 인편이 있다. 포자는 5~7×3.8~4.6μm로 난형~타원형이며, 표면은 평활하고, 포자문은 갈색이다. 식용 불명이다.

8월 27일　동구릉

진노랑비늘버섯 (신칭)

Pholiota alnicola (Fr.) Sing.

여름과 가을에 죽은 활엽수의 그루터기, 등걸에 속생하며, 한국・북아메리카・유럽 등지에 분포한다.

갓은 지름 3~10.5cm로 처음에는 반구형이나 차차 편평형이 되고, 표면은 황금색~농황색이고 습할 때는 거의 투명하다. 주름살은 완전붙은형이며 빽빽하고 처음에는 황색이나 차차 황갈색이 된다. 대는 4~9×0.4~1.1cm로 섬유상이며 황록색이나 아래쪽은 황갈색이다.

8월 27일　동구릉. 주름살

포자는 8.1~10×5~5.9μm로 타원형이고, 표면에는 돌기가 있으며 갈적색이다. 식용불명이다.

7월 21일　　헌인릉.　주름살은 황색 → 녹황색 → 녹갈색이 됨

개암버섯속 *Naematoloma* Karst.

갓은 평반구형이고 표면은 평활하다. 포자는 회갈색~암갈색이며 발아공이 있다. 노란 시스티디아가 있다. 지상생, 고목생.

노란다발 ●

Naematoloma fasciculare (Hudson ex Fr.) Karst.

봄부터 가을에 걸쳐 활엽수·침엽수·대나무 등의 그루터기에 속생하며, 전세계에 분포한다.

갓은 지름 2~8 cm로 원추형에서 볼록편평형으로 된다. 갓 표면은 황색~황록색, 중앙부는 갈색이다. 갓 둘레에는 비단상 인피가 있고, 갓 끝에 내피막 일부가 붙어 있으며, 조직은 황색이고 쓴맛이 있다. 주름살은 완전붙은형이며 빽빽하고 폭이 좁고, 황색에서 녹황색을 거쳐 녹갈색으로 변한다. 대는 5~12×0.3~1 cm로 위아래 굵기가 같고, 대 위쪽은 황색~황록색, 아래쪽은 등갈색이다. 포자는 6~7×3.5~4 μm로 타원형이며, 표면은 평활하고, 포자문은 자갈색이다. 맹독버섯이다.

8월 26일　　수원 용주사. 유균

9월 5일　　서울 효자동

9월 15일　　수원 융건릉 ►

10월 15일　동구릉. 갓에는 백색의 섬유상 인편이 있음

10월 15일　동구릉

개암버섯 ●

Naematoloma sublateritium (Fr.) Karst.

가을에 각종 수목의 죽은 가지, 그루터기에 속생 또는 군생하며, 주로 북반구 난·온대 이북에 분포한다.

갓은 지름 3~10cm로 처음에는 평반구형이나 점차 편평형이 된다. 갓 표면은 갈황색~적갈색이며 습하면 점성이 있고, 갓 둘레는 열은색이며 백색의 섬유상 인편이 있고, 조직은 황백색이다. 주름살은 완전붙은형이며 약간 빽빽하고 처음에는 황백색이나 후에 황갈색을 거쳐 자갈색이 된다. 대는 5~13×0.5~1.cm로 속이 비어 있으며, 표면은 대 위쪽은 담황색이고, 아래쪽은 황적갈색이며 섬유상 인편이 빽빽이 퍼져 있다. 포자는 5.5~8×3~4μm로 타원형이며, 표면은 평활하고 발아공이 있고, 포자문은 자갈색이다. 식용버섯이다.

9월 7일　제주도 영실

무리우산버섯속 *Kuehneromyces* Sing. et A. H. Smith

갓은 습하면 점성이고 흡수성이고, 표면은 평활하다. 포자는 갈색~황갈색이고 2중막이 있는 난형~타원형이며 발아공이 있다. 균사에는 부리상 돌기가 있다. 고목생.

무리우산버섯 ●

Kuehneromyces mutabilis (Schaeff. ex Fr.) Sing. et A.H. Smith

봄부터 가을에 걸쳐 활엽수·침엽수의 죽은 나무, 그루터기나 통나무 등에 속생하며, 전세계에 분포한다.

갓은 지름 3~6cm로 처음에는 평반구형이나 후에 볼록편평형이 되고, 표면은 습하면 적황색~황갈색을 띠고 건조하면 황토색을 띤다. 주름살은 완전붙은형 또는 내린형이며 빽빽하고 암갈색이다. 대는 3~8×0.3~1cm로 대 위쪽은 황갈색

6월 25일　태릉

분말이 있고 막질의 턱받이가 있으며, 그 아래쪽은 황갈색이나 점차 흑갈색이 되며 거친 인피가 있다. 포자는 6~7.5×3.4~5.5μm로 난형~아몬드형이며, 표면은 평활하고 발아공이 있고, 포자문은 갈흑색이다. 균사에는 부리상 돌기가 있다. 식용버섯이다.

7월 13일　　정릉. 주름살은 처음은 담황색이나 차차 황갈색이 됨

7월 12일　　서오릉

귀버섯과　Crepidotaceae

귀버섯속　*Crepidotus* (Fr.) Kummer

자실체는 소형이다. 갓은 부채형이며 대는 없이 기주에 직접 부착되어 있다. 포자는 갈색으로, 발아공과 포자반이 있으며 표면에는 돌기가 있다. 고목생.

노란귀버섯

Crepidotus sulphurinus Imaz. et Toki

여름과 가을에 활엽수의 죽은 나무나 가지에 중생하며, 한국·일본 등지에 분포한다.

갓은 지름 0.5～3cm로 부채형～콩팥형이며 성장하면 갓 끝은 파도형이 된다. 갓 표면은 황색～황갈색이며 거친 털이 빽빽이 나 있고, 조직은 황갈색이다. 주름살은 완전붙은형이며 약간 빽빽하고 담황색～황갈색이며, 주름살날은 분말상이다. 대는 거의 없고, 갓 일부가 기주에 부착된다. 포자는 9～10×8～8.5μm로 구형～유구형이고, 표면은 돌기가 있고, 포자문은 황갈색이다. 담자병은 2포자를 가진다.　식용불명이다.

6월 18일 한라산 어리목

젤리귀버섯

Crepidotus mollis (Schaeff. ex Fr.) Kummer

여름과 가을에 활엽수·침엽수의 죽은 나무나 가지에 중생하며, 북반구 일대·오스트레일리아 등지에 분포한다.

갓은 지름 1~6cm로 조개형~콩팥형이고, 표면은 백색~담황토색이며 습하면 거의 백색의 반투명 선이 나타나고, 조직은 젤라틴질이다. 주름살은 내린형이며 약간 빽빽하고 처음에는 백색이나 후에 황갈색이 된다. 대는 거의 없고, 갓 일부가 직접 기주에 부착된다. 포자는 7.5~10×5~7μm로 타원형이며, 표면은 평활하고, 포자문은 황갈색이다. 식용불명이다.

7월 13일 대흥사

9월 28일　속초. 조직은 담자색, 주름살은 담자색 후에 적갈색이 됨

10월 2일　강화도 전등사

끈적버섯과 Cortinariaceae

끈적버섯속 *Cortinarius* Fr.

갓은 점성이 있고, 거미줄형의 내피막이 있어 성숙하면 대에 남는다. 포자는 적갈색으로 2중막이 있고, 표면에는 주름 또는 돌기가 있다. 균사에는 부리상돌기가 있다. 외생균근성. 지상생.

풍선끈적버섯아재비

Cortinarius pseudopurpurascens Hongo

가을에 혼합림 내 땅 위에 단생 또는 군생하며, 한국·일본 등지에 분포한다.

갓은 지름 3~8cm로 처음에는 평반구형이나 후에 볼록편평형이 된다. 갓 표면은 평활하고 습하면 점성이 있고 중앙부는 갈황토색이고, 갓 둘레는 농자색이며, 갓 끝에는 비단상의 백색 내피막 파편이 붙어 있다. 조직은 담자색이고 무미 무취다. 주름살은 끝붙은형이며 약간 빽빽하고 담자색을 거쳐 적갈색이 된다. 대는 4~8×0.6~1.2cm로 위아래 굵기가 같고, 표면은 섬유상이며 처음에는 자주색이나 차차 위쪽은 암자색, 아래쪽은 적갈색을 띠고, 기부는 구근상이다. 포자는 10~14×6.2~10μm로 아몬드형이며, 표면은 사마귀 모양의 돌기가 있고, 포자문은 적갈색이다. 식용불명이다.

9월 9일 치악산 구룡사. 주름살은 청자색을 거쳐 담홍색이 됨

다색끈적버섯 ●

Cortinarius variecolor (Pers. ex Fr.) Fr.

가을에 활엽수림 내 땅 위에 군생 또는 산생하며, 북반구 일대에 분포한다.

갓은 지름 6~13cm로 처음에는 평반구형이나 후에 편평형이 된다. 갓 표면은 적갈색이나 갓 둘레는 자주색이고 습하면 점성이 있고, 조직은 청자색이나 후에 퇴색한다. 주름살은 완전붙은형이며 빽빽하고 청자색을 거쳐 담홍색이 된다. 대는 8~9×0.4~0.6cm로 표면은 섬유상이며 담청자색을 거쳐 적갈색이 된다. 포자는 9~10.5×5~6μm로 아몬드형이며, 표면은 사마귀 모양의 돌기가 있고, 포자문은 적갈색이다. 식용버섯이다.

9월 9일 치악산 구룡사

9월 10일　　치악산 구룡사. 갓은 황토갈색

7월 6일　　경남 내원사

9월 16일　　동구릉. 갓과 주름살이 회자갈색

풍선끈적버섯 ●

Cortinarius purpurascens (Fr.) Fr.

여름과 가을에 침엽수림 · 활엽수림 내 땅 위에 단생하며, 북반구 온대 이북에 분포한다.

갓은 지름 3~13cm로 처음에는 평반구형이나 후에 편평형이 된다. 갓 표면은 중앙부는 회갈색~황토갈색이고, 갓 둘레는 엷은색이나 차차 전면이 자주색으로 변하고, 조직은 담자색이다. 주름살은 끝붙은형이며 약간 빽빽하고 자주색~갈색이나 상처가 나면 농자색으로 변한다. 대는 3~12×0.8~1.3cm로 표면은 섬유질이고 담자색이나 상처가 나면 자주색을 띠고, 기부는 괴근상(塊根狀)이다. 포자는 9.5~10.5×5~6.5μm로 타원형이며, 표면은 돌기가 있고, 포자문은 적갈색이다. 식용버섯이다.

9월 25일　　여주 영릉. 주름살은 회자색이나 차차 갈황색으로 변함

회갈색끈적버섯 (신칭)

Cortinarius anomalus (Fr. ex Fr.) Fr.

가을에 활엽수림 내 땅 위에 단생 또는 군생하며, 한국·일본·구소련·유럽·북아메리카 등지에 분포한다.

갓은 지름 2.5~4.3 cm로 처음에는 평반구형이나 후에 볼록편평형이 되고, 표면은 회자갈색이다. 주름살은 완전붙은형이며 약간 빽빽하고, 회자색에서 차차 갈황색으로 변한다. 대는 4~6.5 ×0.4~0.6 cm로 곤봉형이며, 표면은 대 위쪽은 자주색이고 아래쪽은 회갈색이며, 작은 인편이 있다. 포자는 6.5 ~8×5.5~6.5 μm로 유구형이고, 표면에는 작은 사마귀 모양의 돌기가 있고, 포자문은 황갈색이다. 식용불명이다.

9월 25일　　여주 영릉. 주름살

9월 9일　치악산 구룡사. 갓 중앙에 바로 선 흑색 인편이 있음

9월 9일　치악산 구룡사. 주름살

검은털끈적버섯 ●

Cortinarius nigrosquamosus Hongo

가을에 침엽수림 내 땅 위에 단생하는 균근성균이며, 한국·일본에 분포 한다.

갓은 지름 4~6cm로 처음에는 평반구형이나 차차 편평형이 된다. 갓 표면은 담황색 바탕에 흑색의 바로 선 인편이 있고, 조직은 백색~황토색이다. 주름살은 완전붙은형이며 약간 빽빽하고 담자회색을 거쳐 담홍황갈색이 된다. 대는 4~7×0.6~1cm로 곤봉형이며, 표면은 담황색이고, 아래쪽에는 흑색 인편이 있다. 포자는 6~8×5.5~6μm로 유구형~광난형이며, 표면은 미세한 돌기가 있고, 포자문은 갈색이다. 식용불명이다.

10월 2일　　설악산. 대는 보통 굴곡되었고 섬유질

노랑끈적버섯 (신칭) ●

Cortinarius tenuipes (Hongo) Hongo

가을에 활엽수림 내 땅 위에 군생하며, 한국·일본 등지에 분포한다.

갓은 지름 4~9cm로 평반구형이나 차차 볼록편평형이 된다. 갓 표면은 황등색이며 중앙부는 갈황색이고 습하면 점성이 있고, 갓 끝에는 백색 비단상의 내피막 파편이 붙어 있다. 주름살은 끝붙은형이며 빽빽하고 백색을 거쳐 담갈황색이 된다. 대는 6~10×0.7~1.1cm로 표면은 백색을 거쳐 갈황색이 되고 섬유상으로 굴곡되며, 대 위쪽에 솜털 모양의 턱받이가 있다. 포자는 7~9.5×3.5~5 μm로 타원형이며, 표면은 작은 돌기가 있고, 포자문은 갈색이다. 식용버섯이다.

10월 2일　　설악산

9월 9일　　치악산 구룡사. 주름살

10월 2일 설악산. 주름살은 암적색이나 갈색이 되고 대에는 섬유무늬가 있음

10월 2일 설악산

7월 28일 덕유산 무주 구천동

자규버섯속 *Dermocybe* (Fr.) Wünsche

자실체는 안스라퀴논(anthraquinon) 색소를 함유하고 황색, 적색, 녹색을 띤다. 특징은 끈적버섯속과 비슷하다. 외생균근성. 지상생.

적자규버섯

Dermocybe sanguinea (Wulf. ex Fr.) Wünsche

가을에 침엽수림 내 땅 위에 단생하며, 한국·일본·유럽·북아메리카 등지에 분포한다.

갓은 지름 2~5cm로 처음에는 종형~평반구형이나 후에 볼록편평형~편평형이 된다. 갓 표면은 암홍적색이며 섬유상 또는 비단상의 인편이 있고, 조직은 홍적색이다. 주름살은 완전붙은형 또는 홈형이며 약간 성기고 암적색을 거쳐 암적갈색이 된다. 대는 4~10×0.3~0.7cm로 속은 비어 있고, 표면은 홍적색이며 처음에는 대 위쪽에 적색의 거미줄 모양의 내피막이 있으나 성장하면 소실되고, 기부는 약간 굵다. 포자는 5~7.8×3.5~4.7μm로 레몬형이며, 표면에는 미세한 돌기가 있고, 포자문은 암적갈색이다. 식용불명이다.

6월 8일　　오대산 월정사. 갓에 인편이 있고 주름살은 황갈색이나 회갈색이 됨

땀버섯속　*Inocybe* (Fr.) Fr.

갓은 원추형~종형이고 갓 표면은 섬유상 또는 인편상이다. 주름살은 끝붙은형 또는 완전붙은형이다. 포자는 갈색으로 다각형 또는 타원형이며 2중막과 표면에는 돌기가 있다. 균사에는 부리상 돌기가 있다. 외생균근성. 지상생. 독버섯이 많다.

9월 26일　　여주 영릉

비듬땀버섯 ●

Inocybe lacera (Fr. ex Fr.) Kummer

여름과 가을에 침엽수림 내 모래땅이나 해안 모래 언덕에 군생하며, 북반구 일대에 분포한다.

갓은 지름 1~4cm로 처음에는 평반구형이나 후에 볼록편평형이 되고, 표면은 농갈색이고 농갈색의 섬유상 인편이 있다. 주름살은 끝붙은형 또는 완전붙은형이며 약간 빽빽하고 처음에는 황갈색이나 후에 회갈색이 되며, 주름살날은 백색이다. 대는 2~4×0.4~0.6cm로 위아래 굵기가 거의 같고, 표면은 회백색~농갈색이며 농갈색의 섬유상 인편이 있다. 포자는 10~15×4.6~6μm로 원통형~장타원형이며, 표면은 평활하고, 포자문은 갈색이다.　독버섯이며 무스카린을 함유하고 있다.

7월 17일　　서오릉. 갓 중앙에 흰 혹이 있음

7월 7일　　서오릉. 주름살

흰꼭지땀버섯 (신칭)

Inocybe sp.

여름에 활엽수림·잡목림 내 땅 위에 군생하며, 한국에 분포한다.

갓은 지름 0.5~1.1cm로 볼록원추형~볼록반구형이다. 갓 표면은 평활하고 흑갈색이고 비단상이며, 희미한 방사상선이 있고 볼록한 부분은 높이 0.15~0.2cm이고 백색이다. 주름살은 완전붙은형 또는 내린형이며 약간 성기고 백회갈색이다. 대는 3~7.5×0.12~0.15cm로 가늘고 길며, 표면은 비단상이고 담백갈색이고, 섬유상의 인피가 있고, 포자는 유구형이며 표면에는 돌기가 있고, 포자문은 갈색이다. 식용불명이다.

10월 7일　　용문산 용문사. 주름살은 백색을 거쳐 회갈색이 됨

하얀땀버섯●

Inocybe umbratica Quél.

여름과 가을에 침엽수림 내 땅 위에 단생하며, 북반구 온대 이북에 분포한다.

갓은 지름 2~3.5cm로 처음에는 원추형이나 후에 볼록편평형이 되고, 표면은 백색이며 비단상의 광택이 있다. 주름살은 떨어진형이며 약간 빽빽하고 백색을 거쳐 회갈색이 된다. 대는 2.5~5×0.3~0.7cm로 위아래 굵기가 같으나 기부 쪽이 약간 팽대하고, 표면은 백색이며 비단상의 광택이 있다. 포자는 7~8.8×5~6μm로 6각형이며, 표면에 혹상의 돌기가 있고, 포자문은 암갈색이다. 독버섯이다.

8월 5일　서울산업대. 표피가 방사상으로 갈라져 백색 조직이 보임

8월 26일　수원 용주사

삿갓땀버섯 ●
Inocybe asterospora Quél.

여름과 가을에 침엽수림·혼합림 내 땅 위나 정원 나무 밑 땅 위에 단생 또는 산생하며, 북반구·오스트레일리아 등지에 분포한다.

갓은 지름 2~5.5cm로 처음에는 원추형이나 후에 볼록편평형이 되고, 표면은 적갈색이며 섬유상 표피가 방사상으로 갈라져 백색 조직이 보인다. 주름살은 완전붙은형이며 약간 빽빽하고 회갈색이다. 대는 2~6×0.25~0.5cm로 위아래 굵기가 거의 같으나, 기부는 구근상을 이룬다. 표면은 백색·황갈색·적갈색을 띠며 섬유상의 미세한 선이 있다. 포자는 8.5~11×7.5~9.5μm로 별형이며, 표면은 혹상의 돌기가 있고 포자문은 갈색이다.

독버섯으로 무스카린을 함유하며 발한(發汗)·침흘림·근육 경련·혈압 저하 등의 중독 증상을 일으킨다.

7월 6일　　경남 내원사. 갓 표면은 비단상. 갈라져 담황백색 조직이 보임

솔땀버섯 ●

Inocybe fastigiata (Schaeff.) Quél.

7월 22일　　종묘

여름과 가을에 혼합림 내 땅 위, 초원, 진디 위에 단생하며, 거의 전세계에 분포한다.

갓은 지름 2~6.5cm로 처음에는 원추형이나 후에 볼록편평형이 되고, 표면은 갈황백색이며 처음에는 비단상의 광택이 있고 섬유상이나 후에 방사상으로 갈라져 담황백색의 조직이 보인다. 주름살은 완전붙은형이며 약간 빽빽하고 처음은 황백색이나 차차 황록갈색이 되며 주름살날은 백색이다. 대는 3~10×0.2~0.8cm로 위아래 굵기가 거의 같고, 표면은 백색~담갈색이며 섬유상 인편이 있다. 포자는 8.5~13×4.5~7.2μm로 타원형이며, 표면은 평활하고, 포자문은 암갈색이다. 독버섯이다.

6월 25일　　태릉. 적갈색 포자가 묻은 턱받이가 보임

6월 26일　　설악산

미치광이버섯속 *Gymnopilus* Karst.

주름살은 완전붙은형이고, 막질상의 턱받이가 있는 것도 있다. 포자는 등갈색~적갈색이고 타원형이며 2중막과 표면에 돌기가 있다. 균사에는 부리상 돌기가 있다. 고목생, 부생.

갈황색미치광이버섯 ●

Gymnopilus spectabilis (Fr.) Sing.

여름과 가을에 활엽수, 드물게는 침엽수의 생나무나 죽은 나무에 속생하며, 거의 전세계에 분포한다.

갓은 지름 8~18cm로 처음에는 반구형이나 후에 볼록편평형이 되고, 표면은 평활하고 황금색~갈등황색이며 섬유상의 미세한 인편이 있고, 조직은 담황색이고 쓴맛이 있다. 주름살은 완전붙은형이며 빽빽하고 처음에는 황색이나 후에 적갈색이 된다. 대는 5~20×1~2.5cm로 표면은 황색~황토색이며 섬유상의 세로줄이 있다. 갈황색의 턱받이가 있으나 때때로 불분명하다. 포자는 7.5~10.5×4.5~6μm로 난형~타원형이며, 표면에는 미세한 주름이 있고, 포자문은 적갈색~갈적색이다.

9월 4일 설악산. 갓 표면은 평활. 대는 갈황색. 섬유상

솔미치광이버섯 ●

Gymnopilus liquiritiae (Pers. ex Fr.) Karst.

가을에 숲 속 침엽수의 썩은 나무·고목·그루터기에 군생 또는 속생하며, 북반구 온대 이북에 분포한다.

갓은 지름 1.5~4cm로 처음에는 원추상종형이나 후에 편평형이 되고, 표면은 평활하고 황갈색~등갈색이며 성숙하면 갓 둘레에 선이 나타나며, 담갈황색이다. 조직은 담황색~황갈색이며 쓴맛이 있다. 주름살은 완전붙은형 또는 내린형이며 빽빽하고 처음에는 황색이나 후에 황갈색이 된다. 대는 2~5×0.2~0.4cm로 속은 비어 있고, 표면은 섬유상이며, 대 위쪽은 황갈색이고 아래쪽으로 갈수록 갈황색이 된다. 포자는 8.5~10×4.5~6μm로 아몬드형이고, 표면에는 미세한 돌기가 있고, 포자문은 황갈색이다. 식용하면 환각을 일으킨다.

10월 1일　　설악산. 갓 표면은 담갈회색. 주름살은 담홍색

9월 10일　　설악산

외대버섯과 Rhodophyllaceae

외대버섯속 *Rhodophyllus* Quél.

갓은 방추형이고, 표면에는 견사상의 인편이 있고, 대는 대부분 섬유상이다. 포자는 담홍색이고 다각형이며, 비 아밀로이드이다. 독버섯이 많다. 외생균근성. 지상생.

외대덧버섯 ●

Rhodophyllus crassipes (Imaz. et Toki) Imaz. et Hongo

가을에 활엽수림 내 땅 위에 군생 또는 단생하며, 한국·일본 등지에 분포한다.

갓은 지름 6~15cm로 처음에는 종형이나 후에 평반구형이 되고, 표면은 평활하고 담갈회색이며 백색의 섬유가 엷게 덮여 있다. 조직은 백색이고 밀가루 냄새가 난다. 주름살은 홈형 또는 끝붙은형이며 약간 빽빽하고 처음에는 백색이나 차차 담홍색이 된다. 대는 8~18×0.1~2.5cm로 표면은 백색이고, 위아래 굵기가 같으나 때로는 기부 쪽이 굵다. 포자는 9~13.5×6~10μm로 다면체(多面體)이고, 포자문은 담홍색이다. 식용버섯이다.

7월 6일 경남 내원사. 갓 표면은 비단상 회색

삿갓외대버섯 ●

Rhodophyllus rhodopolius (Fr.) Quél.

여름과 가을에 활엽수림 내 땅 위에 군생하며, 북반구 일대에 분포한다.

갓은 지름 3~8cm로 처음에는 종형이나 후에 볼록편평형이 된다. 갓 표면은 평활하고 회색을 띠며 건조하면 비단상의 광택이 있고, 조직은 백색이며 밀가루 냄새가 난다. 주름살은 완전붙은형 또는 홈형이며 빽빽하고 처음에는 백색이나 후에 담홍색이 된다. 대는 5~10×0.5~1.5cm로 위아래 굵기가 거의 같고, 속은 비어 있으며 표면은 백색이다. 포자는 8~10.5×7~8μm로 5면체~6면체이고, 포자문은 담홍색이다.

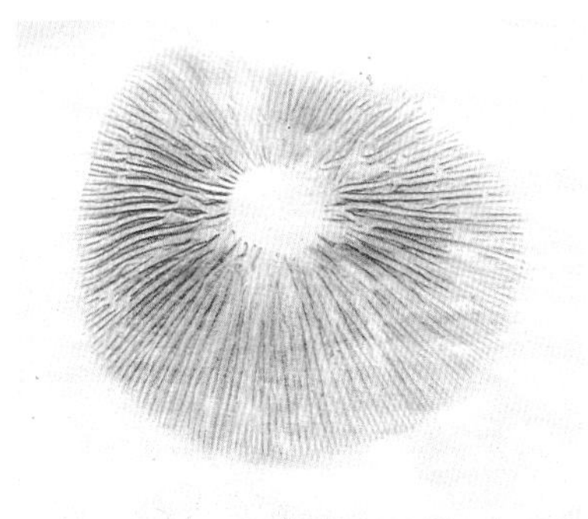

5월 10일 서울산업대. 포자문은 담홍색

독버섯으로, 무스카린·콜린·무스카리신 성분을 함유하고 있다. 식용버섯인 외대덧버섯과 혼동되므로 주의하여야 한다.

9월 9일　　치악산 구룡사

9월 9일　　치악산 구룡사 . 주름살

보라꽃외대버섯

Rhodophyllus violaceus (Murr.) Sing.

봄·여름·가을에 혼합림 내 땅 위에 단생 또는 군생하며, 한국·일본·북아메리카에 분포한다.

갓은 지름 2~7cm로 처음에는 원추형이나 차차 볼록편평형이 된다. 갓 표면은 농자갈색·회자갈색·흑자색 등이며, 처음에는 섬유상이나 후에 작은 인편이 되어 덮이며, 조직은 담회색~담자색이다. 주름살은 완전붙은형이며 빽빽하고, 처음에는 회백색이나 후에 담홍색이 된다. 대는 3~12×0.3~1cm로 위아래 굵기가 거의 같고, 표면은 갓보다 옅은 색이고 섬유상 선이 있으며, 기부에는 백색 균사가 있다. 포자는 8~10.5×6~7μm로 다면체이고, 포자문은 담홍색이다. 식용불명이다.

9월 9일　　치악산 구룡사 ►

9월 7일 용문산. 갓 중심부에 연필심 모양의 융기가 있음

붉은꼭지버섯 ●

Rhodophyllus quadratus (Berk. et Curt.) Hongo

여름과 가을에 침엽수림·혼합림 내 땅위에 산생 또는 군생하며, 동아시아·뉴기니·북아메리카 등지에 분포한다.

갓은 지름 1~4cm로 원추형~종형이며, 중앙부에 연필심 모양의 융기가 있다. 갓 표면은 주홍색 또는 담홍색이고, 조직은 갓보다 옅은 색이다. 주름살은 끝붙은형이며 약간 성기고 갓보다 약간 짙은 색을 띤다. 대는 3~6×0.2~0.4cm로 위아래 굵기가 같고, 속은 비어 있으며, 표면은 담홍색이고 섬유상이다. 포자는 10~13.5×9~11μm로 육면체이고, 포자문은 담홍색이다. 날시스티디아는 원주상~곤봉형으로 대형이다. 독성이 있다.

9월 10일　　동구릉. 갓 중심부에 연필심 모양의 융기가 있음

흰꼭지버섯 ●

Rhodophyllus murraii (Berk. et Curt.) Sing. f. *albus* (Hiroe) Hongo

여름과 가을에 삼림 내 땅 위에 군생 또는 산생(散生)하며, 한국·일본 등지에 분포한다.

갓은 지름 1~6cm로 원추형~종형이며, 표면은 황백색이고 습하면 반투명 선이 나타나며 중앙부에 연필심 모양의 융기가 있다. 주름살은 끝붙은형이며 성기고 처음에는 백색이나 점차 담홍색이 된다. 대는 3~10×0.3~0.9cm로 속은 비어 있고, 표면은 황백색이며 섬유상이다. 포자는 11~14×11~12μm로 다면체이고, 포자문은 담홍색이다.　독성이 있다.

9월 10일　　치악산 구룡사

7월 17일 광릉 봉선사. 갓은 오목 편평형, 방사상 홈선이 있고 기부에 백색 균사가 있음

검은외대버섯

Rhodophyllus ater Hongo

여름에 잔디 위에 군생 또는 산생하며, 한국·일본 등지에 분포한다.

갓은 지름 1~4cm로 평반구형에서 오목편평형으로 되고, 표면은 흑색~흑갈색이며 미세한 인편이 있고, 습할 때에는 방사상의 홈선이 있다. 주름살은 완전붙은형 또는 내린형이며 성기고, 처음에는 담회색이나 후에 담홍색이 된다. 대는 2~5×0.1~0.3cm로 속은 비어 있고 대부분 뒤틀려 있으며, 표면은 평활하고 회갈색~담흑갈색이며 섬유상이고, 기부에는 백색 균사가 있다. 포자는 9~11×6~8μm로 다면체이고 포자문은 담홍색이다. 식용불명이다.

8월 25일 서울산업대

◄ 7월 17일 광릉 봉선사

6월 11일　　동구릉. 갓은 섬유상, 방사상의 선이 있음

민꼭지버섯 ●

Rhodophyllus omiensis Hongo

여름과 가을에 활엽수림·혼합림 내 땅 위에 단생 또는 군생하며, 한국·일본 등지에 분포한다.

갓은 지름 2~6.8cm로 원추형이고, 표면은 섬유상이고 방사상의 선이 있고 갈황회색이나 중앙부는 짙은색이다. 주름살은 떨어진형이며 약간 빽빽하고 백색을 거쳐 담홍색이 된다. 대는 5~10×0.3~0.6cm로 속은 비어 있고, 표면은 갓보다 옅은색이고 섬유상 이다. 포자는 11~13×9~11μm로 구형에 가까운 다각형이며, 포자문은 담홍색이다. 식용불명이다.

5월 20일 태릉. 은행잎형. 갓 끝은 말린형

9월 16일 동구릉

우단버섯과 Paxillaceae

우단버섯속 *Paxillus* Fr.

포자는 담황색~갈색으로 타원형이며 비(非)아밀로이드 또는 위(僞)아밀로이드이다. 균사에는 부리상 돌기가 있다. 일부는 외생균근성. 부생, 고목생.

은행잎우단버섯

Paxillus panuoides (Fr. ex Fr.) Fr.

여름과 가을에 소나무의 그루터기, 목재, 건축재에 중생하는 목재갈색부후균이며, 전세계에 분포한다.

갓은 지름 2~12cm로 불규칙한 조개형이며, 표면은 황갈색 또는 담갈색이고, 갓 끝은 말린형이고, 조직은 백색~담황색이다. 주름살은 내린형이며 성기고 기부에서부터 방사상으로 배열되어 있고, 주름살 사이에는 연락맥이 있다. 대는 길이 0.03~0.1cm이거나 갓이 직접 기주에 부착한다. 기부 표면은 망목상이고 담황색이나 상처가 나면 갈색으로변한다. 포자는 4~6×2.5~4μm로 타원형이며, 표면은 평활하며 위(僞)아밀로이드이고, 포자문은 황토색이다. 식용불명이다.

8월 11일　　설악산. 주름살날은 주름이 졌음

7월 27일　　칠갑산 장곡사. 주름살

꽃잎우단버섯 (신칭)

Paxillus curtisii Berk. in Berk. et Curt.

여름과 가을에 침엽수의 썩은 나무, 통나무 등에 중생하는 목재갈색부후균이며, 동아시아·북아메리카 등지에 분포한다.

갓은 지름 2~6 cm로 반원형 또는 부채형이며, 표면은 평활하고 황색을 띤다. 주름살은 내린형으로 약간 빽빽하고 농황색~등황색이며, 방사상으로 배열되어 있고, 분지가 수축되어 측면에는 주름이 있다. 포자는 3~4×1.5~2 μm로 원형이며, 표면은 평활하고 비아밀로이드이고, 포자문은 황색이다. 식용불명이다.

7월 7일　　경남 내원사. 주름살은 내린형. 담황색이나 상처시에 갈색으로 변함

주름우단버섯 ●

Paxillus involutus (Batsch ex Fr.) Fr.

여름과 가을에 침엽수림·활엽수림 내 땅 위에 산생하며, 북반구에 분포한다.

갓은 지름 4~10cm로 처음에는 편평형이나 후에 깔때기형이 된다. 갓 표면은 평활하고 황토갈색이고 습하면 점성이 있으며, 갓 둘레에는 가는 털이 있고, 조직은 담황색이나 상처가 나면 갈색이 된다. 주름살은 내린형이며 빽빽하고 담황색~황토갈색이나 상처가 나면 갈색으로 변한다. 대는 3~8×0.6~1.2cm로 표면은 황색이나 접촉하면 갈색으로 변한다. 포자는 7.5~10.5×4.5~6μm로 타원형이며, 표면은 평활하고 비아밀로이드이고, 포자문은 담황색이다.

7월 16일　　치악산 구룡사

식용하였으나 생식하면 중독된다. 급성순환성쇼크, 신염, 간염 등의 증상을 일으키나, 독성분은 불명이다.

10월 3일　　설악산. 갓은 담홍색, 주름살은 백색 → 백황회색이 됨

마개버섯과　Gomphidiaceae

마개버섯속　*Gomphidius* Fr.

갓은 습하면 점성이고, 주름살은 내린형이며 성기고 처음에는 백색이나 후에 회흑색이 된다. 솜털상의 턱받이가 있다. 조직은 백색으로 균사는 비아밀로이드 또는 위아밀로이드이다. 포자는 흑갈색으로 장타원형이다. 외생균근성. 지상생.

장미마개버섯 ●
Gomphidius subroseus Kauff.

여름과 가을에 침엽수림 내 땅 위에 단생하며, 한국·북아메리카 등지에 분포한다.

갓은 지름 4~6cm로 처음에는 못형~원추형이나 차차 오목편평형이 되고, 표면은 평활하고 점성이며 담홍색을 거쳐 적색이 된다. 주름살은 내린형이며 성기고 처음에는 백색이나 차차 백황색으로 변한다. 대는 3.5~7.5×0.4~0.8cm로 가늘고, 표면은 담홍색이며 턱받이는 점성이 있고 얇으며 백색이나 포자에 의해 흑색으로 된다. 포자는 15~20×4.5~7.5μm로 타원형이고, 표면은 평활하고, 포자문은 흑색이다. 식용버섯이다.

9월 10일　치악산 구룡사. 갓은 홍색, 턱받이는 포자에 의해 검게 됨

큰마개버섯 ●

Gomphidius roseus (Fr.) Karst.

여름과 가을에 침엽수림·활엽수림·혼합림 내 땅 위에 단생하며, 동남 아시아·유럽·오스트레일리아·아프리카 등지에 분포한다.

갓은 지름 4~6cm로 처음에는 반구형이나 후에 오목편평형이 된다. 갓 표면은 평활하고 홍색을 띠며 습하면 점성이 있고, 조직은 백색이다. 주름살은 내린형이며 성기고 백회색을 거쳐 흑록색이 된다. 대는 3~6×0.4~1cm로 위쪽은 백색, 아래쪽은 담홍색이며, 기부는 황색이다. 턱받이는 백색의 솜 모양이며 분명하지 않다. 포자는 13.5~16.5×5.5~7 μm로 타원형~방추형이며, 표면은 평활하고, 포자문은 흑갈색~흑색이다. 식용버섯이다.

10월 3일　설악산

9월 9일 치악산 구룡사. 갓 끝은 굽은형, 주름살은 내린형이고 성김

못버섯속 *Chroogomphus* (Sing.) O. K. Miller

주름살은 내린형이고 성기고 담황색이나 성숙하면 흑색이다. 조직은 등황색이나 상처가 나면 홍색이 된다. 턱받이는 섬유상이고 대 기부의 균사는 아밀로이드이다. 포자는 흑색이고 장타원형이다. 외생균근성. 지상생.

못버섯 ●

Chroogomphus rutilus (Schaeff. ex Fr.) O. K. Miller

여름과 가을에 소나무 숲 내 땅 위에 단생 또는 군생하며, 북반구 온대 이북에 분포한다.

갓은 지름 2~8cm로 처음에는 원추형~종형이나 후에 볼록편평형이 되고, 성숙할 때까지 갓 끝은 굽은형이다. 갓 표면은 평활하고 황갈색~적갈색을 띠며 습하면 점성이 있고, 조직은 담홍색이다. 주름살은 내린형이며 성기고 담갈황색을 거쳐 암갈색~황토갈색이 된다. 대는 3~15×0.5~1.5cm로 기부쪽이 가늘고, 표면은 담황갈색~적갈색이고 섬유상이며 솜 모양의 턱받이가 있으나 곧 소실된다. 포자는 13.5~21×5.5~7.5 μm로 장타원형~방추형에 가깝고, 표면은 평활하고, 포자문은 암회색 또는 흑색이다. 식용버섯이다.

7월 22일　　동구릉. 관공은 끝붙은형이고　황색임

그물버섯과　Boletaceae

그물버섯속　*Boletus* Dill.ex Fr.

자실체는 소형 내지 대형이고 육질이다. 관공은 백색·황색·적색. 대는 굵고 대 아래쪽은 팽대하고 표면은 망목상(그물싱)이다. 조직은 백색 또는 황색이나 상처가 나면 청색으로 변하는 것이 많다. 포자는 황갈색이고 방추형이다. 지상생.

꾀꼬리그물버섯 ●

Boletus laetissimus Hongo

7월 22일　　동구릉

여름과 가을에 활엽수림 내 땅 위에 군생하며, 한국·일본 등지에 분포한다.

갓은 지름 4~15cm로 처음에는 반구형이나 점차 평반구형~편평형이 된다. 갓 표면은 평활하거나 솜 모양이며 습하면 점성이 있고 등색~등황색이나 상처가 나면 청색으로 변한다. 관공은 끝붙은형이며 황색이고, 관공구는 작고 원형이며 상처가 나면 청색으로 변한다. 대는 5~7×1.3~1.7cm로 표면은 평활하고 등색~등황색이다. 포자는 9.5~12×4~5μm로 방추형에 가깝고, 표면은 평활하고, 포자문은 황록갈색이다. 식용버섯이다.

7월 22일　동구릉. 관공은 백색에서 황색~황갈색이 됨. 대 표면은 자갈색이고 망목상

▲ 가지색그물버섯 ●
Boletus violaceofuscus Chiu

여름과 가을에 침엽수림과 참나무 숲의 혼합림 내 땅 위에 단생 또는 군생하며, 한국·말레이시아·일본 등지에 분포한다.

갓은 지름 3~10cm로 반구형이나 평반구형~편평형이 되며, 표면은 습할 때는 점성이 있고 약간 울퉁불퉁하고 자갈색~흑자색이며, 조직은 백색이다. 관공은 홈형 또는 끝붙은형이고 처음에는 백색이나 성숙하면 황색~황갈색으로 변하며, 관공구는 작고 원형이다. 대는 5~9×1.2~1.5cm로 위아래 굵기가 같고 표면은 담갈자색이고 망목상이다. 포자는 13.5~18×5~6.5μm로 방추형이며, 표면은 평활하고, 포자문은 황록갈색이다. 식용버섯이다.

수원그물버섯 ● ►
Boletus auripes Peck

여름과 가을에 활엽수림 내 땅 위에 군생하는 균근성균이며, 한국·일본·북아메리카 등지에 분포한다.

갓은 지름 4~10cm로 반구형이고, 표면은 평활하고 선황갈색~등황갈색이며, 조직은 황색이다. 관공(管孔)은 떨어진형이며 황색이다. 대는 6~11×1.3~2cm로 원통형이며, 표면은 갓과 같은 색이며 망목상 선이 있다. 포자는 10~13×3.5~4.5μm로 방추형에 가깝고, 표면은 평활하고, 포자문은 등황갈색이다. 식용버섯이다.

7월 22일　　동구릉. 갓은 등황갈색, 조직과 관공은 황색

7월 22일　　동구릉. 자실층은 관공

7월 22일　　동구릉

7월 17일　　치악산 구룡사. 관공은 황색이나 상처시에 녹황색이 됨

7월 11일　　서울산업대

8월 18일　　수원 융건릉. 무너진 언덕에 발생

붉은그물버섯 ●
Boletus fraternus Peck

여름과 가을에 혼합림 내 땅 위나 잔디밭, 공원에 단생하며, 한국·일본·중국·유럽 등지에 분포한다.

갓은 지름 3~7cm로 처음에는 반구형이나 후에 편평형이 된다. 갓 표면은 평활하고 적갈색~선홍색을 띠며 건조하면 표피는 갈라지고, 조직은 암황색이나 상처가 나면 청색으로 변한다. 관공은 완전붙은형이고 황색이나 상처가 나면 녹색으로 변한다. 대는 2~6×0.6~1cm로 표면은 황색이며 적색의 섬유상 선이 있다. 포자는 10~12.5×4.5~6μm로 장방추형이고, 표면은 평활하고, 포자문은 황갈색이다. 식용버섯이다.

7월 22일 　동구릉. 관공은 적황색이나 성숙하거나 상처시에 농청남색이 됨

붉은대그물버섯 ●

Boletus erythropus (Fr. ex Fr.) Pers.

7월 23일 　속리산. 유균

여름과 가을에 침엽수림 내 땅 위에 단생하며, 한국·동남 아시아·유럽·북아메리카 등지에 분포한다.

갓은 지름 5~20 cm로 반구형이며, 표면은 청갈색~청동색을 띠며 작은 털로 덮여 있고, 조직은 황색이나 상처가 나면 농청람색으로 변한다. 관공은 완전붙은형이며, 처음에는 황색~적황색이나 성숙하면 흑청색이 되며, 관공구는 원형이고 황적색을 거쳐 적갈색이 된다. 대는 4.5~15×1.2~4.5 cm로 기부 쪽이 약간 굵고, 표면은 황색 바탕에 적갈색의 작은 인편이 많이 있고, 조직은 황색이나 상처가 나면 암청색이 된다. 포자는 9.5~14×4~5 μm로 장방추형이며, 표면은 평활하고, 포자문은 황록갈색이다. 식용버섯이다.

8월 6일　　헌인릉. 대는 담황색~담갈색이고 망목상

그물버섯 ●

Boletus edulis Bull. ex Fr.

여름과 가을에 혼합림 내 땅 위에 단생 또는 산생하며, 거의 전세계에 널리 분포한다.

갓은 지름 6~20cm로 처음에는 구형이나 차차 반구형을 거쳐 편평형이 된다. 갓 표면은 평활하고 암갈색~적갈색을 띠며 습하면 점성이 생기고, 조직은 백색이다. 관공은 홈형이며 처음에는 백색이나 후에 담녹황색이 되고, 관공구(管孔口)는 원형이다. 대는 5~15×1.5~5cm로 아래쪽이 약간 굵어져 곤봉형을 이

7월 21일　　장릉. 자실층은 관공

루고, 표면은 담황색 또는 담갈색이며 백색의 그물무늬가 있다. 포자는 11.5~14.5×3.5~4.5μm로 장방추형이며, 표면은 평활하고, 포자문은 황갈색이다. 식용버섯이며, 유럽에서 최고급 버섯의 하나로 애용된다.

7월 22일　장릉

8월 19일　　강화도 전등사. 관공은 백색 후 담황색이 됨

7월 25일　　속리산

둘레그물버섯속 *Gyroporus* Quél.

관공은 떨어진형이며 백색 후에 갈황색이 된다. 대 속은 비어 있다. 포자는 황색이고 타원형이며, 균사에는 부리상 돌기가 있다. 지상생.

흰둘레그물버섯 ●

Gyroporus castaneus (Bull. ex Fr.) Quél.

여름과 가을에 활엽수림·침엽수림 내 땅 위에 단생하며, 거의 전세계에 널리 분포한다.

갓은 지름 3~10cm로 처음에는 평반구형이나 후에 편평형이 되고, 표면은 비로드상이고 밤색~황갈색이며, 조직은 백색이다. 관공은 끝붙은형이며 백색을 거쳐 담황색이 된다. 대는 3~7×0.5~1.5cm로 위아래 굵기가 거의 같고, 표면은 평활하고 밤색~황갈색이다. 포자는 7.5~10×4.5~5.5μm로 타원형이며, 표면은 평활하고, 포자문은 황색이다. 식용버섯이다.

8월 23일 헌인릉. 자실층은 주름살형이고 황금색임

민그물버섯속 *Phylloporus* Quél.

자실층은 주름살형이고 황색을 띤다. 포자는 난형~방추형이고 포자문은 황갈색이고 방추형이다. 균근성. 지상생.

8월 23일 헌인릉. 자실층은 주름살형

회갈색민그물버섯 ●

Phylloporus bellus (Mass.) Corner var. *cyanescens* Corner

여름과 가을에 삼림 내 땅 위에 단생 또는 군생하며, 한국·일본·북아메리카 등지에 분포한다.

갓은 지름 4~8cm로 처음에는 평반구형이나 후에 오목편평형이 된다. 갓 표면은 평활하고 황갈색~적황색이고, 조직은 황갈색이나 상처가 나면 청색으로 변한다. 자실층은 내린형이며 약간 성기고 황금색이다. 대는 길이 4~8×0.7~1.2cm로 위아래 굵기가 거의 같고 표면은 갈황색이다. 포자는 10.5~14.5×4~5.5μm로 장타원형이며, 표면은 평활하고, 포자문은 황색이다. 식용하였으나 독성이 있다.

8월 18일　　수원 융건릉. 자실층은 주름살형

8월 2일　　서울산업대

노란길민그물버섯 ●

Phylloporus bellus (Mass.) Corner

여름과 가을에 삼림, 정원 내 나무 밑 땅 위에 산생하며, 한국·일본·중국·유럽·북아메리카 등지에 분포한다.

갓은 지름 2~6cm로 처음에는 평반구형이나 후에 편평형이 되고, 표면은 회갈색~황갈색이고, 비로드상의 촉감이 있으며 조직은 황색이다. 자실층은 내린형이며 성기고 황색이며, 주름살 사이에는 연락맥이 있다. 대는 3~7×0.5~1cm로 위아래 굵기가 같고, 표면은 황색~갈황색이고 작은 분말과 인편이 있다. 포자는 6.5~12×3~4.5μm로 장타원형이며, 표면은 평활하고, 포자문은 황갈색이다. 식용하였으나, 체질에 따라서는 가벼운 중독을 일으키기도 한다.

8월 26일 수원 용주사. 표피가 갈라져 담황색의 조직이 보이며 관공은 상처시 청색으로 변함

산그물버섯속 *Xerocomus* Quél.

갓 표면은 비로드상이다. 상처가 나면 청색으로 변한다. 관공은 내린형이고, 관공구는 보통 넓다. 포자는 갈록색으로 방추형이다. 외생균근성. 지상생.

산그물버섯 ●

Xerocomus subtomentosus (L. ex Fr.) Quél.

여름과 가을에 활엽수림, 풀밭, 길가, 나무 밑 땅 위에 단생 또는 군생하며, 북반구 일대·보르네오 섬·오스트레일리아 등지에 분포한다.

갓은 지름 3~10cm로 처음에는 평반구형이나 후에 편평형이 된다. 갓 표면은 비로드상이고 황록갈색~회갈색이며, 이따금 표피가 갈라져 담황색의 조직이 보인다. 관공은 완전붙은형 또는 내린형이고 녹황갈색이나 상처가 나면 청색으로 변한다. 대는 5~12×0.6~1.4cm로 위 아래가 거의 같고, 표면은 황록갈색~갈황색이며 세로줄이 있다. 포자는 12~14×4.5~5μm로 타원상방추형이며, 표면은 평활하고, 포자문은 황록색이다. 식용버섯이다.

7월 23일　　서오릉. 표피는 갈라져 담홍황색

7월 17일　　공릉

마른산그물버섯 ●

Xerocomus chrysenteron (Bull. ex St-Amans) Quél.

여름과 가을에 활엽수림 내 땅 위, 길가에 군생 또는 단생하며, 북반구 일대・아프리카・오스트레일리아 등지에 분포한다.

갓은 지름 3~10cm로 평반구형~편평형이며, 표면은 비로드상이고 농자갈색~암갈색을 띠며, 표피가 갈라져 거북등 모양을 이루고 담홍색의 조직이 나타나며, 조직은 상처가 나면 청색으로 변한다. 관공은 끝붙은형・완전붙은형・내린형이며, 황색~녹황색이고, 관공구는 크고 다각형이다. 대는 4~7×0.5~1.2cm로 위아래 굵기가 비슷하고, 표면은 혈적색~암적색이며 세로줄 모양의 섬유무늬가 있다 포자는 8.5~12.5×4~5.5μm로 장방추형이며, 표면은 평활하고, 포자문은 담황록색이다. 식용버섯이다.

9월 3일 동구릉. 턱받이 위쪽의 대 표면은 담황색 바탕에 자갈색의 작은 돌기가 있음

비단그물버섯속 *Suillus* Mich. ex S. F. Gray

갓 표면은 젤라틴질, 점성이 있다. 보통 턱받이가 있다. 대 표면은 섬유상 인편이 있는 것이 많다. 관공은 대부분 방사상으로 배열되어 있다. 포자는 갈색이고 타원형이다. 외생균근성. 지상생. 식용균이 많다.

비단그물버섯 ●

Suillus luteus (L. ex Fr.) S.F. Gray

10월 2일 설악산

여름과 가을에 소나무 숲 내 땅 위에 산생 또는 군생하며, 북반구 온대 이북에 분포한다.

갓은 지름 3~15cm로 처음에는 평반구형이나 후에 편평형이 된다. 갓 표면은 고동색~농적갈색이며 습하면 점성이 있고, 조직은 백색~담황색이다. 관공은 처음에는 황색이나 후에 녹황색~갈황색이 되고, 관공구는 원형이다. 대는 3~7.1×0.6~2.1cm로, 갓 하면 내피막은 처음에는 백색이나 차차 암자색이 되며 대에 턱받이를 형성하고, 때때로 갓 끝에 그 일부가 남는다. 턱받이 위쪽은 담황색 바탕에 자갈색의 작은 돌기가 빽빽이 퍼져 있고, 아래쪽에는 자갈색 바탕에 짙은 자갈색의 작은 돌기가 흩어져 있다. 포자는 7~10×3~3.5μm로 장방추형이며, 표면은 평활하고, 포자문은 황갈색~황토색이다. 식용버섯이다.

9월 4일　　여주 영릉. 대는 황백색~황색이며 같은 색의 분말이 덮여 있음

9월 1일　　동구릉

7월 23일　　속리산

젖비단그물버섯 ●

Suillus granulatus (L. ex Fr.) O. Kuntze

여름과 가을에 소나무 숲 내 땅 위에 산생 또는 군생하며, 북반구 온대 이북·오스트레일리아 등지에 분포한다.

갓은 지름 4~10cm로 평반구형이며, 표면은 습하면 점성이 있고 황갈색~황토갈색이나 건조하면 황색이 되고, 조직은 황백색~황색이다. 관공은 내린형이고 방사상으로 배열되어 있고, 처음에는 황색이나 후에 황갈색이 되며, 황백색의 유액 반점이 있다. 대는 5~6×0.6~1.3cm로 표면은 황색 바탕에 갈색 ~적갈색의 반점이 있고, 위쪽에는 백색~황백색의 유액 반점이 있다. 포자는 7~10×3~3.5μm로 타원형이며, 표면은 평활하고, 포자문은 황갈색이다. 식용버섯이나 가벼운 중독을 일으키기도 한다.

9월 16일　　동구릉. 갓 끝에 내피막이 부착되었음. 턱받이가 있음

붉은비단그물버섯 ●

Suillus pictus (Peck) A.H. Smith et Thiers

여름과 가을에 침엽수림 내 땅 위에 단생 또는 군생하며, 한국·동남 아시아·유럽·북아메리카 등지에 분포한다.

갓은 지름 3~12cm로 처음에는 평반구형이나 후에 편평형이 된다. 갓 표면은 때로는 점성이 있고 처음에는 자적색이나 후에 갈색으로 변하고 적갈색의 섬유상 또는 솜상의 인편이 있다. 조직은 황색이나 상처가 나면 적색으로 변한다. 관공은 내린형 또는 완전붙은형이며 황색~황갈색을 띠고, 관공구는 크고 방사상으로 배열되어 있으며 황색이나 상처가 나면 갈색으로 변한다. 대는 3~10×0.6~2cm로 위아래 굵기가 거의 같고, 표면은 황색이며 적자색의 섬유상 인편이 있다. 내피막이 있어서 성장하면 턱받이를 형성하거나 갓 끝에 부착된다. 포자는 9~11.5×3~5μm로 타원형이며, 표면은 평활하고, 포자문은 황록갈색이다. 식용버섯이다.

9월 3일　　동구릉

10월 2일　강화도 전등사. 갓은 점액이 덮여 있음. 턱받이는 담황색에서 적갈색이 됨

10월 2일　강화도 전등사. 황색형

큰비단그물버섯 ●

Suillus grevillei (Klotzsch) Sing.

여름과 가을에 낙엽송림 내 땅 위에 군생하며, 균륜(菌輪)을 형성하고, 북반구 온대 이북 · 오스트레일리아 등지에 분포한다.

갓은 지름 3~10cm로 처음에는 반구형이나 차차 평반구형을 거쳐 편평형이 된다. 갓 표면은 평활하고 갈등색~적황색이며 점액질이 두껍게 덮여 있고, 조직은 담황색이다. 관공은 완전붙은형 또는 내린형이며 황색을 거쳐 갈색이 되고, 관공구는 다각형이고 황색이다. 대는 3~8×0.5~1cm로 위아래 굵기가 같고, 표면은 턱받이 위쪽은 적갈색의 망목상이고, 아래쪽은 황색 바탕에 적갈색을 띤 돌기가 있고 섬유상이다. 턱받이는 담황색을 거쳐 적갈색이 된다. 포자는 8~11×3~4μm로 방추형이며, 표면은 평활하고, 포자문은 황토색이다. 식용버섯이나 과식하면 소화 불량을 일으킨다.

9월 3일 동구릉. 관공은 황록갈색에서 황갈색으로 변함

황소비단그물버섯 ●
Suillus bovinus (L. ex Fr.) O. Kuntze

10월 3일 용주사

여름과 가을에 소나무 숲 내 땅 위에 군생하는 균근성균이며, 한국·유럽·아시아·북아메리카·아프리카 등지에 분포한다.

갓은 지름 3~10cm로 평반구형이며, 표면은 갈황색~황토색이고 습하면 점성이 많다. 관공은 완전붙은형 또는 내린형이고 크고 다각형이며 약간 방사상으로 배열되어 있으며, 황록갈색을 거쳐 황갈색이 된다. 대는 3~6×0.4~1.2cm로 위아래 굵기가 비슷하며, 표면은 평활하고 갈황색이며 턱받이는 없다. 포자는 7~11×3~5μm로 방추형이며, 표면은 평활하고, 포자문은 황록갈색이다. 식용버섯이다.

8월 26일　　수원 용주사. 유균일 때 거미줄상의 황록색의 내피막이 있어 턱받이를 만듦

분말그물버섯속 *Pulveroboletus* Murr.

갓과 대의 표면은 가루상 물질이 덮여 있고 점성이다. 조직은 보통 황색이며 종종 청색으로 변한다. 포자는 갈록색이고 방추형이다. 지상생.

노란분말그물버섯 ●

Pulveroboletus ravenelii (Berk. et Curt.) Murr.

여름과 가을에 활엽수림・침엽수림 내 땅 위에 단생 또는 군생하며, 한국・동남아시아・북아메리카 등지에 분포한다.

갓은 지름 3~11cm로 처음에는 반구형이나 후에 편평형이 되고, 표면은 약간 평활하고 황록색 분말이 덮여 있고 중앙부는 갈색이고, 조직은 백색~담황색이나 상처가 나면 청색으로 변한다. 관공(管孔)은 끝붙은형이며 처음에는 황색이고 후에 암갈색이 된다. 대는 3~10×0.5~1.1cm로 표면은 황록색 분말로 덮여 있고, 흔적만 남아 있는 막질의 황색 턱받이 표면에도 황록색 분말이 덮여 있다. 포자는 7.5~13.5×4~6μm로 장방추형이며, 표면은 평활하고, 포자문은 황록갈색이다. 식용버섯이다.

8월 26일 수원 용주사

8월 26일 수원 용주사. 기부는 백색 균사로 덮여 있음

8월 13일 설악산. 관공은 황색에서 갈적색이 됨

8월 13일 설악산

8월 18일　　수원 융건릉. 성균의 대는 갈황색 바탕이나 상처시 청흑색이 됨

7월 7일　　경남 내원사

쓴맛그물버섯속　*Tylopilus* Karst.

관공은 처음에는 백색이나 홍색을 거쳐 적갈색으로 된다. 조직은 백색이고 변색성이 있는 것도 있고 쓴맛이 있다. 포자는 담황색~담홍색~적갈색이고 방추형이다. 외생균근성. 지상생.

은빛쓴맛그물버섯 ●

Tylopilus eximius (Pk.) Sing.

여름과 가을에 침엽수림, 특히 전나무숲의 땅 위에 단생하며, 한국·중국·북아메리카 등지에 분포한다.

갓은 지름 5~12.5cm로 구형~원추형이나 차차 편평형이 된다. 갓 표면은 습하면 점성이 있고 갈자색이고, 조직은 백색에서 회색을 거쳐 담홍색이 된다. 관공은 완전붙은형이고 암자갈색이다. 대는 길이 4.5~9cm로 갈자색 바탕에 자주색 인편이 빽빽이 퍼져 있다. 포자는 11~17×3.5~5μm로 타원형이고 평활하고, 포자문은 적갈색이다. 식용버섯이다.

8월 10일　　치악산 구룡사. 관공은 처음은 백색이나 후에 분홍색이 됨

제주쓴맛그물버섯 ○

Tylopilus neofelleus Hongo

여름과 가을에 활엽수림・침엽수림 내 땅 위에 단생 또는 산생하며, 한국・일본・뉴기니 등지에 분포한다.

갓은 지름 6~11cm로 처음에는 평반구형이나 후에 편평형이 되고, 표면은 비로드상이고 황갈색~암홍갈색이며, 조직은 백색이고 매우 쓴맛이 난다. 관공은 끝붙은형 또는 떨어진형이고 처음에는 백색이나 후에 담홍색이 되며, 관공구는 다각형이며 담홍색~자주색이다. 대는 6~11×1.5~2.5cm로 표면은 황갈색이고, 기부쪽이 약간 굵다. 대 위쪽은 망목상이고, 조직은 백색이고 강한 쓴맛이 있다. 포자는 7.5~9.5×3.5~4μm로 타원형 또는 방추형이고, 표면은 평활하고, 포자문은 담홍색이다.

8월 1일　　경은사

8월 3일　　서오릉. 대는 보통 굴곡되었음

7월 28일　　칠갑산 장곡사　유균

8월 2일　　경은사

녹색쓴맛그물버섯

Tylopilus virens (Chiu) Hongo

여름과 가을에 적송림·침엽수림 내 땅 위에 단생하는 균근성균이며, 동아시아에 분포한다.

갓은 지름 3~6.5cm로 처음에는 반구형이나 차차 편평형이 된다. 갓 표면은 황록색이며 작은 털과 점성이 있고, 갓 둘레는 옅은색이고, 조직은 담황색이고 쓴맛이 있다. 관공은 끝붙은형이며 담홍색이고, 관공구는 원형이다. 대는 6~9×0.7~1.2cm로 굴곡(屈曲)지고, 표면은 담황색~황록색이고 분말상이거나 섬유상이다. 포자는 9~10×4~5μm로 장타원형 또는 방추형이며, 표면은 평활하고 포자문은 담황색이다. 시스티디아는 곤봉형 또는 원통형이다. 식용불명이다.

9월 30일　　서울산업대. 위쪽에 막질의 턱받이가 있음

황금그물버섯속 *Boletinus* Kalchbr.

갓 표면은 인편이 있다. 관공은 내린형이고 공구는 방사상으로 배열되어 있고 조직은 공기와 접하면 대부분 청색으로 변한다. 턱받이가 있고 균사에는 부리상 돌기가 있다. 외생균근성. 지상생.

황금그물버섯 ●

Boletinus cavipes (Opat.) Kalchbr.

여름과 가을에 침엽수림 내 땅 위에 단생 또는 군생하는 균근성균이며, 북반구 온대 아한대 등지에 분포한다.

갓은 지름 3~8cm로 평반구형이고, 표면은 황갈색~적갈색이고 섬유상 인피가 있다. 관공은 내린형이고 처음에는 황색이나 후에 황토색이 되며, 관공구는 타원형이고 방사상으로 배열한다. 대는 5~8×0.5~1cm로 속은 비어 있고, 위쪽에 백색 막질의 턱받이가 있는데, 그 위쪽은 황색이고 아래쪽은 갈색 인편이 있다. 포자는 7~10×3.5~4μm로 타원형~방추형에 가깝고, 표면은 평활하고, 포자문은 갈색이다. 식용버섯이다.

9월 15일　서울산업대. 갓 표면은 적황색~등황색, 대에 적갈색~흑색 인편이 있음

껄껄이그물버섯속 *Leccinum* S. F. Gray

관공은 끝붙은형이며 백색~황색이고, 관공구는 작다. 대 표면은 작은 인편이 덮여 있고 때로는 망목상으로 배열되어 있다. 포자는 갈색~황록갈색이며 방추형이다. 외생균근성. 지상생.

등색껄껄이그물버섯 ●

Leccinum versipelle (Fr. et Hök) Snell

여름과 가을에 숲 속 땅 위에 산생하는 균근성균이며, 북반구 중북부 지방에 분포한다.

갓은 지름 4~20cm로 반구형이며, 표면은 적황색~등황색을 띠며 미세한 털이 빽빽이 나 있고, 조직은 백색이나 상처가 나면 담적색을 거쳐 회색으로 변한다. 관공은 끝붙은형 또는 떨어진형이며 황록색을 거쳐 담갈색이 되고, 관공구는 작고 원형이며 처음에는 백색이나 후에 담황록갈색이 된다. 대는 5~20×1~4.5cm로 원통형이며, 기부쪽이 약간 굵고, 표면은 흑갈색의 인편상 돌기로 덮여 있으나 점차 적갈색~흑색으로 변한다. 조직은 백색이나 상처가 나면 담적자색이나 흑색으로 변한다. 포자는 11~17×3.5~5μm로 장방추형이며, 표면은 평활하고, 포자문은 황색이다. 식용버섯이다.

8월 2일　서울산업대. 조직은 백색이나 상처시 회흑색으로 변함 ►

8월 12일　설악산. 황갈적색의 갓은 성숙하면 갈라져 담황색의 조직이 보임

접시껄껄이그물버섯 ●
Leccinum extremiorientale (L. Vass.) Sing.

여름과 가을에 활엽수림·잡목림 내 땅 위에 단생하며, 한국·중국·일본·구소련 극동 지방 등지에 분포한다.

갓은 지름 7~25 cm로 처음에는 반구형이나 후에 편평형이 된다. 갓 표면은 황토색~갈등색이며, 건조하거나 성숙하면 갈라져 담황색의 조직이 보이고, 습하면 약간 점성이 있다. 조직은 백색~담황색이다. 관공은 끝붙은형이며 황색을 거쳐 황록갈색이 되고, 관공구는 작고 원형이다. 대는 4~15×2.5~5 cm로 원통형이고, 기부 쪽이 약간 굵고, 표면은 황색~담적황색 바탕에 황색~적황색의 돌기가 있다. 포자는 8~12.5×3.5~4.5 μm로 장방추형이고, 표면은 평활하며, 포자문은 황록갈색이다. 식용버섯이다.

8월 29일　홍천 강원대 연습림

7월 28일　충남 칠갑산

◀ 8월 12일　설악산

8월 12일　　설악산. 갓은 회갈색

7월 13일　　서울산업대

거친껄껄이그물버섯 ●

Leccinum scabrum (Bull. ex Fr.) S.F. Gray

여름과 가을에 활엽수림 내 땅 위에 단생하며, 북반구 온대 이북에 분포한다.

갓은 지름 5~20cm로 반구형~평반구형이며, 표면은 회갈색·회색·농회갈색 등이며 솜털상이고 습하면 약간 점성이 있고, 조직은 백색이나 상처가 나면 거의 변하지 않는다. 관공은 끝붙은형이며 백색을 거쳐 담갈회색이 된다. 대는 6~12×1~3.4cm로 표면은 백회색이며 세로로 배열된 회갈색~흑색의 인편상의 작은 돌기가 있다. 포자는 16~20×6~7μm로 장방추형이며, 표면은 평활하고, 포자문은 황록갈색이다. 식용버섯이나 생식하면 중독된다.

9월 26일 여주 영릉

7월 23일 경은사

귀신그물버섯과 Strobilomycetaceae

귀신그물버섯속 *Strobilomyces* Berk.

갓과 대에 회갈색~회흑색의 섬유상 인편이 있고, 상처가 나면 적색 후에 흑색~청색으로 변한다. 포자는 흑색으로 구형~단타원형이고 표면은 망목상, 맥상(脈狀), 혹상 등이다. 외생균근성. 지상생.

털귀신그물버섯 ●

Strobilomyces confusus Sing.

여름과 가을에 혼합림 내 땅 위에 단생 또는 산생하며, 동아시아·동남 아시아·북아메리카·유럽 등지에 분포한다.

갓은 지름 3~11cm로 반구형~평반구형이며, 표면은 회색이고 흑회색의 강모상의 인편이 덮여 있다. 조직은 처음에는 백색이나 후에 적색을 거쳐 흑색으로 변한다. 관공은 완전붙은형 또는 홈형이며 회백색을 거쳐 흑색으로 변하며, 관공구는 크고 다각형이며 관공과 같은 색이다. 대는 4~13×0.5~1.2cm로 기부는 약간 굵고 흑회색의 솜털상 인편이 있다. 포자는 8.5~10×7~9μm로 구형~유구형이고, 표면에는 꽃잎상 돌기가 수국상(水菊狀)을 이루고, 포자문은 흑색이다. 식용버섯이다.

8월 18일　　수원 융건릉

8월 3일　서오릉. 균륜을 이루고 있음

솜귀신그물버섯 ●

Strobilomyces floccopus (Vahl. ex Fr.) Karst.

여름과 가을에 혼합림 내 땅 위에 단생 또는 산생하며, 북반구 일대·오스트레일리아·아프리카 등지에 분포한다.

갓은 지름 3~12cm로 반구형~평반구형이다. 갓 표면은 암황갈색이고 암자갈색의 섬유상 인편이 솔방울 모양을 이루고, 갓 끝에는 내피막의 잔유물이 붙어 있으며, 조직은 백색이나 상처가 나면 적색을 거쳐 흑색으로 변한다. 관공은 홈형이며 처음에는 백색이나 흑갈색을 거쳐 흑색으로 변하고, 관공구는 크고 다각형이다. 대는 5~15×0.5~2.1cm로 기부쪽이 약간 굵고, 표면은 암황갈색이며 자갈색의 솜털상의 인편이 있으나 쉽게 탈락한다. 내피막은 백색~회색이고 솜 모양이나 성장하면 흔적만 남는다. 포자는 9~15×8~12μm로 구형이며, 표면은 망목상이고, 포자문은 흑색이다. 식용버섯이다.

9월 16일 동구릉

미친그물버섯속 *Porphyrellus*

자실체는 갈적색이다. 관공은 담회색~홍갈색이다. 포자는 갈색~적갈색이고 방추형이고 표면은 홈이 있는 것도 있다. 지상생.

미친그물버섯 ●

Porphyrellus pseudoscaber (Secr.) Sing.

여름과 가을에 활엽수림 내 땅 위에 단생 또는 군생하며, 한국·북아메리카 등지에 분포한다.

갓은 지름 5~15cm로 처음에는 반구형이나 차차 평반구형이 되고, 표면은 융단상이고 암갈색이나 상처가 나면 청색을 거쳐 자갈흑색이 된다. 관공은 암갈색이며, 관공구는 작고 추형(錘形)이며 암갈색이나 상처가 나면 청색을 거쳐 흑색으로 변한다. 대는 4~16×1~3cm로 원통형~곤봉형이고, 표면은 암갈색이며 홈선이 있고, 조직은 처음에는 백색이나 담홍색을 거쳐 회색이 된다. 포자는 10~20×6~10μm로 타원형이며, 표면은 평활하고, 포자문은 자적갈색이다. 식용불명이다.

7월 22일　동구릉. 관공은 황색이고 다각형

8월 18일　헌인릉

밤그물버섯속 *Boletellus* Murr.

자실체는 소형 또는 대형이고, 갓은 구형~반구형이다. 포자는 갈록색으로 장타원형이고 표면에는 가로홈, 또는 날개형의 융기와 사마귀상 돌기가 있으며 때로는 평활하다. 균근성. 지상생.

좀노란밤그물버섯 ● 「Sing.
Boletellus obscurecoccineus (v.Höhn.)

여름과 가을에 활엽수림·침엽수림 내 땅 위에 단생 또는 군생하며, 전세계에 분포한다.

갓은 지름 3~7 cm로 처음에는 평반구형이나 차차 편평형이 되고, 표면은 미세한 솜털상이며 자홍색~적등색이다. 관공은 홈형이며, 처음에는 황색이나 후에 황록색이 되고, 관공구는 약간 다각형이며 황색이다. 대는 3~13×0.5~2 cm로 표면에는 섬유질의 세로줄이 있고, 백색~담홍색이다. 대 위쪽에는 가는 인편이 빽빽이 있으며, 기부는 팽대하고 솜털상의 백색 균사가 있다. 포자는 14~20×5~7 μm로 장타원형이며, 표면에 세로줄이 있고, 포자문은 녹갈색이다. 식용불명이다.

9월 16일 동구릉. 조직은 황색이나 상처시에 청색으로 변하지 않음

연지그물버섯속 *Heimiella* Boedijn

자실체는 대형이고 긴 대의 표면에는 미세한 인편이 있으며, 점성은 없고 돌기상 또는 망목상을 이룬다. 관공은 황록갈색이다. 포자는 황록갈색이고 표면은 망목상이다. 지상생.

볼연지그물버섯

Heimiella japonica Hongo

9월 16일 동구릉. 노균

여름과 가을에 활엽수림·침엽수림 내 땅 위에 단생 또는 군생하며, 한국·일본 등지에 분포한다.

갓은 지름 5~11cm로 처음에는 반구형이나 차차 평반구형이 되고, 표면은 평활하고 자홍색을 띠며, 조직은 담황색이다. 관공은 끝붙은형이며, 관공구는 원형~다각형이고 황록색이다. 대는 6~13×0.7~1.2cm로 아래쪽이 팽대하고, 표면은 갓과 같은 색이며 망목상이다. 포자는 9.5~15×7~8μm로 타원형이며, 표면은 망목상이고, 포자문은 황록색이다. 식용불명이다.

9월 10일 동구릉. 자실층은 긴 내린 주름상

8월 18일 수원 융건릉

꾀꼬리버섯과 Cantharellaceae

꾀꼬리버섯속 *Cantharellus*

자실층은 주름형, 이랑형이고 길게 내린형이며 주름 사이에는 연결맥이 있다. 포자는 백색, 담황색, 분홍색이다. 균근성인 것도 있다. 지상생.

꾀꼬리버섯 ●

Cantharellus cibarius Fr.

늦여름부터 가을에 걸쳐 혼합림 내 땅 위에 군생 또는 산생하며, 전세계에 분포한다.

자실체는 높이 3~9cm, 갓은 지름 3~9cm로 오이꽃형이다. 버섯 전체가 난황색이고, 갓 둘레는 파도형이다. 조직은 치밀하고 담황색이며, 자실층은 긴 내린형이고 약간 빽빽하며 난황색이고, 주름살 사이에는 연락맥이 있다. 대는 1.5~6×0.5~1.5cm로 편심형~중심형이고 난황색이다. 포자는 7~10×4.5~5.5μm로 타원형이고, 표면은 평활하고, 포자문은 담황색이다.

우수한 식용버섯으로 맛과 향기가 좋아 유럽인이 즐기며, 이 버섯을 재료로 한 프랑스 요리가 있다.

9월 3일　　동구릉. 소형, 자실층은 내린형

애기꾀꼬리버섯 ●

Cantharellus minor Peck

여름과 가을에 혼합림 내 땅 위, 특히 이끼가 많은 곳에 산생 또는 소수 군생하는 균근성균이며, 한국·일본·동남 아시아·유럽·북아메리카·오스트레일리아 등지에 분포한다.

갓은 지름 0.5~1cm로 처음에는 평반구형이나 차차 오목편평형~깔때기형이 된다. 갓 표면은 평활하고 담황색~등황색이고, 갓 끝은 굽은파도형이고, 조직은 황색~등황색이다. 자실층은 이랑상의 내린형이며 성기고 황색~등황색이다. 대는 1.5~5×0.2~0.4cm로 위아래 굵기가 같고 속은 비어 있으며, 표면은 평활하고 황색~등황색이다. 포자는 6~11.5×4~6.5μm로 타원형이고, 표면은 평활하고, 포자문은 담황색이다. 식용버섯이다.

9월 3일　　동구릉

9월 9일 치악산 구룡사. 갓 표면은 등황색 바탕에 섬유상의 갈회색 인피가 있음

갈색털꾀꼬리버섯 ●

Cantharellus lutescens Fr.

여름과 가을에 활엽수림・침엽수림・혼합림 내 땅 위에 군생하는 균근성균이며, 한국・유럽・북아메리카 등지에 분포한다.

갓은 지름 1.3~6cm로 깔때기형이고, 표면은 등황색 바탕에 갈회색의 섬유상 인피가 있고, 갓 끝은 파도형이다. 자실층은 맥상(脈狀)의 주름으로 이루어지고 등황색・담홍색・황색이다. 대는 2~7×0.3~0.6cm로 속은 비어 있고, 표면은 등황색이다. 포자는 10~12×6~8μm로 광타원형이며, 표면은 평활하다. 식용버섯이다.

9월 9일　　치악산 구룡사

붉은꾀꼬리버섯 ●
Cantharellus cinnabarinus Schw.

여름과 가을에 혼합림 내 땅 위에 군생 또는 단생하는 균근성균이며, 한국·일본·중국·북아메리카 등지에 분포한다.

갓은 지름 1~4cm로 처음에는 반구형이나 후에 깔때기형이 된다. 갓 표면은 평활하고 처음에는 주홍색이나 후에 퇴색하며, 갓 둘레는 파도형이고, 조직은 백색이다. 자실층은 주름살 모양의 내린형이며 연락맥이 있고, 담홍색이다. 대는 2~5×0.6~1.4cm로 원통형이며, 표면은 평활하고 등홍색이다. 포자는 6~11×4~6μm로 타원형이고, 표면은 평활하고, 포자문은 백색~담홍색이다. 식용버섯이다.

8월 26일　　홍천 강원대 연습림

9월 9일 치악산 구룡사. 긴 내린 주름살

8월 6일 선정릉. 갓 표면은 황갈색이고 중앙부는 짙음

7월 17일 선정릉

8월 23일 헌인릉

호박꾀꼬리버섯

Cantharellus friesii Quél.

여름과 가을에 혼합림 내 땅 위에 군생 또는 단생하며, 한국·일본·중국·유럽·북아메리카 등지에 분포한다.

갓은 지름 1~3cm로 처음에는 역원추형이나 후에 깔때기형이 된다. 갓 표면은 평활하며 등황갈색~갈색이고, 조직은 섬유상이며 백색~담황색이다. 자실층은 망목상의 내린형이며 황색~황갈색이다. 대는 길이 1~3cm로 원통형이며, 속은 비어 있고, 표면은 평활하고 등황갈색~갈색을 띤다. 포자는 8.5~10.5×4~5μm로 타원형~난형이고, 표면은 평활하고, 포자문은 백색이다. 식용불명이다.

10월 5일　　광릉 임업시험장. 자실층은 희미한 주름살. 중앙부는 대 기부까지 통해 있음

뿔나팔버섯속 *Craterellus*

자실체는 나팔형이다. 자실층은 얕은 주름형이고 내린형이다. 포자는 백색이고 타원형이다. 지상생.

뿔나팔버섯 ●

Craterellus cornucopioides (L. ex Fr.) Pers.

10월 1일　　설악산

늦여름부터 가을에 걸쳐 혼합림 내 부엽토에 군생하며, 전세계에 분포한다.

자실체는 높이 5~10cm, 갓은 지름 1~6cm로 나팔꽃형이다. 갓 표면은 흑갈색~흑색이고 비듬상의 인피가 덮여 있고, 갓 끝은 파도형이고, 조직은 얇고 질기다. 자실층은 기복이 심한 주름상이며 긴내린형이고 회색이다. 대는 3~5×0.5~1.8cm로 중심부는 기부까지 뚫려 있고, 표면은 회백색이다. 포자는 9~12×5.5~7.5μm로 타원형이고, 표면은 평활하고, 포자문은 백색이다. 식용버섯이다.

9월 18일　임업시험장

나팔버섯과 Gomphaceae

나팔버섯속 *Gomphus*

자실층은 주름형, 이랑형, 또는 내린형이다. 포자는 담황색이고 타원형이며, 표면은 물결상 또는 돌기상이고 비아밀로이드이다. 균사에는 부리상 돌기가 있다. 지상생.

나팔버섯 ●

Gomphus floccosus (Schw.) Sing.

여름과 가을에 침엽수림・혼합림 내 땅 위에 단생 또는 군생하며, 한국・일본・중국・유럽・북아메리카 등지에 널리 분포한다.

자실체는 높이 10~15cm, 갓은 지름 4~12cm로 처음에는 뿔피리형이나 차차 깔때기형~나팔형이 되고, 중심부는 대 기부까지 뚫려 있다. 갓 표면은 등황색~적황색이며 자홍색의 큰 인편이 있고, 갓 끝은 파도형이다. 자실층은 내린주름형이며 맥상(脈狀)이고 황백색이다. 대는 3~6×0.8~3cm로 기부를 제외하고는 속은 비어 있고, 표면은 담황색~담적황색이다. 포자는 11.5~15×6~7.5 μm로 타원형이며, 표면에는 파도형의 미세한 돌기가 있고, 포자문은 담황색이다. 독성이 있으나 끓이면 식용이 가능하고 과식하면 위장 중독 증상이 나타난다.

◄ 나팔버섯 9월 10일 치악산 구룡사 (pp. 310~311)

9월 2일 선정릉

국수버섯과 Clavariaceae

쇠뜨기버섯속 *Ramariopsis*

자실체는 싸리버섯형이며 기부는 3~5분지하나 분지 끝은 2분지한다. 포자는 백색이고 내부에 1개의 유구가 있다. 지상생, 부후목상생.

쇠뜨기버섯 ○

Ramariopsis kunzei (Fr.) Donk

여름과 가을에 산림 내 썩은 가지, 낙엽, 땅 위 등에 군생하며, 전세계에 분포한다.

자실체는 높이 2~12cm, 너비 2.5~7.5cm로 백색~담갈색이며 때로는 담홍색을 띠기도 한다. 대는 0.5×2.5×0.3~0.5cm로 기부는 갈색~담홍색이고, 3~5개의 분지로 되어 있고 비로드상 털이 있으며, 대 위쪽은 2개로 분지되어 빗자루 모양을 이룬다. 포자는 3~5.5×2.3~4.5μm로 광타원형~구형이며, 표면에는 돌기와 사마귀가 있고, 포자문은 백색이다. 식용이 부적당하다.

10월 5일　광릉 임업시험장

9월 3일　동구릉

국수버섯속 *Clavaria*

자실체는 막대형~긴 원통형~국수형이며 육질이다. 포자는 백색~담황색이고 타원형이다. 지상생.

국수버섯 ●

Clavaria vermicularis Swartz ex Fr.

가을에 활엽수림 내 땅 위에 다수 속생 또는 군생하며, 전세계에 분포한다.

자실체는 5~12×0.2~0.4cm로 원통형~국수형이고, 표면은 처음에는 전체가 백색이나 후에 담황색이 된다. 자실층은 표면에 있고, 조직은 부서지기 쉽고 백색이다. 포자는 5~7×3~4μm로 타원형~종자형이고, 표면은 평활하고, 포자문은 백색이다. 식용버섯이다.

7월 25일 선정릉

자주국수버섯 ●

Clavaria purpurea Muell. ex Fr.

가을에 소나무 숲, 침엽수림 내 땅 위에 속생 또는 군생하며, 한국·중국·일본·유럽·북아메리카 등지에 분포한다.

자실체는 2.5~12×0.15~0.5cm로 원통형~국수형이며 처음에는 자색~회자색이나 차차 갈자색이 되며, 기부는 백색이다. 표면은 평활하고, 자실층은 표면에 있고, 조직은 백색~자색이고, 속은 비어 있으며 잘 부서진다. 포자는 5.5~9×3~5μm로 타원형이고, 표면은 평활하고, 포자문은 백색이다. 식용버섯이다.

10월 5일 동구릉

9월 10일 치악산 구룡사. 자실체 표면은 골이 깊게 파인 세로홈이 있음

방망이싸리버섯속 *Clavariadelphus*

자실체는 대형이고, 곤봉형~방망이형이다. 포자는 백색이고 타원형이다. 지상생.

붉은방망이싸리버섯 ○

Clavariadelphus ligula (Fr.) Donk

여름과 가을에 활엽수림·침엽수림 내 땅 위에 단생 또는 군생하며, 한국·일본·북아메리카·유럽 등지에 분포한다.

자실체는 3~10×0.2~1cm로 곤봉형이며 윗부분이 다소 뾰족하다. 자실체인 표면 위쪽은 평활하고 뭉툭하고, 담회갈색이며 세로주름이 있고, 기부에는 주름이 없고 가늘며 위쪽보다 짙은색이다. 포자는 8~15×3~6μm로 타원형이고, 표면은 평활하고, 포자문은 백색이다. 식용이 부적당하다.

◀ 9월 10일 치악산 구룡사

▲방망이싸리버섯 ●

Clavariadelphus pistillaris (Fr.) Donk

가을에 활엽수림 내 땅 위에 단생 또는 군생하며, 한국·일본·중국·유럽·북아메리카 등지에 분포한다.

자실체는 10~30×1~3(6)cm로 방망이형이며, 표면에는 자실층이 형성되고 깊은 세로홈주름이 있으며 담황색~담황갈색이나 건드리면 자갈색으로 변한다. 조직은 백색이나 상처가 나면 자갈색으로 변한다. 포자는 11~16×6~10μm로 장타원형이고, 표면은 평활하고 포자문은 백색이다. 식용버섯이다.

6월 25일　　태릉

붓버섯속 (신칭) *Deflexula*

자실체는 둔상의 분지가 많이 모여 속생하고 굽거나 아래로 처지고 백색 후에 담황갈색이 된다. 부생.

흰붓버섯 (신칭)

Deflexula fascicularis (Bres. et Pat.) Corner

여름에 산림, 공원 내 쓰러진 썩은 나무 위에 군생 또는 속생하며, 한국・일본 등지에 분포한다.

자실체는 높이 1~2cm, 너비 1~1.5cm로 원형~부정형이나 둔상의 분지가 많이 형성되어 연지솔형이 된다. 1~2×0.05~0.15cm의 분지로 된 표면은 분말이 있으며 처음에는 백색이나 담황갈색을 거쳐 황갈색이 된다. 식용불명이다.

9월 3일 공릉

창싸리버섯과 Clavulinaceae

창싸리버섯속 *Clavulinopsis*

포자는 백색~담황색이고 구형~광타원형이다. 지상생.

노란창싸리버섯 ●

Clavulinopsis fusiformis (Fr.) Corner

여름과 가을에 잡목림 내 땅 위에 산생 또는 속생하며, 한국·일본·북반구 온대 이북 등지에 분포한다.

자실체는 5~12×0.5~0.7cm로 장방추형이며, 자실층인 표면은 처음에는 황색~선황색이나 차차 끝부분이 갈색으로 변한다. 조직은 황색이고, 속은 비어 있다. 포자는 5~8×4~8μm로 구형~광타원형이고, 표면은 평활하고, 포자문은 백색~담황색이다. 식용버섯이다.

7월 26일 덕유산 무주 구천동

8월 28일　　종묘. 자실체는 분지가 많고 분지 끝은 가늘게 갈라짐

7월 23일　　속리산

볏싸리버섯속 *Clavulina*

담자기는 2포자형이고 포자 방출 후 2차 격벽이 된다. 포자는 백색이고 구형~유구형이다. 지상생.

볏싸리버섯 ●

Clavulina cristata (Fr.) Schroet.

여름과 가을에 혼합림 내 땅 위에 군생하며, 한국·동남 아시아·온대 지방에 널리 분포한다.

자실체는 2.5~8×0.2~0.5μm로 전체가 산호형이며, 분지가 많고 분지 끝은 가늘게 갈라졌다. 자실층은 평활하고 처음에는 전체가 백색이나 차차 담황색~담회갈색으로 변하고, 조직은 탄력성이 있고 백색이다. 포자는 7~11×6.5~10μm로 구형~유구형이고, 표면은 평활하고, 포자문은 백색이다. 담자기는 2포자형이다. 식용버섯이다.

7월 21일　　광릉

싸리버섯과 Ramariaceae

싸리버섯속 *Ramaria*

자실체는 산호형이다. 자실층은 $FeSO_4$ 용액에 의해 청색으로 변한다. 포자는 황갈색으로 타원형이고 표면은 평활하거나 침상 또는 사마귀상 돌기가 있다. 균근성. 지상생, 고목생.

다박싸리버섯

Ramaria flaccida (Fr.) Ricken

7월 20일　　광릉

여름과 가을에 침엽수림·활엽수림 내 낙엽, 부러진 가지 위에 군생하며, 전세계에 분포한다.

자실체는 높이 3～10cm, 너비 2.5～8cm로 싸리형이며, 분지(分枝)는 비교적 수직이고 빽빽하며 황갈색이고, 분지 끝은 황색이나 후에 암황토색이 된다. 조직은 백색～담황색이고 맛은 맵다. 포자는 6～9×3～5μm로 난형～타원형이고 표면에 미세한 돌기가 있고, 포자문은 담황적색이다. 식용불명이다.

8월 15일　　광릉. 기부는 상처시에 적자색이 됨

8월 15일　　광릉. 유균

자주색싸리버섯 ●

Ramaria sanguinea Corner

여름과 가을에 활엽수림·혼합수림 내 땅 위에 군생하며 한국·유럽·북아메리카 등지에 분포한다.

자실체는 높이 6~12cm, 너비 4~10cm로 산호형이고 많은 분지가 생기는데, 위쪽 분지는 처음에는 황색이나 후에 황토색이 되고, 기부는 백색이나 상처가 나면 적자색이 된다. 조직은 백색 섬유질이다. 포자는 8~10×4~5μm로 장타원형이고, 표면에는 돌기가 있고, 포자문은 담황색이다. 균사에는 부리상 돌기가 있다. 식용불명이다.

8월 16일　　보광사

7월 27일　　덕유산 무주 구천동

싸리버섯 ●

Ramaria botrytis (Fr.) Ricken

가을에 활엽수림 내 땅 위에 군생 또는 산생하며 한국·일본·유럽·북아메리카 등지에 분포한다.

자실체는 높이 7~18cm, 너비 6~20cm로 산호형이고 분지가 많고, 분지 끝은 담홍색~담자색이고, 다른 부위는 백홍색이나 오래 되면 황토색으로 변하며, 기부는 짧고 백색이다. 조직은 백색이며 맛과 향기가 좋다. 포자는 13~20×4~5.5μm로 방추형이고, 표면에 세로 줄이 있으며, 포자문은 황갈색이다. 식용 버섯이다.

10월 2일　　설악산. 자실체 전체가 황색

8월 26일　　설악산

노랑싸리버섯 ●

Ramaria flava (Schaeff. ex Fr.) Quél.

가을에 혼합림 내 땅 위에 발생하며, 한국·일본·유럽 등지에 분포한다.

자실체는 높이 10~20cm, 너비 7~15cm로 싸리버섯을 닮은 큰 버섯으로 산호형이며, 자실층인 분지 표면은 유황색~황색이다. 마찰하면 붉게 변하는 특성이 있으며, 기부는 백색이다. 포자는 11~18×4~6.5μm로 장타원형이며, 표면에 사마귀상의 돌기가 있고, 포자문은 황갈색. 담자기는 4포자형이며, 균사에는 부리상 돌기가 있다. 독버섯으로, 설사·구토를 일으키며, 독성분은 알려지지 않았다.

8월 11일　설악산. 자실체는 적등색~홍색, 분지 끝은 황색

붉은싸리버섯 ●
Ramaria formosa (Fr.) Quél.

8월 10일　덕유산 무주 구천동

가을에 활엽수림 내 땅 위에 군생하며, 한국·일본·북반구 온대 이북·오스트레일리아 등지에 분포한다.

자실체는 높이 5~20cm, 너비 10~20cm로 싸리버섯보다 크고 산호형이며, 자실체 전체가 적등색~담홍색이고, 분지 끝은 황색이다. 조직은 백색이나 상처가 나면 자갈색으로 변하며 약간 쓴맛이 있다. 포자는 8~15×4~6μm로 장타원형이고, 표면에 미세한 사마귀상의 돌기가 있고, 포자문은 황갈색. 독버섯으로, 설사·복통·구토를 일으킨다.

7월 2일　　동구릉. 자실체의 분지 끝은 컵 또는 왕관형

7월 13일　　속리산

나무싸리버섯과 Clavicoronaceae

나무싸리버섯속 *Clavicorona*

자실체는 산호형이다. 포자는 백색이고 표면에 미세한 돌기가 있고 아밀로이드이다. 균사에 부리상 돌기가 있다. 날시스티디아가 있다. 부목생(腐木生).

좀나무싸리버섯 ●
Clavicorona pyxidata (Fr.) Doty

여름과 가을에 침엽수·활엽수의 썩은 나무나 등걸에 발생하며, 북반구 온대 등 거의 전세계에 분포한다.

자실체는 높이 5~12.5cm, 너비 2~6 cm로 산호형이며 분지가 많고, 분지 끝은 컵 모양 또는 왕관 모양이다. 표면은 처음에는 백황색이나 후에 황토색이 되고, 조직은 백색이며 매운 맛이 난다. 대는 굵고 짧으며, 조직은 백색이다. 포자는 4~5×2~3μm로 타원형이고, 표면은 평활하고 아밀로이드이고, 포자문은 백색이다. 식용불명이다.

5월 20일　　동구릉, 배착성

고약버섯과 Corticiaceae

아교고약버섯속 *Phlebia*

자실체는 배착성이고 고약상으로 넓게 전개되나 건조하면 연골질이 된다. 자실층은 융기가 있다. 포자는 백색이고 타원형이다. 균사에는 부리상 돌기가 있다. 고목생.

구름아교고약버섯(신칭) ○

Phlebia rufa (Fr.) M. P. Christ.

7월 10일　　서오릉

여름에 활엽수의 썩은 나무 위에 배착성(背着性)으로 형성되며, 전세계에 분포한다.

자실체는 처음에는 원형이나 차차 고약상으로 기주에 넓게 펴지며 유연하나 건조하면 가죽질이 된다. 자실층면은 백색・담황갈색・담홍자색 등 다양하며 불규칙한 사마귀가 있다. 포자는 4.5～5.5×2～2.5μm로 원통형이고, 표면은 평활하고, 포자문은 백색이다.

8월 25일　　서울산업대. 침상돌기는 지면을 향했음

송곳버섯속　*Mycoacia*

자실체는 배착성이고 유연한 혁질이나 건조하면 연골질이 된다. 자실층면은 침상이다. 포자는 백색이고 구형이다. 고목생.

긴송곳버섯 ○

Mycoacia copelandii (Pat.) Aoshi. et Furu.

자실체는 초기에는 기주(寄主) 표면에 타원형의 흰 반점이 형성되어 차차 퍼져 나가고, 전면에 길이 0.7~1.1×0.1cm의 무수한 침상 돌기가 빽빽하며, 처음에는 백색이나 후에 담황색~담갈색이 된

7월 23일　　서오릉

7월 17일　　선정릉. 유균

다. 자실체 둘레는 침을 형성하지 않는다. 포자는 지름 5~6μm로 구형이고, 표면은 평활하고 비아밀로이드이고, 포자문은 백색이다.

여름과 가을에 활엽수의 고목에 군생하는 전배착성 목재백색부후균이며, 한국·일본·필리핀 등지에 분포한다.

10월 15일　　동구릉

6월 19일　　서울산업대. 전배착성

5월 24일　서오릉

7월 3일　　선정릉

꽃고약버섯속(신칭) *Cylindrobasidium*

자실체는 반배착성이고 유연한 막질~밀랍질이고 자실층면은 거의 평활하다. 포자는 백색이고 서양배형이다. 균사에는 부리상 돌기가 있다. 고목생.

꽃고약버섯 (신칭) ○

Cylindrobasidium evolvens (Fr. ex Fr.) Jül.

여름과 가을에 활엽수의 고목, 나무 토막 위에 반배착성으로 발생하며, 전세계에 분포한다.

자실체는 크고 작은 고약상으로 기주에 넓게 펴지나 초기에는 원형의 백색 반점이다. 자실층면은 평활하거나 약간 굴곡이 있으며 백색·담황갈색·담갈색이나, 갓 둘레는 백색이고 작은 톱니형이고 방사상 선이 있다. 포자는 8~12×4~6 μm로 난형~서양배형이며, 표면은 평활하고, 포자문은 백색이다.

7월 3일　선정릉, 전배착성

껍질고약버섯속 *Peniophora*

자실체는 배착성, 또는 반배착성이고 혁질이다. 자실층면은 담홍색~적자색이고 평활하거나 사마귀상의 돌기가 있다. 포자는 원통형이다. 고목생.

7월 3일　소금강

분홍껍질고약버섯 (신칭) ○

Peniophora quercina (Pers. ex Fr.) Cooke

여름과 가을에 활엽수의 고목에 배착성으로 발생하며, 전세계에 분포한다.

자실체는 두께 0.05~0.2cm로 처음에는 원형~타원형이나 차차 고약상으로 기주에 넓게 펴지고 가죽질이다. 자실층면은 평활하나 약간 굴곡이 있고 담홍색~적자색이며, 갓 둘레는 백색~담홍색이고, 뒷면은 갈색~갈흑색이다. 포자는 7~12×3~4μm로 원통형이고, 표면은 평활하며, 포자문은 백색이다.

7월 17일　한라산 어리목. 대는 부채손잡이 모양으로 좁고 기주에 부착 부위는 뭉툭함

꽃구름버섯과 Stereaceae

꽃구름버섯속 *Stereum*

갓 표면의 모피(毛被)와 조직 사이에 한계 층이 형성된다. 즙관(汁管) 균사가 있다. 포자는 백색이고 타원형이며 아밀로이드이다. 백색부후성. 고목생.

▲ 갈색꽃구름버섯 ○

Stereum ostrea (Bl. et Nees) Fr.

여름과 가을에 활엽수의 죽은 나무에 중생하는 반배착성(半背着性) 1년생 목재백색부후균이며, 전세계에 분포한다.

갓은 지름 1~5cm, 두께 0.05~0.1 cm로 부채형이며, 표면은 회백색·적갈색·암갈색의 환문이 번갈아 있고 짧은 털이 빽빽이 나 있다. 갓 아랫면의 자실층은 갈색~회황갈색이며, 모피(毛被) 아래에는 농암갈색의 하피(下皮)가 있다. 조직은 가죽질이고 백색이다. 포자는 5~6.5×2~3μm로 장타원형이고, 표면은 평활하고 아밀로이드이며, 포자문은 백색이다.

6월 28일　홍천 강원대 연습림

9월 9일　　치악산 구룡사. 생장부인 갓 둘레는 백색

◀ **꽃구름버섯** ○
Stereum hirsutum (Willd. ex Fr.) S. F. Gray

여름과 가을에 활엽수의 고목, 부러진 가지에 중생하는 반배착성 1년생 목재백색부후균이며, 전세계에 분포한다.

갓은 지름 0.5~2.5cm, 두께 0.1~0.2cm로 반원형~부채형이나 기주에 넓게 부착하여 서로 합쳐져 선반형이 되고, 표면은 백색 털과 환문이 있고 회황색~회황갈색이다. 아랫면의 자실층은 평활하고 선황색을 거쳐 회갈색이 된다. 포자는 5~6.5×2~3μm로 장타원형이고, 표면은 평활하고 아밀로이드이며, 포자문은 백색이다.

▲ **흰테꽃구름버섯** (신칭) ○
Stereum gausapatum Fr. ex Fr.

여름과 가을에 활엽수의 등걸, 그루터기, 죽은 가지, 죽은 나무 등에 중생하는 반배착성 1년생 균이며, 한국・일본・유럽 등지에 분포한다.

갓은 선반형~반원형이고 방사상으로 굴곡되고, 표면은 거친 털이 있고 갈황색~적갈색이고, 갓 둘레는 백색이다. 갓 아랫면의 자실층은 적갈회색이나 자랄 때 상처가 나면 적홍색 액체를 분비한다. 포자는 6.5~9×3~3.9μm로 타원형~원통형이고, 표면은 평활하며 아밀로이드이고, 포자문은 백색이다.

8월 18일　　수원 융건릉. 침상돌기가 대 위쪽에도 발생

8월 12일　　설악산

털수염버섯과　Hydnaceae

털수염버섯속　*Hydnum*

자실층은 대 윗부분까지 침상이다. 포자는 백색이고 구형이다. 균륜성. 지상생.

턱수염버섯 ●

Hydnum repandum L. ex Fr.

여름과 가을에 침엽수림·혼합림 내 땅 위에 군생하며, 균륜을 형성하고, 한국·동남 아시아·유럽·북아메리카 등지에 분포한다.

갓은 지름 1.5~8cm로 처음에는 평반구형이나 후에 오목편평형이 되고, 표면은 평활하고 황갈색~등황색이며, 갓 둘레는 불규칙한 파도형이다. 조직은 백색이며, 갓 아랫면의 자실층은 길이 0.4~0.8cm의 침상 돌기가 있는데 대 윗면에도 돋아나 있고 담황색이다. 대는 2~8×0.6~1.5cm로 위아래 굵기가 비슷하거나 기부가 약간 굵고 담황색이다. 포자는 7~9×6~7 μm로 구형~유구형이며, 표면은 평활하고, 포자문은 백색이다. 식용버섯이다.

6월 8일 광릉 임업시험장. 자실층은 짧은 침상돌기

바늘버섯과 Steccherinaceae

바늘버섯속 *Steccherinum*

자실체는 반배착성이고 혁질이며, 갓 표면은 짧은 털이 환을 이룬다. 자실층은 침상 돌기형이다. 포자는 백색이고 난형이며, 비아밀로이드이다. 백색부후성. 고목생.

바늘버섯 ○

Steccherinum ochraceum (Pers. ex Fr.) S. F. Gray

여름과 가을에 단풍나무·밤나무 등의 고목이나 가지 위에 여러 개가 중생하는 반배착성 목재백색부후균이며, 전세계에 분포한다.

갓은 지름 1~3cm, 두께 0.1~0.2cm로 반원형~조개형이며, 표면은 짧은 털의 환문이 있고 황토색~농갈색이며, 갓 둘레는 옅은색이다. 조직은 백색이고, 갓 아랫면의 자실층은 길이 0.1~0.2cm의 침이 있고 등황색~황토색이다. 포자는 3~4×2~2.5μm로 난형이고, 표면은 평활하고 비아밀로이드이며, 포자문은 백색이다.

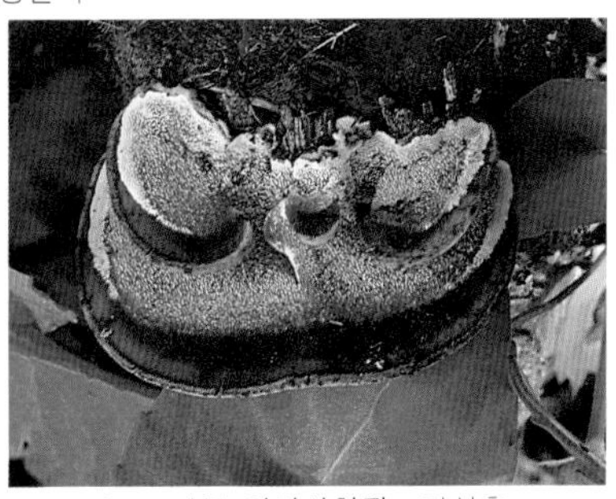

6월 8일 광릉 임업시험장. 자실층

10월 15일　　동구릉. 긴 침이 지면으로 늘어짐

10월 19일　　광릉

산호침버섯과　Hericiaceae

산호침버섯속　*Hericium*

자실층면은 침상의 긴 돌기가 있다. 포자는 백색이고 유구형이며, 표면에는 돌기가 있고, 아밀로이드이다. 백색부후성. 수상생, 고목생.

노루궁뎅이 ●

Hericium erinaceum (Bull. ex Fr.) Pers.

가을에 활엽수의 생나무, 죽은 나무에 발생하는 목재백색부후균이며, 한국·동남 아시아·유럽·북아메리카 등지에 분포한다.

자실체는 지름 5~25cm로 반구형이며 나무줄기에 매달려 있다. 윗면에는 짧은 털이 빽빽이 나 있고, 전면에는 길이 1~5cm의 무수한 침이 수염 모양으로 땅을 향하여 늘어져 있으며 처음에는 백색이나 후에 담황색이 된다. 조직은 백색이고 스펀지상이며, 자실층은 침 표면에 있다. 포자는 5.5~7.5×5~6.5μm로 유구형이고, 표면에 미세한 돌기가 있고 아밀로이드이고, 포자문은 백색이다. 식용버섯으로 인공 재배가 가능하다.

8월 25일　　서울산업대. 갓 끝은 톱니상, 자실층에는 유두상의 돌기가 있음

굴뚝버섯과 Thelephoraceae

사마귀버섯속 *Thelephora*

자실체는 보통 혁질이다. 포자는 백색~갈색이고 표면은 돌기상, 사마귀상 또는 분상이다. 균근성. 지상생.

8월 25일　　서울산업대

사마귀버섯 ○

Thelephora terrestris Fr.

여름과 가을에 산림 속 모래땅이나 적토에 군생하며, 한국·일본·북반구 온대 이북 등지에 분포한다.

갓은 지름 2~3cm, 두께 0.1~0.3cm로 부채형~부정원형이다. 표면은 거칠고 암자갈색이며 섬유질의 인편이 환상(環狀) 또는 방사상으로 배열되어 있고, 갓 끝은 톱니상이다. 갓 아랫면의 자실층은 유두상(乳頭狀) 돌기가 있고 암자갈색이다. 포자는 8~11×7~8μm로 유구형이고, 표면에는 사마귀상 돌기가 있고, 포자문은 담갈색이다.

8월 15일 강원도 대성산. 분지 끝은 백색이고 끌 모양

7월 23일 속리산

8월 15일 광릉 임업시험장

단풍사마귀버섯 ○

Thelephora palmata Scopoli ex Fr.

여름과 가을에 혼합림 내 땅 위에 단생 또는 군생하며, 전세계에 분포한다.

자실체는 3~7×2~5cm로 싸리버섯형이며, 많은 분지는 암자색~적갈색이나, 분지 끝은 백색이며 끌 모양이다. 자실층은 분지 표면에 있다. 대는 1~1.5×0.1~0.2cm로 악취가 있다. 포자는 8~12×7~8μm로 광타원형이며, 표면에 뿔 모양의 돌기가 있고, 포자문은 황갈색이다.

9월 16일　　동구릉. 갓 둘레는 백색

갈색깔때기버섯속　*Hydnellum*

자실체는 혁질이고 갓은 깔때기형이다. 대가 있다. 포자는 갈색이고 유구형이며, 표면에는 사마귀가 있다. 지상생.

황갈색깔때기버섯 ○

Hydnellum aurantiacum (Batsch. ex Fr.) Karst.

9월 16일　　동구릉

가을에 침엽수림 내 땅 위에 속생 또는 군생하며, 한국·일본·북반구 온대 이북 등지에 분포한다.

갓은 지름 1~5cm, 높이 2~5cm로 처음에는 콩팥형~부채형이나 후에 편평형~깔때기형이 된다. 갓 표면은 방사상의 주름이 있고 처음에는 황백색이나 후에 등황색을 거쳐 적갈색으로 변하고, 갓 둘레는 백색이다. 자실층은 길이 0.2~0.4cm의 침이 돋아나 있고, 백색을 거쳐 암자갈색이 되고, 조직은 가죽질이고 등황색이다. 대는 2~3×0.4~6.6cm로 표면은 등황색이다. 포자는 5~6μm로 유구형이고, 표면은 사마귀 모양의 돌기가 있고, 포자문은 황색이다.

9월 10일 치악산 구룡사. 갓에 방사상 선과 환문이 있음

9월 10일 치악산 구룡사

고리갈색깔때기버섯 ○

Hydnellum concrescens (Pers. ex Schw.) Banker

가을에 침엽수림 내 땅 위에 속생 또는 군생하며, 전세계에 분포한다.

갓은 지름 1~4cm, 높이 2~4cm로 처음에는 부정원형~부채형이나 후에 편평형~깔때기형이 된다. 갓 표면은 갈적색이며 섬유상의 방사상 선과 환문이 있고, 갓 둘레는 백색이고 톱니상이다. 자실층은 길이 0.1~0.3cm의 침이 돋아나 있고 내린형이고 암갈색이고, 조직은 가죽질이고 얇다. 대는 1~3×0.5~0.7cm로 기부는 팽대하고 표면은 암갈색이다. 포자는 4.5~6×4~5μm로 구형이고, 표면에는 돌기가 있으며, 포자문은 갈색이다.

8월 6일　　서오릉. 자실층은 미로상, 생장시에 혈적색의 수액을 분비

향기갈색깔때기버섯 ●

Hydnellum ferrugineum (Fr. ex Fr.) Karst.

8월 3일　　서오릉

여름과 가을에 산림 속 통나무에 배착성 또는 반배착성으로 발생하며, 한국·일본·중국·유럽·북아메리카 등지에 분포한다.

자실체는 지름 3~9cm로 반구형이며, 갓 표면의 윗면은 평활하고 갈회색이나, 생장부인 갓 둘레는 백색이다. 아랫면의 자실층은 침상~미로상(迷路狀)이고 내린형이며, 처음에는 백색이나 차차 적갈색이 되고 자라면서 혈적색의 수액(水液)을 분비한다. 대는 보통 기주와 융합되어 있다. 포자는 4.5~6×3.5~5μm로 유구형이고, 표면은 사마귀상이고, 포자문은 담갈색이다. 식용불명이다

10월 1일　　설악산. 자실층은 백색 후 회자색이 됨

10월 1일　설악산. 자실층은 짧은 침상

살쾡이버섯속 *Phellodon*

갓은 부정원형이며, 표면은 비로드상이다. 자실층은 침상이다. 포자는 백색이고 유구형이며, 표면에 돌기가 있다. 지상생.

살쾡이버섯 ○

Phellodon melaleucus (Fr. ex Fr.) Karst.

여름과 가을에 침엽수림·혼합림 내 땅위에 군생하며, 한국·일본·유럽·북아메리카 등지에 분포한다.

갓은 지름 2~5cm로 부정원형~오목편평형이며 가죽질이고, 표면은 평활하고 비단상 광택이 있고 회자색~흑색이며, 갓 둘레는 백색이다. 조직은 얇고 가죽질이며 적자색~흑색이다. 자실층의 길이 0.05~0.1cm의 침상 돌기는 처음에는 백색이나 후에 회자색이 된다.대는 1.5~2×0.2~0.3cm로 위쪽이 굵고 표면은 평활하고 흑색이다. 포자는 지름 3~4μm로 구형이며, 표면에 점선이 있고, 포자문은 백색이다.

9월 10일　　치악산 구룡사. 대의 기부쪽은 가늘어짐

노루털버섯속 *Sarcodon*

갓은 나팔꽃형으로, 자실층은 침상이다. 포자는 담갈색이고 유구형이며, 표면에는 돌기가 있다. 지상생.

무늬노루털버섯 ○
Sarcodon scabrosus (Fr.) Karst.

여름과 가을에 침엽수림 내 땅 위에 속생하며, 북반구 일대에 분포한다.

갓은 지름 5~10cm로 평반구형~깔때기형이며, 표면은 담갈색이고 인편상 털이 빽빽이 퍼져 있다. 자실층은 길이 0.7 cm 가량의 침이 돋아나 있으며 회갈색이고, 조직은 고미가 나며 황색~흑색이다. 대는 3~4×0.8~1cm로 기부 쪽으로 차츰 가늘어지고, 기부 근처에 흑람색의 환(環)이 있고, 표면은 회색~담갈색이다. 포자는 5~7×4.5~5.5μm로 유구형이고, 표면은 돌기가 있고, 포자문은 담갈색이다. 식용이 부적당하다.

9월 10일　　치악산 구룡사

9월 6일　　직지사

능이 ● ●

Sarcodon aspratus (Berk.) S. Ito

가을에 활엽수림 내에 군생 또는 단생하며, 한국·일본 등지에 분포한다.

갓은 지름 7~25cm, 높이 7~25cm로 처음에는 편평형이나 후에 깔때기형~나팔꽃형이 되고, 중심부는 대 기부까지 뚫려 있다. 갓 표면은 거칠고 큰 인편이 있고 처음에는 담홍갈색~담갈색이나 차차 홍갈색~흑갈색이 되고, 조직은 담홍백색이다. 자실층은 길이 1cm 이상되는 무수한 침이 돋아나 있고 처음에는 회백갈색이나 후에 담흑갈색이 된다. 대는 3~6×1~5cm로 비교적 짧고 뭉툭하며, 대 기부까지 침이 돋아 있으며 담홍갈색~담흑갈색이다. 포자는 지름 5~6.5μm로 구형~유구형이고, 표면에 불규칙한 돌기가 있고, 포자문은 담갈색이다.

오래 전부터 식용되어 온 귀중한 버섯으로, 특히 육류를 먹고 체했을 때 한방탕제로 이용된다.

◄ 9월 28일　　설악산. 노균

10월 3일　　광릉 임업시험장. 갓 표면은 백색이며 섬유상의 흰 털이 빽빽함

9월 15일　　동구릉

아교버섯과　Meruliaceae

아교버섯속　*Merulius*

자실체는 반배착성이고 갓은 선반형이다. 자실층은 불규칙한 가로 세로 주름이 있다. 포자는 백색이고 원통형이며 비아밀로이드이다. 균사에는 부리상 돌기가 있다. 백색부후성. 지상생.

아교버섯 ○

Merulius tremellosus (Schrad. ex Fr.)

여름과 가을에 활엽수·침엽수의 말라 죽은 나무나 가지에 발생하는 1년생 목재 백색부후균이며, 북반구에 분포한다.

갓은 2~8×1~1.5cm, 두께 0.2~0.3cm로 반원형~선반형이며 반배착성이다. 갓 표면은 백색이나 백색 섬유상 털이 빽빽이 퍼져 있고, 조직은 아교질이나 건조하면 가죽질이 된다. 자실층은 불규칙한 주름살이나 **추형**(錘形)의 관공을 형성하며 반투명하고 담황색~담홍색이다. 포자는 4~5×1~1.5μm로 원통형이며, 표면은 평활하고, 포자문은 백색이다.

9월 22일　　동구릉. 대는 1개, 자실층은 꽃잎의 지면 쪽

7월 21일　　치악산 구룡사

꽃송이버섯과 Sparassidaceae

꽃송이버섯속 *Sparassis*

자실체는 꽃양배추형이다. 자실층은 지면(地面)쪽에 발달한다. 포자는 백색이고 타원형이며 비아밀로이드이다. 갈색부후성. 고목생.

꽃송이버섯 ●

Sparassis crispa Wulf. ex Fr.

가을에 침엽수의 그루터기나 뿌리에 발생하며, 목재 갈색부후균으로 한국·동남 아시아·유럽·북아메리카·오스트레일리아 등지에 분포한다.

자실체는 10~25×10~25cm로 꽃양배추형이고 백색~담황색이며, 자실층은 꽃잎 뒷면에 발달하였다. 대는 2~5×2~4cm로 짧고 뭉툭하고, 기부는 덩이상이며 하나의 대로 되어 있고, 대 조직은 백색이다. 포자는 5~7×3~5μm로 난형~타원형이며, 표면은 평활하고, 비아밀로이드이며 포자문은 백색이다. 식용버섯이다.

7월 26일　동구릉. 갓은 니스상이고 자흑색

7월 17일　서오릉. 주로 침엽수의 밑동에 발생

7월 17일　서오릉. 갓의 생장부는 황색

불로초과　Ganodermataceae

불로초속　*Ganoderma*

갓 표면은 니스상의 광택이 있다. 포자는 갈색이고 표면에는 다수의 돌기가 있고 2중막으로, 절두형(切頭形)이다. 고목생.

자흑색불로초(자흑색영지)

Ganoderma neo-japonicum Imaz.

여름과 가을에 침엽수의 밑동이나 그루터기에 발생하는 근주 백색부후균이며, 한국・일본 등지에 분포한다.

자실체는 불로초와 닮았으나 전체 색은 농흑자갈색이며 니스상의 광택이 있다. 갓은 지름 5~12cm로 콩팥형~원형이고, 표면은 흑자갈색이며 동심상의 환문이 있고, 갓 둘레는 자라는 동안은 백색이다. 자실층은 백색이고 관공은 1층이며, 관공구는 원형이다. 대는 5~25×0.5~1cm로 측심생 또는 중심생이며 가늘고 길다. 포자는 10~12.5×7.5~8μm로 불로초보다 크며 모양이 비슷하다. 약용버섯으로, 신장병에 효능이 있는 것으로 알려졌다.

8월 28일 창경궁. 갓은 니스상이고 적황갈색, 활엽수의 밑둥에 발생

불로초(영지) ●

Ganoderma lucidum (Leyss. ex Fr.) Karst.

여름과 가을에 활엽수의 밑동이나 그루터기에 군생 또는 단생하는 근주백색부후균이며, 한국·중국·일본·북반구 온대 이북 등지에 분포한다.

자실체는 니스상의 분비물이 나와 광택이 난다. 갓은 지름 5~15cm, 두께 1~1.5cm로 콩팥형~원형이며, 표면은 적자갈색이나, 갓 둘레는 자라는 동안 황색이 되고 동심상의 환상 홈이 있고, 조직은 코르크질이다. 자실층은 황백색이고, 관공은 1층이며 길이 0.5~1cm이고, 관공구는 원형이다. 대는 2.5~10×0.5~3cm로 측심생~편심생이며 적색~적갈색이고 광택이 있고 각질화되었다. 포자는 9~11×6~8μm로 난형이며, 꼭대기 부분은 절두형(切頭形)이고 2중막이 있으며, 막 사이에는 돌기가 있다. 포자문은 갈색이다. 불로 장생용 한약재로 사용되며, 인공 재배법이 개발되었다.

7월 19일 서울산업대. 대는 적흑색

8월 6일 창경궁

8월 11일　　치악산 구룡사. 자실층은 백색이고 관공구는 작음

방패버섯과 Scutigeraceae

방패버섯속 *Albatrellus*

자실체는 육질이며, 구멍장이버섯형이다. 대는 편심형 또는 측심형이다. 포자는 백색이고 타원형~구형이다. 주로 침엽수 아래에 발생한다. 지상생(地上生).

회청색방패버섯 (신칭) ●

Albatrellus yasudai (Lloyd) Pouz.

여름에 침엽수림·잡목림·혼합림 내 땅 위에 군생하며 한국·일본 등지에 분포한다.

갓은 지름 2~7cm로 평반구형이고, 표면은 청람색이고, 조직은 백색이며 쓴맛이 있다. 자실층은 백색이고, 관공은 길이 0.2~0.3cm, 관공구는 작다. 대는 4.5~5×0.9~1cm로 원통형이고 중심생이며 백회청색이다. 포자는 4.5~5×4~5μm로 타원형이고, 표면은 평활하고, 포자문은 백색이다. 식용버섯이다.

8월 30일　　홍천 강원대 연습림. 자실층은 백색~담백황색. 관공구는 부정형

꽃방패버섯

Albatrellus dispansus (Lloyd) Canf. et Gilbn.

늦여름부터 가을에 걸쳐 혼합림 내 땅 위에 단생 또는 군생하며, 한국·일본·북아메리카 등지에 분포한다.

자실체는 5~15×4~13cm로 잎새버섯형이며, 작은 잎 모양의 갓이 다수 집합하여 부채형~반원형을 이루고 있다. 표면은 황색이고 미세한 인편이 있고, 갓 끝은 불규칙한 파도형이다. 관공은 길이 0.1cm로 백색이고, 관공구는 매우 작고 원형~부정형이다. 대는 짧고 뭉툭하며, 표면은 회황색이고 불규칙한 홈이 있거나 갈라졌다. 포자는 지름 3.5~4.5μm로 구형이며, 표면은 평활하고, 포자문은 백색이다. 식용불명이다.

8월 30일　　홍천 강원대 연습림, 자실층

6월 22일　　서오릉. 관공구는 타원형이고 방사상으로 배열

6월 11일　　동구릉. 자실층

7월 9일　서울산업대

구멍장이버섯과　Polyporaceae
구멍장이버섯속　*Polyporus*

관공은 다각형(多角形)이며 보통 방사선으로 배열되었다. 포자는 백색이고 타원형이다. 백색부후성. 지상생, 고목생.

좀벌집버섯 ○
Polyporus arcularius Batsch. ex Fr.

여름에 활엽수의 고목이나 그루터기에 군생하는 목재백색부후균이며, 전세계에 분포한다.

갓은 지름 1~5cm로 원형~깔때기형이며, 표면은 황백색~담다색이고 표피(表皮)가 갈라져 생긴 인편이 있으며, 조직은 백색이고 부드러운 가죽질이다. 관공은 길이 1~2cm로 백색이고, 관공구는 1×0.5mm로 타원형이며 방사상으로 배열되어 있다. 포자는 7~9×2~3μm로 장타원형이며, 표면은 평활하고 포자문은 백색이다.

7월 14일 계룡산 갑사. 관공구는 벌집 모양이고 방사상으로 배열됨

벌집버섯 ○

Polyporus alveolarius (DC. ex Fr.) Bond. et Sing.

봄부터 가을에 걸쳐 활엽수의 죽은 가지, 특히 살아 있는 뽕나무에 군생하는 목재백색부후균이며, 전세계에 널리 분포한다.

갓은 2~6×1~6cm, 두께 2~6mm로 반원형~콩팥형이고, 표면은 황갈색이며 미세한 인편이 있고, 조직은 가죽질이며 백색이다. 관공은 길이 1~3mm이며, 관공구는 벌집 모양이고 방사상으로 배열되어 있다. 포자는 7~12×3~4μm로 장타원형이며 표면은 평활하고, 포자문은 백색이다.

6월 8일 오대산 월정사

7월 8일　　경남 내원사. 대는 갈흑색

8월 17일　　치악산 구룡사

겨울우산버섯속 *Polyporellus*

갓 표면은 니스상이고 대는 보통 편심생이다. 포자는 장타원형. 백색부후성. 수상생.

노란대겨울우산버섯 ○ 「Karst. *Polyporellus varius* (Pers. ex Fr.)

봄부터 가을에 걸쳐 활엽수의 부러진 가지 위에 군생하는 목재백색부후균이며, 한국·일본·유럽·북아메리카 등지에 분포한다.

갓은 지름 1~5cm로 불규칙한 신장형~깔때기형이다. 갓 표면은 방사상의 선이 있고 황토색이며, 갓 끝은 파도형이고, 조직은 질기고 백색이나 건조하면 담황백색이 된다. 자실층　관공의 길이는 0.05~0.1cm로 내린형이고 백색~담황백색이며, 관공구는 원형이고 백색이며 4~7개/mm이다. 대는 5~30×0.4~1.2cm로 편심생 또는 측심생이며, 위쪽은 황토갈색, 기부쪽은 갈흑색이다. 포자는 7~9×3~4μm로 타원형~장타원형이고, 표면은 평활하고, 포자문은 백색이다. 균사는 제 2 균사형이다.

10월 12일　　광릉. 자실체 전체가 희고 조류가 번식하는 부위는 녹색

흰살버섯속 *Oxyporus*

반배착성이며 자실체는 육질이고 백색이다. 백색 부후성. 수상생, 재목생.

이끼흰살버섯 (신칭)

Oxyporus ravidus (Fr.) Bond. et Sing.

여름과 가을에 활엽수의 고목에 군생하는 백색부후균이며, 한국・일본・유럽 등지에 분포한다.

갓은 지름 2~4.5cm로 반원형~선반형이며, 생육 중에는 습기가 많아 유연하다. 갓 표면은 털이 있으며 전체가 백색이나 조류가 번식한 부위는 녹색을 띤 희미한 환문이 있고 갓 끝은 톱니상이다. 관공은 백색이고, 관공구는 다각형・원형・거친형 등이고 끝 부분은 거칠다. 포자는 4.5~5.5×3.1~4μm로 타원형이고, 표면은 평활하며, 포자문은 백색이다. 식용불명이다.

9월 29일　　서울산업대. 갓 표면은 갈황색이나 **KOH** 용액으로 보라색이 됨

반달버섯속 *Hapalopilus*

자실체는 반배착성이다. 갓은 낮은 말굽형이고, 표면, 자실층, 조직은 황갈색이나 KOH 용액에 의해 담자색으로 변한다. 포자는 백색이고 타원형이다. 백색부후성. 고목생.

노란반달버섯 ○

Hapalopilus rutilans (Pers. ex Fr.) Karst.

여름에 버드나무·포플러 등의 활엽수나 침엽수의 등걸, 부러진 가지 등에 발생하는 반배착성 목재백색부후균이며, 한국·일본·유럽 등지에 분포한다.

갓은 크기 2~5×1.4~4cm로 조개형~말굽형이며, 표면은 갈황색~황토색이며 KOH 용액에 의해 담자색이 되고, 조직은 코르크질이며 질기고 갈황색이다. 관공은 길이 0.4~1cm이고, 관공구는 원형이고 2~4개/mm이며 갈황색이다. 포자는 4~5×2~3μm로 타원형이고, 표면은 평활하고, 포자문은 백색이다.

8월 23일 동구릉

구름버섯속 *Coriolus*

자실체는 혁질이다. 갓은 반원형이고 중생한다. 포자는 백색이고 원통형~타원형이다. 백색부후성. 고목생.

구름버섯

Coriolus versicolor (L. ex Fr.) Quél.

10월 24일 광릉

봄부터 가을에 걸쳐 침엽수·활엽수의 고목에 군생하는 목재백색부후균이며, 전세계에 분포한다.

갓은 지름 1~5cm, 두께 1~2mm로 반원형이며, 표면은 회색·황갈색·암갈색·흑색 등의 환문이 있고 짧은 털이 빽빽이 나 있으며, 조직은 백색이고 표면의 털 밑에 피층(皮層)이 있다. 자실층은 백색~회백색이고, 관공은 길이 0.1cm이고, 관공구는 원형~다각형이다. 포자는 5~8×1.5~2.5μm로 원통형이고, 표면은 평활하고 비아밀로이드이고, 포자문은 백색이다. 약용 버섯으로 항암제로 이용된다.

9월 24일　　동구릉

송곳니구름버섯 ○

Coriolus brevis (Berk.) Aoshi.

여름과 가을에 활엽수의 고목이나 그루터기에 기와상으로 중생하는 목재백색부후균이며, 한국·중국·일본·오스트레일리아 등지에 분포한다.

갓은 지름 1~3cm, 두께 0.1~0.2cm로 반원형이며, 표면은 담적갈색이고 방사상의 가는 선과 희미한 환문이 있고, 갓 둘레는 갈라져 있다. 조직은 가죽질이고 담홍색이며, 자실층은 길이 0.1~0.2cm의 치아상(齒牙狀) 돌기가 있고 미황색~담홍색이다. 포자는 4.5~6×2~3μm로 타원형이고, 표면은 평활하고, 포자문은 백색이다.

10월 2일　설악산. 갓 둘레의 생장부는 백색

10월 22일　동구릉

8월 10일　치악산 구룡사. 자실층은 치아상 돌기임

8월 27일　　동구릉. 갓은 여러 색의 동심상의 환문이 있음. 자실층은 주름살형

조개껍질버섯속 *Lenzites*

갓은 반원형이고 갓 표면은 털로 된 환문이 있다. 관공은 완전한 주름형이며, 포자는 백색이고 원통형이다. 고목생.

조개껍질버섯 ○

Lenzites betulina (L. ex Fr.) Fr.

여름과 가을에 활엽수·침엽수의 고목이나 그루터기에 중생하는 1년생 목재백색부후균이며, 전세계에 분포한다.

갓은 지름 2~10cm, 두께 0.5~1cm로 조개껍데기형이며, 표면에는 짧은 털이 빽빽이 나 있고 황회색·회갈색·회

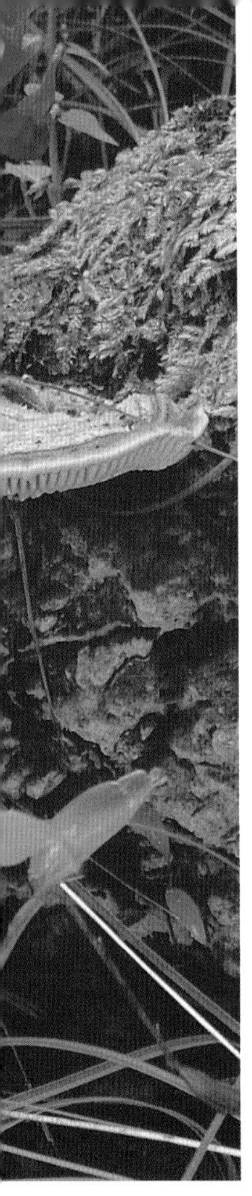

10월 5일　광릉 임업시험장

10월 9일　동구릉

백색 등의 동심상 환문이 여러 개 있다. 조직은 두께 0.1~0.2cm로 백색이고 가죽질이며 표면의 털 밑에 피층이 있다. 자실층은 주름살형이며 백색·황백색·회색 등 다양하다. 대는 없고 갓 일부가 직접 기주에 부착된다. 포자는 4.5~6×2~3μm로 원통형이고, 표면은 평활하고, 포자문은 백색이다.

9월 13일　공릉

7월 2일　　동구릉. 갓 둘레는 생장시에 황색

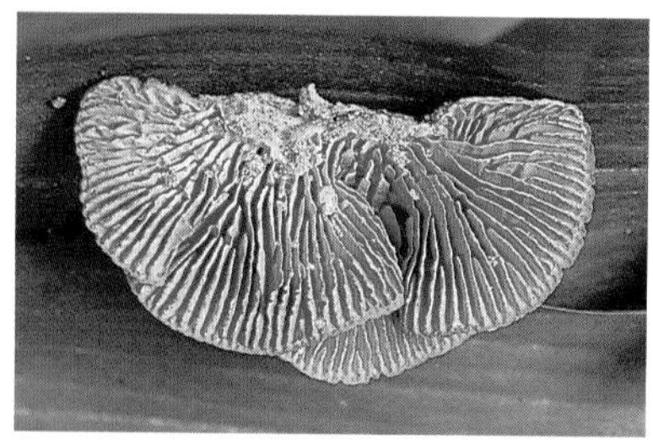

7월 2일　　동구릉. 자실층은 주름살

10월 1일　　동구릉

조개버섯속 *Gloeophyllum*

갓은 반원형이고, 혁질이다. 관공은 주름형이다. 포자는 백색이고 원통형이다. 갈색부후성. 고목생.

조개버섯 ○

Gloeophyllum saepiarium (Wulf. ex Fr.) Karst.

여름과 가을에 침엽수의 그루터기, 나무 토막 등에 중생하는 침엽수 갈색 부후균으로 북반구 온대 이북에 분포한다.

갓은 1~7×1~3cm로 반원형~선반형이고, 표면은 털과 희미한 환문이 있고 황갈색이며, 갓 둘레는 생장할 때에는 황색이며, 조직은 두께 0.1~0.2cm로 가죽질이고 황갈색이다. 자실층은 주름살형이고, 황백색이나 접촉하면 갈색으로 변한다. 포자는 8~10×4μm로 원통형이고, 포자문은 백색이다.

7월 18일　한라산 어리목

미로버섯속 *Daedalea*

자실체는 코르크질이다. 관공은 미로상이다. 포자는 백색이고 구형~원통형이다. 갈색부후성. 고목생, 수상생.

띠미로버섯 ○

Daedalea dickinsii (Berk. ex Cooke) Yasuda

여름과 가을에 활엽수의 그루터기, 쓰러진 나무 등에 발생하는 1년생 목재갈색부후균이며, 아시아에 분포한다.

갓은 크기 3~7×20cm, 두께 1~2.5 cm로 반원형~편평형이고, 표면은 황갈색~오갈백색이며 환구(環溝)와 사마귀 같은 혹이 있으며, 갓 끝은 예리하다. 조직은 코르크질이며, 관공은 길이 0.3~1cm, 관공구는 1~2개/mm이며 미로상(迷路狀)이다. 포자는 지름 3.5~4.3μm로 구형이며, 표면은 평활하고, 포자문은 백색이다.

10월 6일　광릉 임업시험장

10월 3일　광릉. 관공구는 1~2개/mm

10월 22일　　동구릉. 노균

7월 13일　　정릉

1월 23일　　동구릉

11월 11일　　동구릉. 갓 표면은 백색이고 털이 없음. 노균

송편버섯속 *Trametes*

자실체는 반원형이고 조직은 코르크질이다. 자실층은 관공이고 포자는 백색이며 타원형이다. 목재백색부후성. 부후목상생, 고목생.

송편버섯 ○
Trametes suaveolens (L. ex Fr.) Fr.

봄부터 가을에 걸쳐 활엽수의 고목에 군생하는 1년생 목재백색부후균이며, 전세계에 분포한다.

갓은 크기 4~6×5~12cm, 두께 1~3cm로 반원형~평반구형이며, 표면은 백색이고 털이 없고, 조직은 두께 1~2cm로 코르크질이며 백색~담황색이다. 관공은 길이 0.5~1.5cm, 관공구는 원형~각형이며 백색이다. 포자는 8~9×3~5μm로 원통상난형이고, 표면은 평활하고, 포자문은 백색이다.

6월 22일　서삼릉. 관공구는 6~8 개/mm

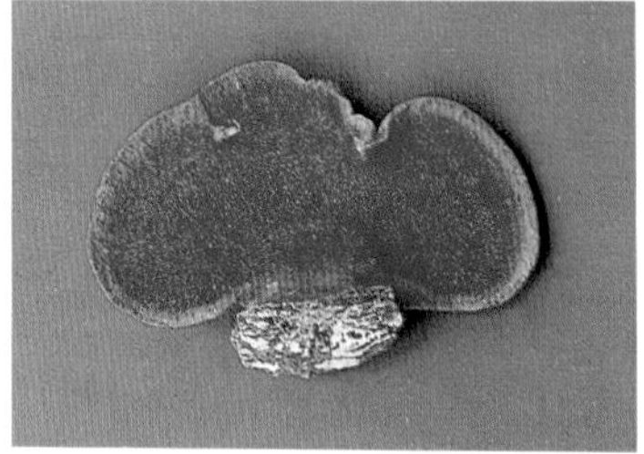

6월 22일　서삼릉. 자실층의 관공

간버섯속 *Pycnoporus*

자실체는 가죽질이다. 갓은 반원형이고 적색이다. 조직은 적색이고 KOH 용액에 의해 흑색으로 변한다. 관공구는 미세하다. 포자는 백색이고 장타원형이다. 백색부후성. 고목생.

간버섯 ○

Pycnoporus coccineus (Fr.) Bond. et Sing.

봄부터 가을까지 활엽수, 침엽수의 고목, 마른 가지에 군생하는 목재백색부후균이며 전세계에 분포한다.

갓은 지름 3~10cm, 두께 0.5cm 이하로 반원형~부채형이다. 갓 표면은 평활하고 희미한 환문이 있으며 선명한 홍등색이고, 조직은 코르크질~가죽질이다. 관공은 0.1~0.2cm로 적홍색이고 관공구는 원형이며 6~8개/mm로 초육안적이다. 대는 없이 기주에 부착되었다. 포자는 4~5×2μm로 장타원형이며 표면은 평활하고 포자문은 백색이다.

8월 20일 서울산업대. 관공구는 3개/mm

주걱간버섯 ○

Pycnoporus cinnabarinus (Jacq. ex Fr.) Karst.

봄부터 가을에 걸쳐 벚나무·참나무 등 활엽수의 고목, 죽은 가지, 나무 등걸 위에 중생하는 반배착성 1년생 목재백색부후균이며, 전세계에 분포한다.

갓은 지름 1~10cm로 반원형~부채형이며, 표면은 거칠고 등적색이며, 갓 끝은 얇고 예리하다. 조직은 가죽질이며 적색이고 KOH 용액에 의해 검게 변한다. 관공은 길이 0.2~0.6cm로 등색이고, 관공구는 0.2~0.3cm로 원형 또는 각형이며 3개/mm이고 적색이다. 포자는 5~6×2~2.5μm로 원통형이고, 표면은 평활하고, 포자문은 백색이다.

8월 20일 서울산업대. 자실층의 관공

8월 15일 서울산업대

10월 3일　　광릉

7월 14일　　장릉

말굽버섯속　*Fomes*

갓은 말굽형~종형이다. 표면은 각피로 덮여 있고, 털이 없고, 환문과 환구가 있다. 포자는 백색이고 장타원형이다. 백색부후성. 고목생, 수상생.

말굽버섯 ●

Fomes fomentarius (L. ex Fr.) Kickx

여름과 가을에 활엽수의 고목, 생나무 등에 발생하는 다년생(多年生) 목재백색부후균이며, 한국·북반구 온대 이북 등지에 분포한다.

갓은 지름 20~50cm(소형은 3~5cm), 두께 10~20cm로 말굽형~종형이며, 표면은 회갈색~회황갈색 바탕에 동심상의 환문과 환구(環溝)가 있고, 조직은 황갈색이고 가죽질이다. 자실층인 회백색의 관공은 여러 층이며, 관공구는 원형이고 3개/mm가 있다. 포자는 16~18×5~6μm로 장타원형이고, 표면은 평활하고, 포자문은 백색이다.

7월 3일　　소금강. 자실층은 생장시에는 백색이나 건조하면 황갈색

잔나비버섯속 *Fomitopsis*

갓 밑면은 황백색이다. 포자는 백색이고 난형, 구형, 또는 타원형이다. 갈색 또는 백색부후성. 고목생, 수상생.

넓적잔나비버섯 ○

Fomitopsis rhodophaeus (Lév.) Imaz.

7월 3일　　소금강. 자실층

여름과 가을에 활엽수의 고목에 발생하는 1~2년생 목재백색부후균이며, 한국·일본·동아열대 등지에 분포한다.

갓은 지름 5~15cm, 두께 1cm로 반원형~편평형이며, 표면은 각피(殼皮)가 있고 적갈색이며, 황갈색~흑갈색의 환문과 환구가 있고 방사상의 주름이 있다. 조직은 목질이며 담황갈색이고, 자실층은 성장하는 동안 백색이고 암갈색의 얼룩이 있다. 관공은 길이 2~4mm로 층상이며, 관공구는 원형이고 담황갈색이다. 포자는 5~6×3~4μm로 타원형~구형이고, 표면은 평활하고 비아밀로이드이고, 포자문은 백색이다.

8월 27일　　광릉. 갓의 생장부는 백색

9월 18일　　임업시험장

벽돌빛잔나비버섯 ○

Fomitopsis insularis (Murr.) Imaz.

봄부터 가을에 걸쳐 침엽수의 생나무, 그루터기, 나무 토막에 중생하는 목재백색부후균으로 한국·일본·타이완·필리핀 등지에 분포한다.

갓은 크기 2.5~5×4~8cm, 두께 1cm로 반원형·부정형·조개형이며, 표면은 평활하고 희미한 환문이 있고 갈적색이며, 갓 둘레는 백색이다. 조직은 두께 0.1~0.3cm로 백색~황백색이며 목질(木質)이다. 관공은 길이 1cm이고, 관공구는 원형이고 미로상이며 백색이다. 포자는 지름 4~5μm로 구형이고 평활하며, 포자문은 백색이다.

10월 19일　광릉. 자실층은 백색이나 담황색이 됨

말굽잔나비버섯 ○

Fomitopsis officinalis (Fr.) Bond. et Sing.

봄부터 가을에 걸쳐 침엽수의 고목에 발생하는 다년생 목재갈색부후균이며, 전세계에 분포한다.

갓은 지름 15cm, 두께 13cm로 말굽형~종형이며, 표면은 얕은 환문이 있으며 황갈색이고, 조직은 백색이며 부서지기 쉽고 쓴맛이 있다. 관공은 길이 1cm로 여러 층이며 백색을 거쳐 담황색이 되고, 관공구는 원형이다. 포자는 5×2.5μm로 타원형이고, 표면은 평활하고, 포자문은 백색이다.

5월 27일　광릉. 유균

10월 19일　광릉

10월 26일 광릉. 생장부는 백색 → 회흑색～회청색이 됨

10월 3일 설악산

소나무잔나비버섯 ○

Fomitopsis pinicola (Fr.) Karst.

여름과 가을에 주로 침엽수의 생나무, 고목, 쓰러진 나무 위에 발생하는 다년생 심재갈색부후균이며, 한국·일본·북반구 온대 이북 등지에 분포한다.

갓은 지름 10～50cm, 두께 20～30cm로 처음에는 반구형이나 차차 편평말굽형이 되고, 표면은 각피가 있으며, 생육부는 백색을 거쳐 차차 회흑색～흑색이 되고 생장 과정을 나타내는 환문이 있다. 조직은 백색이고 목질(木質)이며, 자실층은 황백색이다. 관공은 여러 층이고, 관공구는 원형이며 4～5개/mm가 있다. 포자는 6～8×4～5μm로 타원형이고, 표면은 평활하고, 포자문은 백색이다.

8월 18일 갑사. 갓은 담자홍색~담자색

장미잔나비버섯 ○

Fomitopsis rosea (A. et S. ex Fr.) Karst.

여름과 가을에 활엽수의 고목, 죽은 가지, 그루터기 등에 발생하는 다년생 목재 갈색부후균이며, 동아시아·유럽·북아메리카 등지에 분포한다.

자실체는 너비 2~10cm, 두께 1~3 cm로 선반형~말굽형이고, 표면은 회갈색~자홍색이고 희미한 환문이 있다. 조직은 목질이고 약간 쓴맛이 난다. 관공은 길이 0.5~0.7cm, 관공구는 5~6개/mm로 원형~타원형이고 자주색이다. 포자는 6~7×2.5~3μm로 원통형이고, 표면은 평활하고, 내부에는 1~2개의 유구가 있다. 포자문은 백색이다.

8월 14일 광릉

9월 6일　태릉. 버섯 주위는 포자가 비산하여 적갈색을 띰. 갓 둘레는 생장시는 백색

6월 25일　치악산. 자실층은 황백색

잔나비걸상버섯속 *Elfvingia*

자실체는 반원형 또는 말굽형이다. 관공은 황백색이며 여러 층이다. 포자는 불로초형이며 담황갈색이다. 심재백색부후성(心材白色腐朽性). 고목생, 생목생.

잔나비걸상

Elfvingia applanata (Pers.) Karst.

여름과 가을에 활엽수의 생나무나 고목에 발생하는 다년생 목재백색부후균이며, 전세계에 분포한다.

갓은 매년 생장하여 너비가 50cm가 넘는 것도 있으며 반원형~말굽형이다. 갓 표면은 각피로 덮여 있고 평활하나 환문과 방사상의 주름이 있고, 회갈색~회백색이며 종종 적갈색의 포자가 덮여 있으며, 갓 둘레는 성장하는 동안 백색이고 성숙하면 회갈색이 된다. 조직은 두께 1~5cm로 자흑색이고 코르크질이다. 자실층은 황백색~백색이나 건드리면 갈색으로 변한다. 관공은 여러 층이며 각 층의 두께는 1cm이다. 포자는 8~9×5~6μm로 난형이며, 구조는 불로초형이고, 포자문은 담황갈색이다.

7월 9일　　서울 사당동 3.1 공원. 관공은 부정미로형

유관버섯속 *Abortiporus*

자실체는 가죽질이다. 갓은 반원형 또는 부채형이고 조직은 2층이고 대가 있다. 포자는 백색이고 장타원형이다. 백색부후성. 고목생, 수상생.

유관버섯 ○

Abortiporus biennis (Bull. ex Fr.) Sing.

6월 20일　　한라산 영실

여름과 가을에 활엽수의 그루터기, 등걸, 뿌리 근처에 발생하는 1년생 목재백색부후균이며, 한국·일본 등지에 분포한다.

갓은 지름 3~4cm, 두께 0.5~1cm로 반원형~부채형이며, 표면은 백적갈색이고 약간의 방사상의 부정형 주름과 희미한 환문이 있다. 조직은 백색이며 2층으로 되어 있다. 갓 아랫면의 관공은 부정미로형(不正迷路形)이고, 관공구는 1~2개/mm이며 백홍색이다. 대는 1~5 cm로 부정형이며 중심생·측심생 또는 없으며 갈황색이다. 포자는 4~7×3~5μm로 광타원형이며, 표면은 평활하고, 포자문은 백색이다.

7월 23일 속리산. 자실체 아랫면에 타원형 구멍이 있음

7월 23일 속리산. 구멍 속에 자실층이 있음

한입버섯속 *Cryptoporus*

자실체는 알밤형이고 포자는 백색이고 장타원형이다. 고목생.

한입버섯 ○

Cryptoporus volvatus (Peck) Shear

여름에 침엽수, 특히 소나무의 고목에 군생하는 1년생 균이며, 한국·중국·일본·동남 아시아·북아메리카·유럽 등지에 분포한다.

자실체는 크기 2~4×1~2.5cm로 밤형이며, 표면은 평활하고 황갈색~적갈색이며 광택이 있고, 조직은 가죽질 또는 코르크질이고 백색이다. 아랫면에는 지름 0.4~0.7cm의 타원형 구멍이 있고, 구멍 안쪽에 있는 길이 0.2~0.5cm의 관공은 밖으로 노출되지 않고, 처음에는 백색이나 후에 담황색이 되며, 관공구는 미세하고 원형이다. 포자는 10~13.5×3.5~6μm로 장타원형이고, 표면은 평활하고 포자문은 백색이다. 생선 비린내가 난다.

9월 19일 광릉. 관공구는 육안으로 식별이 곤란함. 기부에 흡반이 있음

메꽃버섯속 *Microporus*

갓은 반원형~콩팥형이고, 표면에는 희미한 환문이 있다. 관공구는 미세하여 육안으로 구별하기 곤란하다. 포자는 백색이고 타원형이다. 백색부후성. 고목생.

메꽃버섯부치 ○

Microporus affinis (Blume et Nees) Kuntze

7월 16일 한라산 어리목. 자실층

여름에 활엽수의 고목 또는 마른 가지에 군생하는 1년생 목재백색부후균이며, 전세계에 분포한다.

갓은 크기 2~6×1~3cm로 반원형~콩팥형이며 얇고 질기고, 표면은 평활하고 광택이 나며 희미한 환문이 있고 담황백색~암적갈색이다. 관공은 길이 0.08~0.1cm로 갓보다 옅은색이며, 관공구는 육안으로 구별하기 어려울 만큼 미세하다. 대는 0.5~2×0.2~0.4cm로 측심생 또는 편심생이고, 표면은 평활하고 황토색이며, 기부에는 흡반(吸盤)이 있어 기주에 부착된다. 포자는 4~5×2 μm로 장타원형이며, 표면은 평활하고, 포자문은 백색이다.

10월 3일　광릉 임업시험장. 갓 표면은 환문과 방사상의 주름이 있음

10월 3일　광릉 임업시험장

도장버섯속 *Daedaleopsis*

자실체는 중생이다. 갓은 반원형이고 갓 표면에는 뚜렷한 환문이 있다. 관공은 주름형, 벌집형, 다각형 등이고, 포자는 백색이다. 백색부후성. 고목생.

도장버섯 ○

Daedaleopsis confragosa (Bolt. ex Fr.) Sing.

여름과 가을에 활엽수의 고목에 군생하는 1년생 목재백색부후균이며, 전세계에 분포한다.

갓은 2~8×1~5cm, 두께 0.5~1cm로 반원형~편평형이다. 갓 표면은 담황갈색~갈색이며 환문과 방사상의 주름이 있고, 갓 둘레는 톱니형이고, 조직은 가죽질 또는 코르크질이며 담황갈색이다. 자실층의 관공은 길이 0.2~0.5cm로 처음에는 갓과 같은 색이나 후에 암회색이 되며, 관공구는 부정형, 또는 긴 벌집상, 주름상이다. 포자는 6~7.5×1.5~2μm로 장타원형이며, 표면은 평활하고, 포자문은 백색이다.

9월 29일　　속초. 갓 표면은 여러 색의 환문과 방사상의 주름이 있음

삼색도장버섯 ○

Daedaleopsis tricolor (Bull. ex Fr.) Bond. et Sing.

여름과 가을에 활엽수의 고목, 마른 가지에 기와상으로 군생하는 1년생 목재백색부후균이며, 전세계에 분포한다.

갓은 지름 2~8cm, 두께 0.5~0.8cm로 반원형~조개형이다. 갓 표면은 흑갈색이나 자갈색의 좁은 환문과 방사상의 가는 주름이 있고, 조직은 두께 0.1~0.2cm로 가죽질이고 회백색~담갈백색이다. 자실층은 주름상이며, 주름살날은 불규칙한 톱니상이고 회백갈색이다. 포자는 7~9×2~3μm로 원통형이며, 표면은 평활하고, 포자문은 백색이다.

11월 11일　　동구릉

삼색도장버섯　8월 27일　　동구릉 ►
(pp. 380~381)

10월 15일　　동구릉. 반배착성, 자실층은 불완전한 주름상

8월 6일　　종묘

10월 18일　　공릉

때죽도장버섯 ○

Daedaleopsis styracina (P. Henn. et Shirai) Imaz.

여름과 가을에 활엽수의 고목에 군생하는 반배착성 목재백색부후균이며, 한국·일본 등지에 분포한다.

갓은 크기 2~4×1~2.5cm, 두께 0.2~0.3cm로 반원형~조개껍데기형이다. 갓 표면에는 흑갈색~흑적색의 좁은 환문과 좁은 방사상의 주름이 있고, 조직은 두께 0.1~0.2cm로 가죽질이며 백색이다. 자실층은 불완전한 주름상과 넓은 미로상의 홈이 있고, 표면은 분말상이고 백색이다. 포자는 유구형이며, 표면은 평활하고, 포자문은 백색이다.

7월 1일　관악산. 갓은 생장시에 황색~선등황색

10월 1일　광릉

덕다리버섯속 *Laetiporus*

자실체는 대형이고 처음에는 육질이나 후에 견고해진다. 포자는 백색이고 타원형이다. 갈색부후성. 고목생, 수목생.

덕다리버섯 ●

Laetiporus sulphureus (Fr.) Murr.

늦은 봄부터 여름에 걸쳐 활엽수의 생나무, 그루터기에 중생하는 1년생 심재 갈색부후균이며, 한국·북반구 온대 이북 등지에 분포한다.

갓은 지름 15~20cm, 두께 0.5~2.5 cm로 반원형~부채형이며 육질(肉質)이다. 갓 표면은 황색~선등황색이며, 갓 둘레는 파도형~갈라진형이고, 조직은 육질이고 백색~담황색이다. 관공은 길이 0.1~0.4cm로 황색이고, 관공구는 각형~부정형이다. 포자는 5.5~7×3.5~4μm로 난형~타원형이며, 표면은 평활하고, 포자문은 백색이다. 유균은 식용이나, 생식하면 중독된다.

8월 19일　강화도 전등사. 갓은 등적색이나 생장하는 부위는 황색

5월 31일　광릉 임업시험장

6월 5일　종묘. 유균

붉은덕다리버섯 ●

Laetiporus sulphureus (Fr.) Murrill var. *miniatus* (Jungh.) Imaz.

봄부터 여름에 걸쳐 침엽수의 고목, 생나무, 그루터기에 중생하는 1년생 심재갈색부후균(心材褐色腐朽菌)이며, 한국·일본·아시아 열대 등지에 분포한다.

갓은 지름 5~20cm, 두께 1~2.5cm로 부채형~반원형이며, 표면은 선홍색~주황색이고, 갓 둘레는 파도형~갈라진형이고, 조직은 육질이고 담홍색이다. 관공은 길이 0.2~1cm로 황갈색이고, 관공구(管孔口)는 원형~부정형이고 황갈색이다. 포자는 6~8×4~5μm로 타원형이며, 표면은 평활하고, 포자문은 백색이다.　유균은 식용이나, 생식하면 중독된다.

9월 3일　　동구릉. 갓 표면에 작은 털과 희미한 환문이 있음

푸른손등버섯속 *Oligoporus*

갓은 반원형이다. 포자는 백색이고 원통형이며 아밀로이드이다. 일반균사에 부리상 돌기가 있다. 다른 특징은 개떡버섯속과 비슷하다. 갈색부후성. 고목생.

푸른손등버섯 ○

Oligoporus caesius (Schrad. ex Fr.) Gilbn. et Ryv.

봄부터 가을에 걸쳐 침엽수·활엽수의 고목, 마른 가지 위에 발생하는 목재갈색부후균이며, 전세계에 분포한다.

갓은 지름 1~7cm, 두께 0.5~2cm로 반원형~부채형이며, 표면은 작은 털과 희미한 환문이 있고, 처음에는 백색이나 후에 오황갈색을 거쳐 청색이 된다. 관공은 길이 0.2~1cm로 처음에는 백색이나 차차 청색을 띠고, 관공구는 원형~각형이며 3~4개/mm이다. 포자는 3.5~4.5×1.5~2.5μm로 원통형이고, 표면은 평활하고 아밀로이드이고, 포자문은 담백청색이다. 균사(菌絲)에는 부리상 돌기가 있다.

7월 21일 광릉

7월 30일 광릉

개떡버섯속 *Tyromyces*

자실체는 중형이고 육질이다. 갓은 반원형이다. 포자는 백색이고 타원형이다. 백색부후성(白色腐朽性). 고목생, 수상생.

주황색개떡버섯

Tyromyces incarnatus Imaz.

여름과 가을에 전나무나 독일가문비나무 등 침엽수의 고목, 생나무 등에 중생하는 1년생 목재백색부후균(木材白色腐朽菌)이며, 한국·일본 등지에 분포한다.

갓은 지름 5~10cm, 두께 1~1.5cm로 반원형~부채형이며, 표면은 장미색이고 희미한 환문과 작은 돌기가 있고 회백색 분말로 덮여 있다. 조직은 연하며 마르면 탄력성이 있고 담홍색이나 장미색이 된다. 관공은 길이 0.4~0.5cm로 장미색이고, 관공구는 원형이고 매우 작다. 포자는 4~5×2~3μm로 타원형이고, 표면은 평활하고, 포자문은 백색이다. 식용불명이다.

10월 12일　광릉 임업시험장

명아주개떡버섯 ●

Tyromyces sambuceus (Lloyd) Imaz.

봄부터 여름에 걸쳐 활엽수의 고목에 중생하는 목재백색부후균이며, 한국·일본 등지에 분포한다.

갓은 지름 10~20cm, 두께 1~3cm로 반원형~편평형이며, 표면은 백색~암갈색의 털이 빽빽이 나 있고 희미한 환문이 있고, 조직은 육질이고 건조하면 백색이다. 관공은 길이 0.3~1.5cm로 갓과 같은 색이고, 관공구는 부정원형~다각형이며 미세하다. 포자는 4~5.5×2~2.5μm로 타원형이고, 표면은 평활하고, 포자문은 백색이다. 유균은 식용한다.

10월 3일　광릉. 건조되었음

10월 3일　광릉 임업시험장

7월 26일　　종묘 . 생장부는 적갈색

해면버섯속 *Phaeolus*

1개의 대 윗부분에 갓을 중생한다. 갓 표면은 비로드상이고 포자는 백색이고 타원형이다. 침엽수갈색부후성. 고목생.

해면버섯 ○

Phaeolus schweinitzii (Fr.) Pat.

여름과 가을에 침엽수의 생나무, 그루터기에 중생하는 목재갈색사각부후균(木材褐色四角腐朽菌)이며, 한국·일본·북반구 온대 이북 등지에 분포한다.

갓은 지름 10~15cm, 두께 0.5~1cm로 반원형~부채형이며, 표면은 갈황색을 거쳐 적갈색~암갈색이 되며 희미한 환문과 비로드상 털이 있고, 조직은 해면질(海綿質)이며 암갈색이다. 관공은 길이 0.2~0.3cm이고, 관공구는 지름 0.1cm로 1~3개/mm이다. 포자는 6~7×4~4.5μm로 타원형이고, 표면은 평활하고, 포자문은 백색이다.

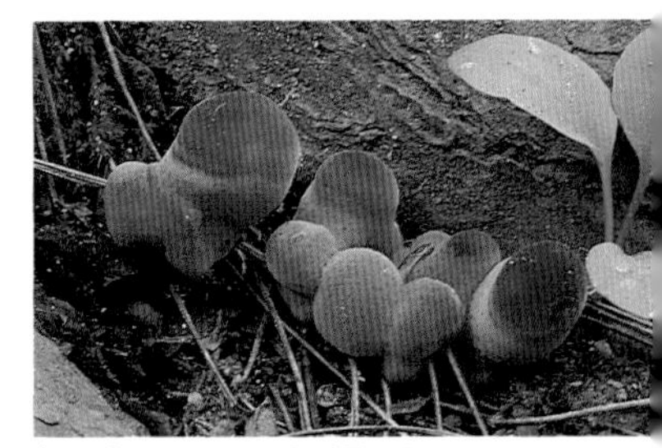

8월 18일　　수원 융건릉. 유균

8월 6일　　종묘. 건조된 것은 갈흑색

7월 26일　　종묘 ►
침엽수의 근부에 발생

7월 10일　서오릉. 갓 표면은 적갈색~흑갈색이나 생장부는 난황색

재목버섯속 *Fomitella*

자실체는 반원형 또는 말굽형이다. 갓 밑면에 관공이 있다. 포자는 백색이다. 근주(根株)백색부후성. 생목생.

아까시재목버섯 ○
Fomitella fraxinea (Fr.) Imaz.

봄부터 가을에 걸쳐 벚나무·아카시아·사과나무 등 활엽수의 생나무의 뿌리 근처에 중생하는 1년생 근주(根株)백색부후균이며, 북반구에 널리 분포한다.

갓은 지름 5~10cm, 두께 0.8~1cm로 반원형이다. 갓 표면은 각피화되었고 적갈색~흑갈색이며, 갓 둘레는 성장하는 동안 난황색이고, 조직은 코르크질이고 담황갈색이다. 관공은 길이 0.3~1 cm이고, 관공구는 6~7개 / mm이며 미세하고 담백황갈색이다. 포자는 5~7×4.5~5.5μm로 난형이고, 표면은 평활하고, 포자문은 백색이다.

7월 13일　정릉

9월 4일　서울산업대 ►

8월 19일 강화도 전등사

8월 19일 강화도 전등사

옷솔버섯속 *Trichaptum*

자실체는 배착성 또는 반배착성이며 중생이다. 갓 표면에는 불규칙한 물결 모양의 환문의 홈이 있다. 자실층은 담홍색이고 관공은 망목상이다. 포자는 백색이고 타원형이다. 백색부후성. 고목생.

기와옷솔버섯 ○

Trichaptum fuscoviolaceum (Fr.) Ryv.

여름과 가을에 전나무・솔송나무 등 침엽수의 고목에 기와상으로 중생하는 1년생 반백착성 목재백색부후균이며, 한국・일본・북반구 등지에 분포한다.

갓은 지름 1~4cm, 두께 0.1~0.3cm로 반원형이며, 표면은 백색~회갈색이며 환문과 거친 털이 있고, 갓 둘레는 톱니상이다. 조직은 두께 0.1cm이고, 자실층은 담자색이며 길이 0.1~0.2cm의 침상 돌기가 방사상으로 배열되어 있다. 포자는 5~7×2μm로 장타원형이고, 표면은 평활하고, 포자문은 백색이다.

7월 15일　　치악산. 자실층은 망목상의 치아상, 담홍색~담자색

옷솔버섯 ○

Trichaptum abietinum (Dicks. ex Fr.) Ryv.

8월 19일　　강화도 전등사

여름과 가을에 소나무·가문비나무 등 침엽수의 고목, 죽은 나무, 마른 가지에 중생하는 반배착성의 1년생 목재백색부후균이며, 북반구 온대 이북에 분포한다.

갓은 지름 1~2cm, 두께 0.1~0.2cm로 반원형~부채형이며, 표면에는 희미한 환문과 짧은 털이 있고 백색~회백색이다. 갓 끝은 톱니상이고, 조직은 아교질의 가죽질이고 담홍색이다. 자실층은 짧고 작은 치아상이고, 관공구는 담홍색~담자색이다. 포자는 5~7×2~3μm로 타원형이고, 표면은 평활하고, 포자문은 백색이다.

8월 26일　　수원 융건릉. 갓 표면에 동심상의 환문이 있음. 갓 둘레는 톱니상

8월 17일　　치악산

겨우살이버섯속 *Coltricia*

포자는 백색~담황색이고 난형~원형이다. 지상생.

톱니겨우살이버섯 ○

Coltricia cinnamomea (Pers.) Murr.

여름과 가을에 혼합림 내 땅 위나 산길, 길가에 군생하며, 전세계에 널리 분포한다.

갓은 지름 1~4cm, 두께 0.15~0.3cm로 원형~깔때기형이다. 갓 표면은 적갈색~황갈색이며 방사상의 섬유무늬와 동심상의 환문이 있고 비단상의 광택이 있다. 갓 둘레는 톱니상이고, 조직은 얇고 가죽질이며 적갈색이다. 관공은 길이 0.1~0.2cm로 황갈색~암갈색이고, 관공구는 다각형이며 크고 1~3개/mm이다. 대는 1~4×0.2~0.4cm로 원통형이며 중심생 또는 편심생이다. 표면은 흑갈색이고 비로드상이며, 기부는 다소 굵다. 포자는 6~7×5~5.5μm로 광타원형이고, 표면은 평활하고, 포자문은 백색이다.

9월 3일　　동구릉. 자실층은 갈회색~회백갈색

줄버섯속　*Bjerkandera*

자실체는 반배착성이다. 포자는 백색이고 원통형~타원형이다. 백색부후성. 고목생.

흰둘레줄버섯 (신칭) ○

Bjerkandera fumosa (Pers. ex Fr.) Karst.

가을부터 초겨울에 걸쳐 활엽수의 고목, 그루터기에 반배착성으로 중생하는 목재백색부후균이며 한국·일본 등지에 분포한다.

자실체는 2.5~2×2~12cm, 두께 0.1~0.8cm로 반원형~선반형이며, 표면은 갈회색~자갈회색이고, 갓 둘레의 생

9월 3일　　동구릉

장부는 백색이다. 자실층의 관공은 회자색이며, 관공구는 원형~각형이고 3~4개/mm이다. 포자는 5~6.5×2.5~3.6μm로 타원형이고, 표면은 평활하고, 포자문은 백색이다.

9월 7일 용문산

소나무비늘버섯과 Hymenochaetaceae

소나무비늘버섯속 *Hymenochaete*

자실체는 반배착성이며 반원형 ~선반형이다. 포자는 타원형이고 백색이다. 백색 부후성. 고목생.

7월 17일 한라산

적황색소나무비늘버섯 (신칭) ○

Hymenochaete cinnamomea (Pers.) Quél.

여름에 활엽수·침엽수의 생나무, 고목의 그루터기, 밑동 등에 배착성(背着性)으로 넓게 발생하며, 유럽·북아메리카·아시아 등지에 분포한다.

자실체는 적갈황색이나, 갓 둘레는 황갈색이며, 표면은 평활하고 기주에 넓게 전개된다. 포자는 5~7.5×2~3μm로 원통형~타원형이며, 표면은 평활하고, 포자문은 백색이다.

7월 6일　　경남 내원사. 자실체는 전배착으로 생장부는 황색

무늬소나무비늘버섯 ○

Hymenochaete yasudai Imaz.

여름과 가을에 활엽수의 생나무, 고목, 그루터기에 반배착성으로 발생하며, 한국・일본 등지에 분포한다.

자실체는 두께 0.05cm로 반원형이고, 표면은 갈회색의 좁은 환문이 있고 중앙부는 분말상의 갈회백색을 띠고 가죽질이며, 갓 둘레는 톱니상이고 생장시에 갓 둘레는 황색이다. 아랫면은 황갈색이고 자실층과 조직 사이에는 강모체(剛毛體)가 있다. 포자는 4.5~5.5×2.5~3μm로 타원형이고, 표면은 평활하고, 포자문은 백색이다.

8월 22일　　동구릉. 갓 둘레는 생장시에 황색

시루뻔버섯속 *Inonotus*

포자는 백색~갈색이고 타원형이다. 백색공부후성. 고목생, 수상생.

기와층버섯 ○

Inonotus xeranticus (Berk.) Imaz. et Aoshi.

여름과 가을에 활엽수의 고목, 그루터기에 중생하는 반배착성의 1년생 목재백색부후균이며, 한국・일본・중국 등지에 분포한다.

갓은 크기 3~10cm, 두께 0.2~0.8cm로 반원형이다. 갓 표면은 갈황색이고 섬유상의 짧은 털과 환문이 있고, 갓 둘레는 선황색이고, 조직은 얇고 가죽질이며 선황색이고 2층으로 되어 있다. 자실층은 황색을 거쳐 황갈색으로 변하며 갈색의 강모체(綱毛體)가 있다. 관공은 길이 0.2~0.3cm이고, 관공구는 원형이다. 포자는 지름 3×4μm로 구형이고, 표면은 평활하고, 포자문은 백색이다.

8월 25일 　서울산업대. 자실층은 생장시에 백회색이나 황갈색이 됨

황갈색시루뻔버섯 ○

Inonotus mikadoi (Lloyd) Imaz.

여름에 활엽수, 특히 벚나무의 고목이나 그루터기에 군생 또는 중생하는 1년생 목재백색 공부후균이며, 북반구 일대에 분포한다.

자실체는 지름 3~5cm로 반원형이나 건조하면 갓 끝은 수축되어 아래로 굴곡되며, 표면에는 거친 털이 빽빽이 나 있고 처음에는 황갈색이나 후에 적갈색이 되며 거친 털도 탈락한다. 조직은 유연하나 마르면 딱딱해지고, 아랫면의 자실층은 생장시에는 백황색이나 담황백색이고 접촉하면 갈색으로 변한다. 관공은 길이 1cm이고, 관공구는 2~3개/mm이다. 포자는 4~6×3~4μm로 유구형이고, 표면은 평활하고, 포자문은 황갈색이다.

7월 19일 　서울산업대. 유균

6월 13일 　전남 대흥사

8월 28일　　종묘. 자실층은 황갈색

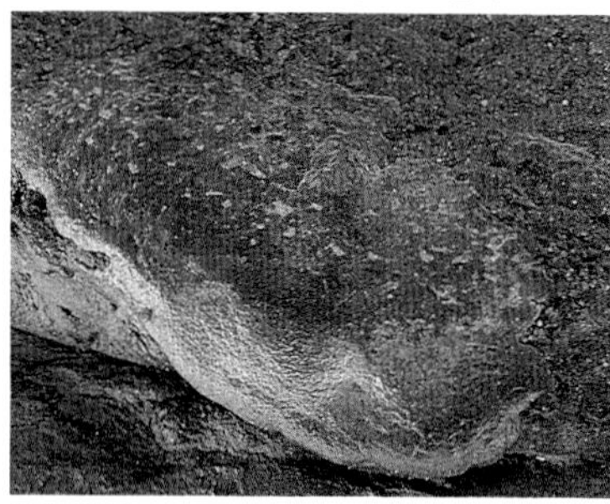

9월 24일　　동구릉

진흙버섯속 *Phellinus*

자실체는 보통 다년생이며, 목질(木質)이 많다. 관공은 단층 또는 여러 층이며, 강모체가 있다. 포자는 백색이고 유구형~타원형이다. 백색부후성. 고목생, 수상생.

찰진흙버섯 ○

Phellinus robustus (Karst.) Bourd. et Galz.

여름에 참나무 등의 활엽수 고목에 발생하는 다년생 목재백색부후균이며, 북반구 온대에 분포한다.

갓은 너비 10~15cm, 두께 10cm 이상이고 말굽형~종형이다. 갓 표면은 얕은 환문이 있고 융기상의 거북등 무늬가 있고 황갈색이며, 갓 둘레는 갈회색이다. 조직은 두께 1~3cm로 황갈색이고, 자실층은 황갈색~암갈색이다. 관공은 다층(多層)이며 각 층의 두께는 0.3~1 cm이고, 관공구는 작고 원형이다. 포자는 6~9×5.5~8.5μm로 유구형이고, 표면은 평활하고 아밀로이드이고, 포자문은 백색이다.

9월 16일　　동구릉. 비늘상의 외피막이 있음

말불버섯과　Lycoperdaceae

말불버섯속　*Lycoperdon*

갓은 구형 또는 서양배형이다. 외피는 돌기상 또는 분말상이고, 내피에는 정공(頂孔)이 있다. 탁실균사는 갈색이다. 분말포자는 갈색이고 구형이다. 지상생, 수상생.

비늘말불버섯 ●

Lycoperdon mammaeforme Pers.

여름과 가을에 혼합림 내 땅 위에 산생하며, 한국・동남 아시아・유럽・북아메리카 등지에 분포한다.

자실체는 3~6×3.5~9cm로 서양배형~전구형(電球形)이며 처음에는 백색이나 차차 황토색이 되고, 외피막은 큰 조각으로 갈라져 비늘상을 이루나 쉽게 탈락하며, 성장하면 정공으로 포자가 분출된다. 기본체는 백색을 거쳐 황갈색이 되고, 탁실균사는 갈색이다. 포자는 지름 4.5~5.3μm로 구형이고 암갈색이며, 표면은 침상돌기가 있다. 식용불명이다.

7월 30일　　영릉

9월 21일 서오릉

10월 2일 강화도 전등사. 돌기는 피라미드형

9월 21일 서오릉. 정공으로 포자를 분출함

말불버섯 ●

Lycoperdon perlatum Pers. ex Pers.

여름과 가을에 길가, 숲 속 풀밭의 부식질이 많은 곳에 산생 또는 군생하며, 전세계에 분포한다.

자실체는 2~8×2~3cm로 구형~원추형이며 처음에는 백색이나 차차 황갈색이 되고, 윗부분에는 피라미드형의 돌기가 무수히 부착되어 있으나 탈락하며, 내피 표면은 망목상이고, 기본체(基本體)는 백색~갈색이며 스펀지상이다. 탁실균사(托室菌絲)가 있고, 내피 위쪽에 있는 정공(頂孔)에서 연기 모양으로 포자를 분출한다. 포자는 지름 3~4μm로 구형이고 갈색이다. 표면에는 미세한 돌기가 있고, 포자꼬리는 없다. 백색 유균일 때 식용한다.

7월 16일　　한라산 어리목. 주로 부후목상에 발생

좀말불버섯 ●

Lycoperdon pyriforme Schaeff. ex Pers.

여름과 가을에 산림의 썩은 나무 토막, 나뭇가지 위에 군생하며, 전세계에 분포한다.

자실체는 3.2~4.5×1.5~3cm로 구형~배형이며, 표면은 백색~황갈색이고 분말상이나 차차 비듬상이 되고 탈락하며, 기본체는 백색에서 황록색을 거쳐 녹갈색으로 된다. 포자는 지름 3~4μm로 구형이고 암록갈색이며 표면은 평활하다. 유균은 식용한다.

9월 5일　　서울산업대

7월 15일　　계룡산 갑사. 대형균

댕구알버섯속 *Lanopila*

대형 또는 초대형균. 유균은 구형이고, 무성기부는 없다. 내피는 불규칙하게 박리되어 포자괴를 보인다. 분말포자는 황갈색이고 구형이며 표면에 가시상 돌기가 있다. 지상생.

댕구알버섯 ●
Lanopila nipponica (Kawam.) Y. Kobay.

여름과 가을에 정원수 아래, 대나무 밭, 산지 등에 발생하며, 전세계에 분포한다.

자실체는 지름 20~45cm로 구형이며, 외피(外皮)는 2층이며 백색이고, 내피는 황갈색~자갈색이고 성숙하면 불규칙하게 파열하여 박리(剝離)되어 포자괴(胞子塊)가 보인다. 기본체는 솜털상이고 처음에는 백색이나 후에 갈색으로 변하고, 무성기부는 없다. 포자는 지름 2~6μm로 구형이고 황갈색~갈색이며, 표면에는 돌기가 있다. 유균은 식용하지만 성숙한 것은 악취가 난다.

7월 23일　　속리산. 노균. 표면에 작은 섬유상 털과 가는 주름이 있음

말징버섯속 *Calvatia*

자실체에는 무성기부가 있다. 분말포자는 구형 또는 타원형이다. 지상생.

말징버섯 ●

Calvatia craniiformis (Schw.) Fr.

여름과 가을에 숲 속 낙엽 위나 부식질의 땅 위에 군생하며, 전세계에 널리 분포한다.

자실체는 6~10×5~8cm로 구형~유구형이며, 외피막은 얇고 담황갈색~회색이며, 내피막은 얇고 황색~담적색이다. 기본체는 백색을 거쳐 황갈색이 되고, 무성기부(無性基部)는 해면질이고 탄력성이 있다. 포자는 지름 3~4μm로 구형이고 담갈색이며, 표면은 미세한 돌기가 있다. 유균은 식용한다.

9월 9일　　치악산 구룡사. 유균

10월 3일　　설악산

9월 14일　　서울산업대. 기본체는 황록갈색

찹쌀떡버섯속(신칭) *Bovista*

자실체는 경단형이고 무성기부가 없다. 연약한 외피와 견고한 내피로 이루어져 있다. 지상생.

찹쌀떡버섯 (신칭) ●

Bovista plumbea Pers. ex Pers.

여름과 가을에 초원, 잔디밭, 목장의 풀밭 등에 군생하며, 한국·유럽·북아메리카 등지에 분포한다.

자실체는 지름 2~4cm로 구형이며, 표면은 백색이고, 외피는 평활하고, 성숙하면 얇게 벗겨져 내피와 황록갈색의 기본체를 노출하며 무성기부는 없다. 포자는 4.5~6.5×3.5~5.5μm로 긴 포자꼬리가 있는 난형이고 담갈색이며, 표면은 평활하다. 식용불명이다.

8월 16일　　서울산업대. 외피막은 갈적색, 내피는 회백색

방귀버섯과　Geastraceae

방귀버섯속　*Geastrum*

외피는 2~3층이다. 포자는 담황갈색이고 구형이며 표면에 사마귀상 돌기가 있다. 지상생.

목도리방귀버섯 ○

Geastrum triplex (Jungh.) Fisch.

여름과 가을에 혼합림 내 낙엽, 부식질의 땅 위에 군생하며, 전세계에 널리 분포한다.

자실체는 지름 3~5cm로 구형이며, 외피는 4~8조각의 별 모양으로 갈라진다. 갈라진 외피는 2층이 되며 안층은 두껍고 육질이고 바깥층은 얇은 피질이다. 회백색의 내피는 포자가 포함된 기본체를 싸고 있고, 위쪽에 있는 정공을 통해 포자를 비산(飛散)한다. 포자는 지름 3.5~4.5μm로 구형이며 암갈색이고, 표면에 침상 돌기가 있다.

9월 14일　　서울산업대

9월 5일　서울산업대. 외피는 6조각으로 갈라졌음

9월 5일　용문산

테두리방귀버섯 ○

Geastrum fimbriatum (Fr.) Fisch.

가을에 산림 내 낙엽이 있는 땅 위에 발생하며, 전세계에 분포한다.

자실체는 지름 1.5~4cm로 구형이며 처음에는 백색이나 차차 황갈색이 되고, 외피는 5~10조각의 별 모양으로 갈라지며, 내피는 지름 1.5~2cm로 유구형이고 백색에서 차차 황갈색으로 변하고 그 속에 있는 기본체는 흑갈색이다. 포자는 지름3~4μm로 구형이고 담홍갈색이며, 표면은 사마귀상의 돌기가 있다.

6월 25일 서울산업대. 포자괴는 처음은 백색이나 자흑색을 거쳐 흑색으로 됨

어리알버섯과 Sclerodermataceae

어리알버섯속 *Scleroderma*

각피는 보통 1층이다. 포자는 흑갈색~자갈색이고 구형이며 표면에 사마귀상 또는 망목상의 돌기가 있다. 지상생.

황토색어리알버섯 ●

Scleroderma citrinum Pers.

여름과 가을에 산림 내 모래땅이나 황무지·정원에 발생하며, 전세계에 분포한다.

자실체는 지름 2~3 cm로 유구형이고, 표피는 단층으로 두께 0.2 cm이며 황토색이고, 절단하면 담홍색이 된다.

6월 25일 서울산업대

기본체(포자괴)는 처음에는 백색이나 자주색을 거쳐 흑색이 되며, 대는 없다. 포자는 지름 8~11 μm로 구형이고 흑갈색이며, 표면은 망목상의 융기가 있다. 독버섯이다.

9월 15일 수원 용주사. 내부에는 백색~황갈색의 소립괴가 있음

8월 26일 수원 용주사

8월 26일 수원 용주사. 절구 모양

모래밭버섯과 Pisolithaceae

모래밭버섯속 *Pisolithus*

자실체는 대가 있다. 포자는 갈색이고 구형이며, 표면에 가시상 돌기가 있다. 지상생.

모래밭버섯

Pisolithus tinctorius (Pers.) Coker et Couch

봄부터 가을에 걸쳐 소나무 숲, 잡목림 내 맨땅 위에 발생하고, 고등 식물과 공생하는 외생균근성균(外生菌根性菌)이며, 전세계에 분포한다.

자실체는 3~7×2~4cm로 유구형이고, 표피는 얇으며 처음에는 황갈색이나 후에 흑색으로 변하며, 아래쪽은 대 모양이고 균사속이 있다. 내부는 검은색이고 백색~황갈색 지름 0.1~0.3cm의 난형의 젤리상 소립괴(小粒塊)가 있고, 이 속에 있는 포자는 갈색을 거쳐 자흑색으로 성숙한다. 포자는 지름 7~12μm로 구형이며 황갈색이고, 표면은 여러 개의 침상 돌기가 있다. 식용불명이다.

4월 21일　울릉도

4월 21일　울릉도. 흑자색의 유균

먼지버섯과 Astraeaceae

먼지버섯속 *Astraeus*

유균은 구형이고, 성숙 후 외피는 6~15조각의 별 모양으로 갈라진다. 포자는 갈색이고 구형이다. 지상생.

먼지버섯 ○

Astraeus hygrometricus (Pers.) Morgan

6월 14일　전남 대흥사

봄부터 가을에 걸쳐 숲 속, 길가의 비탈진 땅 위에 군생하며, 전세계에 널리 분포한다.

자실체는 지름 2~3cm로 유균은 구형~편구형이며, 표면은 회갈색~흑갈색의 균사속이 있으며, 외피는 가죽질, 두꺼운 교질층(膠質層), 백색의 박막층(薄膜層)의 3층으로 이루어져 있으며, 성숙하면 외피가 열개되어 6~10조각의 별 모양이 되고, 습도에 따라 열리고 닫힌다. 기본체가 들어 있는 내피는 유구형이며, 포자는 지름 6~11μm로 구형이고, 표면은 사마귀가 있고 갈색이다. 담자기는 4~8포자를 좌생한다.

8월 10일　　덕유산 무주 구천동. 내부에 백색의 분말괴가 있으나 담황색으로 변함

8월 10일　　덕유산 무주 구천동

8월 10일　　덕유산 무주 구천동. 내부

연지버섯과 Calostomataceae

연지버섯속 *Calostoma*

자실체는 외피 3층과 내피 1층으로 된다. 기본체는 진흙 모양이고, 정공으로 포자를 비산한다. 포자는 백색·타원형이다. 지상생.

연지버섯 ●

Calostoma japonicum P. Henn.

여름과 가을에 길가나 임야 내 땅이 무너진 경사지에 발생하며, 한국·일본 등지에 분포한다.

자실체는 지름 1.5~4cm로 구형이며 담황갈색이고, 인편상의 백색 분말로 덮여 있다. 꼭대기 부분에 별 모양의 홍색의 개구(開口)가 있으나 포자가 성숙하면 담황색이 된다. 뿌리 모양의 가짜 대는 연골질(軟骨質)이고 두부와 같은 색이며, 기부는 균사속으로 되어 있다. 포자는 10~17×6~10μm로 타원형이며 백색이고, 표면은 미세한 돌기가 있다.

7월 21일　　광릉. 소피자는 흑갈색의 바둑알 모양

찻잔버섯과　Nidulariaceae

주름찻잔버섯속　*Cyathus*

자실체는 컵형이고 각피(殼皮)는 3층이다. 내부에 소피자(小皮子)를 형성한다. 포자는 백색이고 장타원형이다. 고목생, 부생.

주름찻잔버섯 ○

Cyathus striatus Willd. ex Pers.

여름과 가을에 유기질이 많은 땅 위, 또는 나뭇가지에 군생하며, 전세계에 분포한다.

자실체는 지름 0.6~0.8cm, 높이 0.8~1.3cm로 역원추형이며, 기부에 짧은 대가 있다. 각피는 3층으로 되어 있고 외피는 갈색의 털로 덮여 있고, 내피에는 회색~회갈색의 조구(條溝)가 있다. 내부에는 바둑돌 모양의 여러 개의 회흑색~회갈색의 소피자(小皮子)가 접착줄로 내피와 연결되어 있고, 소피자 속에 자실층이 발달하여 포자를 만든다. 포자는 16~20×8~9μm로 장타원형이고 백색이며, 표면은 평활하고 두꺼운 막이 있다.

7월 9일　　서울 사당동 3·1 공원. 자실층

7월 9일　　서울 사당동 3·1 공원. 자실층

7월 9일　　서울 사당동 3·1 공원. 자실층

좀주름찻잔버섯 ○

Cyathus stercoreus (Schw.) De Toni

봄부터 가을에 걸쳐 퇴비, 볏짚, 톱밥, 나뭇가지 등에 군생하며, 전세계에 분포한다.

자실체는 0.4~0.6×1cm로 컵형~역원추형이며, 각피는 3층으로 되고 외피는 황갈색 털이 빽빽하고, 기부에는 담갈색의 균사(菌絲)가 있다. 내피는 평활하고 회색이며 광택이 있고, 내부에는 바둑돌 모양의 수십 개의 흑갈색 소피자가 접착줄로 내피와 연결되어 있고, 이 소피자 속에 포자가 있다. 포자는 10~14×6~8μm로 난형이고 백색이며, 표면은 평활하고 두꺼운 막이 있다.

9월 24일　　동구릉. 바둑알 모양의 소피자는 갈색

새둥지버섯과 Nidulariaceae

새둥지버섯속 (신칭) *Nidula*

각피는 1층이고 소피자는 외피막에 둘러싸여 있고 갈색이다. 포자는 백색이고 타원형이다. 고지생(枯枝生), 부후목생.

새둥지버섯 (신칭) ○

Nidula niveo-tomentosa (P. Henn.) Lloyd

여름과 가을에 활엽수의 썩은 나무, 고목, 마른 가지 위에 군생하며, 한국·일본 등지에 분포한다.

자실체는 0.4~0.6×0.9cm로 유균은 유구형이나 성숙하면서 윗부위가 개구하여 역원추형이 된다. 각피는 1층이며 외피는 어릴 때는 약간 짧은 백색털이 빽빽이 퍼져 있으나 후에 황갈색으로 변한다. 내피는 평활하고 갈적색이며 지름 0.5~0.8mm의 소피자도 갈적색이다. 포자는 6~9×4~6μm로 타원형이고 백색이며, 표면은 평활하고 두꺼운 막이 있다.

8월 29일 홍천 강원대 연습림. 두부와 대 사이가 약간 구분이 됨

8월 29일 홍천 강원대 연습림

말뚝버섯과 Phallaceae

뱀버섯속 *Mutinus*

유균은 장난형이다. 두부(頭部)의 표면에는 기본체가 묻어 있다. 포자는 장타원형이다. 지상생.

뱀버섯 ●

Mutinus caninus (Huds. ex Pers.) Fr.

봄부터 가을에 걸쳐 숲 속 낙엽 위, 부식질 땅 위에 군생하며, 한국·아시아·유럽·북아메리카에 분포한다.

유균은 난형이나 성숙하면 크기 7~9×1 cm인 원주상이고 두부와 대의 분화가 없으나 구별이 된다. 자실체는 원통형이고 속은 비어 있고, 자실층과 대 표면에는 많은 홈이 있으며, 자실층은 농적색, 대 아래쪽은 백색, 위쪽은 담홍색이다. 위쪽에 있는 기본체는 암록색 점액으로 악취가 있다. 포자는 3.5~5×1.5~2 μm로 타원형이고 담녹색이다.

6월 21일　　한라산 영실. 암녹색의 기본체가 비에 씻겨져 황색의 갓이 드러남

말뚝버섯속 *Phallus*

자실체 내부에는 한천층이 있고 각피는 3층이다. 기본체는 갓 표면에 있다. 기부에는 뿌리 모양의 균사속이 있다. 포자는 장타원형이다. 지상생, 고목생.

노란말뚝버섯 ●

Phallus costatus (Penzig) Lloyd

여름과 가을에 활엽수의 썩은 나무에 단생 또는 군생하며, 한국·일본·중국 등지에 분포한다.

유균은 백색이고 난형이나 성숙하면 갓과 대가 나와 높이 7~12 cm가 된다. 갓은 3~4.5×2~3 cm로 종형이고 황색~선황색이며, 표면에는 불규칙한 망목상 융기가 있고, 기본체인 암녹색의 점액이 있어서 악취가 난다. 대는 7~12×1.5~2 cm로 원통형이고, 백색~담황색이며 속은 비어 있고, 표면에는 홈 반점이 있으며, 기부에는 백색 대주머니가 있다. 포자는 3.5~4.2×1.5~2 cm로 타원형이고 담녹색이며, 표면은 평활하다. 식용불명이다.

10월 6일　　광릉 임업시험장. 기본체는 암녹색이나 비에 씻겨 내려 없어졌음

말뚝버섯 ●

Phallus impudicus L. ex Pers.

늦은 봄부터 가을에 걸쳐 산림, 정원, 숲 속의 나무 그루터기나 그 주위에 단생 또는 군생하며, 전세계에 분포한다.

유균은 지름 4~6cm로 백색이고 유구형이다. 성숙하면 갓과 대가 나와 높이 9~15cm가 된다. 갓은 지름 3.5~5cm로 종형이고 백색~담황색이며, 표면에는 망목상의 융기가 있고 암녹색의 점액의 기본체가 있어 악취가 나고, 정공은 백색이고 대 위쪽 끝과 연결되어 있다. 대는 길이 5.5~10cm로 원통형이며 백색이고 속은 비어 있다. 표면에는 홈 반점이 있고, 기부에는 백색 대주머니가 있다. 포자는 3.5~4.5×2~2.5μm로 장타원형이고 담녹색이며, 표면은 평활하다. 식용버섯이며, 악취가 나는 기본체를 씻어 버리고 중국 수프에 이용한다.

9월 11일　　광릉 임업시험장. 구형의 유균

9월 12일　　광릉 임업시험장. 유균의 내부

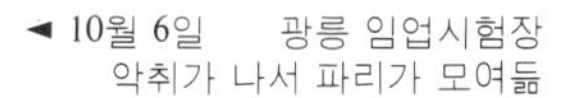

◄ 10월 6일　　광릉 임업시험장
악취가 나서 파리가 모여듦

7월 29일 서울산업대. 기본체는 갈흑색. 악취가 남

7월 29일 서울산업대

붉은말뚝버섯

Phallus rugulosus (Fisch.) O. Kuntze

늦은 봄부터 가을에 걸쳐 숲 속, 밭, 산림 내의 화전, 활엽수의 그루터기에 군생 또는 단생하며, 한국·동남 아시아·타이완 등지에 분포한다.

유균은 2.5~3×2cm로 백색~담자색의 난형이나 성숙하면 갓과 대가 나와 높이 10~15cm가 된다. 갓은 1.5~3.5×0.6~1cm로 종형이고 암적색이며 정공이 있다. 표면은 세로주름이 있고, 기본체인 갈흑색의 점액이 있어서 악취가 난다. 대는 ~15×0.5~1.5cm로 원통형이며, 속은 비어 있고, 무수한 홈 반점이 있다. 대 위쪽은 담홍색, 아래쪽은 백색이며, 기부에는 대주머니가 있다. 포자는 3~4×2~2.5μm로 장타원형이며 황록갈색이고, 표면은 평활하다. 식용불명이다.

8월 15일 광릉 임업시험장

7월 29일 서울산업대. 유균의 내부

8월 15일 광릉 임업시험장

7월 9일　서울산업대

8월 4일　서울산업대. 유균의 내부

8월 20일　서울산업대

망태버섯속 *Dictyophora*

유균은 난형이다. 갓 위쪽에 작은 구멍이 있다. 갓 표면에 망목상의 돌기가 있고 돌기 홈에 점액성의 암록색 기본체가 있다. 포자는 황갈색이고 타원형이다. 지상생.

노랑망태버섯 ●

Dictyophora indusiata Fisch. f. *lutea* Kobayasi

여름과 가을에 침엽수림・활엽수림 내 정원, 아카시아 숲의 땅 위에 단생 또는 군생하며, 한국・일본・동남 아시아 등지에 분포한다.

유균은 지름 3.5~4cm로 난형~구형이고 백색~담자갈색이나 성숙하면 자실체는 10~20×1.5~3cm가 된다. 갓은 2.5~4×2.5~4cm로 종형이고, 꼭대기 부분은 백색이며 정공이 있고, 표면에는 망목상의 융기가 있고 점액화된 암록색의 기본체가 있어서 악취가 난다. 갓 아랫면에는 10×10cm의 황색 망사 스커트상의 균망(菌網)이 펼쳐진다. 대는 백색이고 무수한 홈 반점이 있으며, 기부에 젤라틴질의 대주머니가 있다. 포자는 3.5~4.5×1.5~2.2μm로 타원형이며 황갈색이고, 표면은 평활하다.

식용버섯이며, 냄새나는 기본체를 씻어 버리고 중국 수프에 이용한다.

◄ 7월 30일　서울산업대

9월 4일　여주 영릉. 기본체는 흑갈색, 기부에 뿌리상의 백색 균사속이 있음

바구니버섯과 Clathraceae

세발버섯속 *Pseudocolus*

유균은 난형이다. 기부에 대주머니가 있다. 포자는 백색이고 타원형이다. 지상생.

세발버섯 ●

Pseudocolus schellenbergiae (Sumst.) Johnson

봄부터 가을에 걸쳐 산림 내 부식질의 땅 위에 군생하며, 전세계에 분포한다.

유균은 지름 1~2 cm로 백색이고 난형이나 성숙하면 자실체가 나와 높이 4~7 cm가 된다. 대의 아래쪽은 원통형·백색으로 팔(탁지)보다 짧으며, 속이 비어 있고, 위쪽은 담황색~주황색이고 3~4개의 탁지가 있어 꼭대기 부분은 접합되어 있으며, 탁지 안쪽에는 점액성의 갈흑색 기본체가 있어서 점액화되면 강한 악취가 난다. 포자는 4~5.5×2~3 μm로 장타원형이고 백색이며, 표면은 평활하다. 식용불명이다.

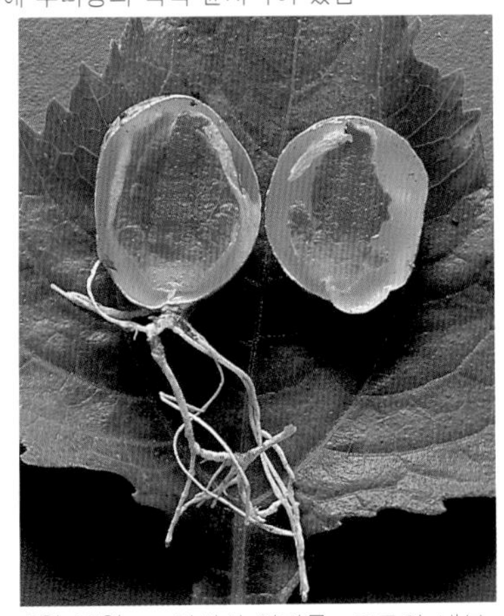

7월 17일　한라산 어리목. 유균의 내부

◄ 8월 12일　선정릉

7월 15일 계룡산 갑사. 윗부분은 2개의 팔이 접합하여 활 모양

발톱버섯속 *Linderia*

유균은 난형이고 백색이며 탁지(팔)는 활형(弓狀)이다.

게발톱버섯

Linderia bicolumnata (Lloyd) Cunn.

여름과 가을에 산림, 정원, 잔디밭 등의 유기질이 많은 땅 위에 군생하며, 한국·일본 등지에 분포한다.

유균은 지름 1~2cm로 난형이고 백색이며, 성숙하면 높이 5~7.2cm의 자실체가 된다. 자실체는 담홍색~등황색이며, 윗부분은 2개의 탁지가 꼭대기 부분에서 서로 접합되어 있고, 내면에는 점액성의 농갈색 기본체가 있어서 악취가 난다. 포자는 3.2~5×1.5~2μm로 타원형이고 담록색이며, 표면은 평활하다. 식용불명이다.

9월 15일　수원 용주사. 표면은 백색이나 접촉시에 황갈색~갈적색으로 됨

알버섯과　Rhizopogonaceae

알버섯속　*Rhizopogon*

자실체는 난형~편구형이고 기본체는 처음은 백색이나 황갈색이 되며 강실 내벽에 자실층이 형성된다. 담자기는 4~8포자를 좌생(座生)한다.

알버섯 ●

Rhizopogon rubescens (Tul.) Tul.

9월 15일　수원 용주사. 내부

봄부터 가을에 걸쳐 해안, 호반 산림, 소나무 숲 내 모래땅에 발생하며, 한국·일본 등지에 분포한다.

자실체는 지름 1~5cm로 난형~편구형이고 지하생(地下生)이다. 표면은 백색이나 건드리면 황갈색~갈적색으로 변하고, 근상(根狀)의 균사속이 있다. 기본체에는 불규칙한 미로상 소실이 있고 처음에는 백색이나 후에 황색~농갈색이 되며 강실(腔室) 내벽에 자실층이 형성된다. 포자는 9~14×3.5~4.5μm로 장타원형이며 백색이고, 표면은 평활 하다. 식용버섯이다.

9월 26일　　여주 영릉. 방사상으로 배열된 긴 젖꼭지 모양의 기본체

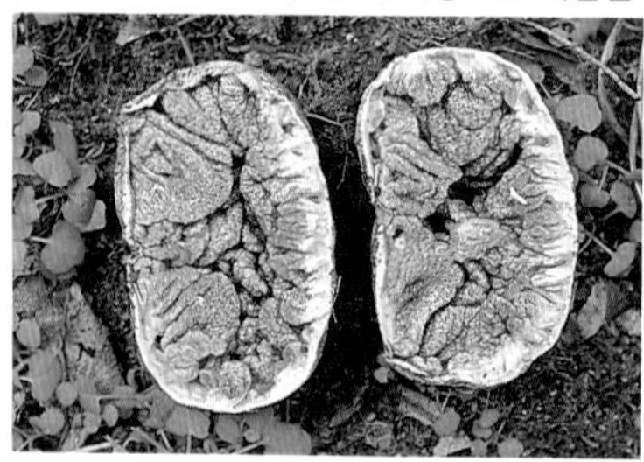

9월 14일　　헌인릉. 내부

원시말뚝버섯과 Protophallaceae

찐빵버섯속 *Kobayasia*

자실체는 감자형의 구근상이다. 각피는 2층이고 외피막은 얇으며 기본체는 젤라틴질~연골질이고 포자는 내부 소실 내벽에 있는 자실층에서 형성된다. 포자는 타원형이며 담자기는 6~8 포자를 형성한다. 지상생.

흰찐빵버섯 ●

Kobayasia nipponica (Kobay.) Imai et Kawam.

가을에 활엽수림 내 땅 위에 발생하며, 한국・일본 등지에 분포한다.

자실체는 지름 3~7cm로 구근상~유구형이고, 외피막은 얇고 담갈백색~담황토색이고, 기부에는 균사속이 있다. 내부의 기본체는 중심부에서 방사상으로 배열된 장유두상(長乳頭狀)의 구획으로 갈라져 그 사이에는 젤라틴질이 차 있으나 액화 후 중심부는 비게 된다. 유두상의 기본체는 다수의 녹색~갈색의 연골질 소실(小室)을 생성하고 그 소실 내벽에 담자기를 형성한다. 포자는 3.5~5×1.8~2.2μm로 타원형이고 암녹색이며, 표면은 평활. 식용불명이다.

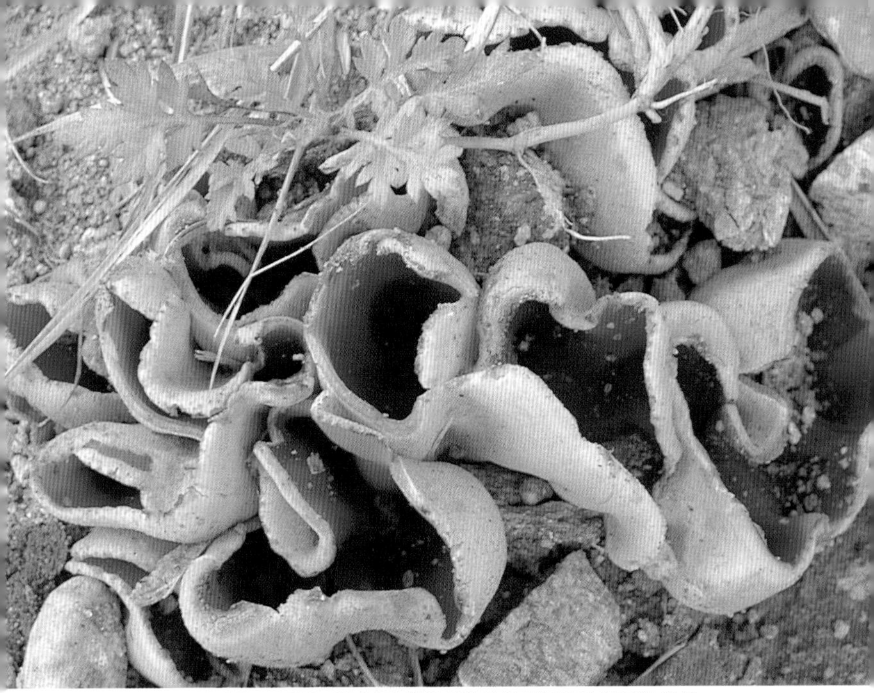

4월 21일　　서울 사당동. 외면은 내면보다 옅은색이고 담백갈색의 인분이 있음

주발버섯과　Pezizaceae

주발버섯속　*Peziza*

자실체(자낭반)는 주발형~컵형이다. 보통 대가 없으며, 요오드에 의해 자낭이 청색으로 변한다. 포자는 백색이고 타원형이다. 지상생, 고목생.

10월 9일　　동구릉

주발버섯 ●

Peziza vesiculosa Bull.

봄부터 여름에 걸쳐 썩은 짚, 숲 속, 밭의 땅 위에 단생 또는 군생하며, 전세계에 분포한다.

자낭반(子囊盤)은 지름 3~10cm로 주발형이며, 다수가 모여 속생하기 때문에 서로 눌려 불규칙하게 비뚤어져 있다. 내면의 자실층은 담갈색이고, 외면은 내면과 같은 색이나 백색 인분(燐粉)이 있어 백색을 띤다. 포자는 20~24×11~14cm로 타원형이며, 표면은 평활하고, 포자문은 백색이다. 식용버섯이다.

6월 2일 서오릉. 내면은 홍황색, 외면은 담황홍색

5월 20일 동구릉

6월 22일 광릉 임업시험장

접시버섯과 Pyronemataceae

접시버섯속 *Scutellinia*

자실체(자낭반)는 처음에는 구형이나 차차 접시형이 된다. 포자는 백색이고 광타원형이다. 고목생, 지상생.

접시버섯 ○

Scutellinia scutellata (L.) Lamb.

여름과 가을에 썩은 나무, 쓰러진 나무, 또는 부식질이 많은 땅 위에 군생하며, 전세계에 분포한다.

자낭반은 지름 0.3~1cm로 구형 접시형이며, 대는 없고 내면 자실층은 홍적색이고, 갓 둘레에는 갈흑색의 긴 강모(剛毛)가 있고, 외면에는 담홍적색의 짧은 강모가 있다. 포자는 20~24×12~15μm로 광타원형이며, 표면은 평활하고, 포자문은 백색이다.

7월 21일 광릉

꽃접시버섯속 *Melastiza*

자실체는 접시형이다. 자실층은 홍적색이다. 포자는 백색이고 타원형이다. 습지상생(濕地上生).

꽃접시버섯 (신칭) *Melastiza* ●

Melastiza chateri (Smith) Boud.

봄부터 여름에 걸쳐 산림 또는 숲 속의 습한 땅 위에 군생하며, 한국·일본 등지에 분포한다.

자낭반은 지름 0.5~2cm로 접시형이고, 내면의 자실층은 홍적색이며, 갓 끝과 외면은 담홍적색이며 짧은 강모가 있다. 대는 없다. 포자는 17~20×9~10μm로 타원형이며, 표면은 망목상이고, 포자문은 백색이다. 식용불명이다.

7월 21일 광릉

8월 28일　　종묘. 대는 땅 속에 묻힘

들주발버섯속 *Aleuria*

자실체는 주발형 또는 접시형이고 육질, 내면은 등적색, 외면은 담등색이며 분말상 털이 있다. 포자는 백색이고 타원형이다. 고목생.

대들주발버섯 ●

Aleuria rhenana Fuckel

여름과 가을에 산림 내 땅 위에 속생하며, 한국·일본·유럽·북아메리카 등지에 분포한다.

자낭반은 지름 2~3cm로 주발형~접시형이며 황등백색이고, 내면의 자실층은 밀랍질이며 등황색~선황색이고, 외면은 내면보다 약간 옅은색이다. 대는 1.5~2.5×0.4~0.6cm로 땅 속에 묻혀 땅 위에 노출되지 않으며, 표면은 담백황색이다. 포자는 18~23×9~12μm로 타원형이며, 표면은 망목상이고 비아밀로이드이며, 포자문은 백색이다. 식용불명이다.

10월 27일　　수원 농기원. 외면은 가루상 털로 덮였음

들주발버섯

Aleuria aurantia (Fr.) Fuckel

여름과 가을에 산림 내 땅 위, 맨땅 위에 군생하며, 전세계에 분포한다.

자낭반은 지름 2~6cm로 주발형~접시형이며, 내면의 자실층은 적등색이고, 외면은 담적등색이고 분말상의 백색 털로 덮여 있고 육질이다. 대는 없다. 포자는 16~22×7~10μm로 타원형이며, 표면은 망목상이고 양끝에 돌기가 있고, 포자문은 백색이다.

10월 27일　　수원 농기원

8월 10일 　덕유산 무주 구천동. 술잔 모양, 대가 있음. 외면은 내면보다 옅은색

8월 10일 　덕유산 무주 구천동

술잔버섯과 Sarcoscyphaceae

술잔버섯속 *Sarcoscypha*

자실체는 주발형이다. 포자는 백색이고 타원형이다. 고목생.

술잔버섯 ○

Sarcoscypha coccinea (Fr.) Lamb.

여름과 가을에 썩은 나뭇가지 위에 군생하며, 전세계에 분포한다.

자낭반은 지름 1～8cm로 찻잔～주발형이며 질긴 육질이다. 내면 자실층은 선홍색이고, 외면은 백색～담홍색이며 가는 털로 덮여 있다. 대는 짧고 중심생이다. 포자는 29～39×9～13μm로 타원형이며, 표면은 평활하고 내부 양쪽에 많은 유구가 있고, 포자문은 백색이다.

7월 14일　　계룡산 갑사. 자실체는 흰 솜털에 덮여 있음

작은입술잔버섯속 *Microstoma*

자실체는 양주잔형이고, 백색 털이 밀집해 있으며 긴 대가 있다. 포자는 백색이고 타원형이다. 고목생.

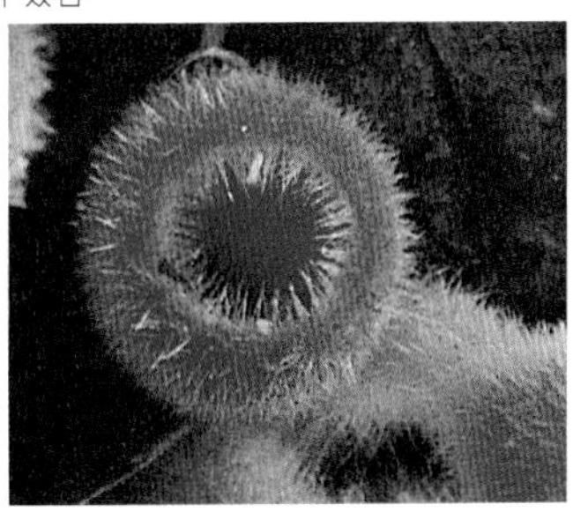

7월 14일　　계룡산 갑사

털작은입술잔버섯 ●

Microstoma floccosa (Schw.) Raitv. var. *floccosa*

여름에 땅에 묻힌 활엽수 가지 위에 속생하며, 한국·일본·미국 등지에 분포한다.

자실체는 지름 0.5~1 cm, 높이 1.3 cm로 컵형이며, 내면의 자실층은 농홍색이고 외면은 홍색이며, 백색의 긴 털이 있다. 대는 0.3~1×0.1~0.2 cm로 표면은 백색이며 가늘고 털이 많이 나 있다. 포자는 23~35×10~14 μm로 장타원형이며, 표면은 평활하고, 포자문은 백색이다. 식용불명이다.

4월 7일　　서울 사당동. 발생한 지 오래 되어 두부가 회흑색으로 변함

곰보버섯과　Morchellaceae

곰보버섯속　*Morchella* Dill. ex Fr.

자실체는 대형이다. 대가 있다. 두부는 융기에 의한 벌집상의 다각형 자실층이 있다. 포자는 백색이고 광타원형이다. 균근성. 지상생.

곰보버섯 ●

Morchella esculenta (L. ex Fr.) Pers. var. *esculenta*

봄에 산림, 정원수가 많은 정원 등의 땅 위에 군생하는 균근성균이며, 한국·일본·중국·유럽·북아메리카 등지에 분포한다.

자실체는 높이 7~9cm, 두부(頭部)는 4~5.6×3.5~4.5cm로 난형~타원형이다. 표면은 황갈색이고 망목상의 융기는 다각형과 비슷하고 융기홈에 있는 자실층은 회갈색이다. 대는 4~5.5×3~2.6cm로 원통형이며 백색~담황백색이고 굴곡이 있으며, 속은 두부까지 비어 있다. 포자는 18~25×10~14μm로 광타원형이며, 표면은 평활하고, 포자문은 백색이다. 식용버섯이다.

◄ 4월 5일　　서울 사당동

7월 23일 속리산, 말안장형

안장버섯과 Helvellaceae

안장버섯속 *Helvella*

자낭반은 안장형 또는 주발형이다. 대가 있다. 포자는 백색이고 광타원형~타원형이다. 내부에 1~2개의 유구(油球)가 있다. 지상생.

7월 23일 속리산

긴대안장버섯 ●

Helvella elastica Bull. ex Fr.

여름과 가을에 정원, 산림 내 땅 위에 단생하며, 한국·일본·유럽·북아메리카 등지에 분포한다.

자실체는 높이 4~10cm이고, 자낭반은 지름 2~4cm로 말안장형이고 담황회백색이며, 표면에는 자실층이 있다. 대는 3.5~10×0.5cm로 원통형이며 담황회백색이다. 포자는 19~22×10~12μm로 타원형이며, 표면은 평활하고, 내부에는 큰 유구가 있고, 포자문은 백색이다. 측사는 실 모양이다. 식용버섯이다.

◀ 9월 16일 동구릉

7월 23일 속리산

7월 6일 경남 내원사

안장버섯 ●

Helvella lacunosa Afz. ex Fr.

여름과 가을에 산림 내 땅 위에 군생하며, 전세계에 분포한다.

자실체는 높이 5~13cm이고, 자낭반은 지름 2~5cm로 불규칙한 안장형이다. 자실층은 표면에 있으며 흑갈색~회흑색이다. 대는 5~10×1~2cm로 표면은 세로홈주름이 있고 담흑색이다. 포자는 15~20×9~12μm로 타원형이고, 표면은 평활하고, 내부에는 큰 유구가 있고 포자문은 백색이다. 측사는 가는 원주상이고 담갈색이다. 식용버섯이다.

10월 26일　광릉 임업시험장

주름안장버섯 ●

Helvella crispa (Scop.) Fr.

여름과 가을에 산림 내 땅 위에 발생하며, 전세계에 분포한다.

자실체는 높이 7~10cm이고, 자낭반은 불규칙한 말안장형이다. 갓 둘레는 파도형이고 담황회색이다. 자낭반의 표면은 울퉁불퉁하며 자낭이 배열되어 있다. 대는 길이 3~6cm로 원통형이며 속은 비어 있고, 표면은 불규칙한 세로홈주름이 있고 백색이다. 포자는 18~21×10~13μm로 광타원형이며, 표면은 평활하고, 내부에는 1개의 큰 유구가 있고, 포자문은 백색이다. 식용버섯이다.

8월 29일　홍천 강원대 연습림

7월 23일 속리산

7월 6일 경남 내원사

긴대주발버섯속
Macroscyphus

자낭반은 주발형. 육질이다. 포자는 타원형이고 내부에 2개의 유구가 있다. 지상생.

긴대주발버섯
Macroscyphus macropus (Pers.) S.F.Gray

가을에 산림 내 땅 위에 단생하며, 한국・일본・북아메리카・유럽 등지에 분포한다.

자실체는 높이 3~6cm이고, 자낭반은 지름 1.5~3cm로 주발형이고, 내면 자실층은 갈색이며, 외면은 담갈색이고 짧은 털이 빽빽이 나 있다. 조직은 육질이다. 대는 3~5×0.2~0.4cm로 원통형이고 표면에는 원형의 함몰부가 있으며, 갓 외면과 같은 색이다. 포자는 20~30×10~14μm로 타원형~방추형이며, 표면에 반점이 있고, 내부에 큰 유구 1개와 작은 유구 1~2개가 있다. 포자문은 백색이다. 식용불명이다.

10월 2일 강화도 전등사. 산불이 난 소나무 숲의 지상에 발생. 생장부는 흰색

땅해파리속 *Rhizina*

자낭반은 땅 위에 펴진다. 대가 없고, 하면에 가근상(假根狀)의 균사속이 있다. 포자는 백색이고 방추형이며 소나무 숲의 불탄 자리에 지상생.

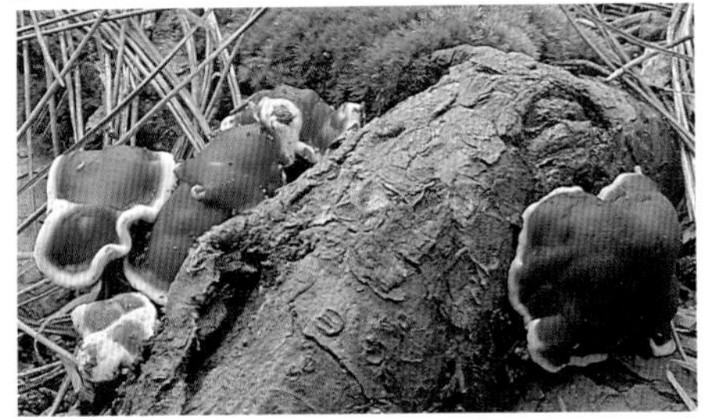

8월 18일 수원 융건릉

파상땅해파리

Rhizina undulata Fr.

여름과 가을에 침엽수림의 불이 난 땅 위에 군생하며, 북반구 온대에 널리 분포한다.

자실체는 지름 3~10cm, 두께 0.2~0.3cm로 쟁반형~구름형이며 땅 위에 넓게 퍼져 있다. 아랫면에는 가근상(假根狀)의 균사속이 있고, 윗면의 자실층은 적갈색이고, 자실체의 둘레는 생장하는 동안은 백색이다. 포자는 30~40×8~10μm로 방추형이고, 표면에 작은 사마귀상 돌기가 밀집해 있으며, 양단에는 방추상 부속기가 있다. 포자문은 백색이다. 식용불명이다.

10월 2일　　설악산. 대는 적갈색 비로드상

콩나물버섯과 Geoglossaceae

넓적콩나물버섯속 *Spathularia*

자실체는 주걱형이다. 포자는 백색이고 가늘고 길며 격막이 있다. 낙엽생.

털넓적콩나물버섯 (신칭)

Spathularia velutipes Cooke et Farlow

가을에 썩은 나무 등걸, 침엽수림 내 땅 위에 단생하며, 북반구 온대・북아메리카 등지에 분포한다.

자실체는 높이 1.5~4.5cm로 부채형~주걱형이고, 두부 표면은 자실층이며 황색이다. 대는 1~4×0.2~0.3cm로 위쪽은 두부 속까지 들어가 있으며, 표면은 짧은 털이 빽빽이 나 있고 암갈황색이다. 포자는 18~39×4~6μm로 사상(絲狀)이고, 많은 격막이 있으며 표면은 평활하고, 포자문은 백색이다.　식용불명이다.

9월 10일　　치악산 구룡사. 대는 두부 속까지 들어가 있음. 갓의 형태가 다양함

넓적콩나물버섯

Spathularia clavata Pers. ex Fr.

가을에 침엽수림 내 땅 위, 낙엽 위에 군생하며, 전세계에 분포한다.

자실체는 높이 3~5cm로 주걱형~나뭇잎형이며, 두부 표면은 자실층이며 담황색이다. 대는 3~5×0.5~1cm로 원통형이며, 대 윗부분은 두부 속으로 들어가 있으며 황갈색이다. 포자는 50~75×2.5~3μm로 가늘고 사상(絲狀)이고, 격막이 있고, 표면은 평활하고 포자문은 백색이다. 식용불명이다.

8월 7일　　덕유산 무주 구천동

9월 28일　　설악산

8월 30일　　홍천 강원대 연습림

투구버섯속 *Cudonia*

자실체는 투구형이다. 포자는 백색이고 실 모양이다. 낙엽생.

투구버섯

Cudonia circinans (Pers.) Fr.

여름과 가을에 침엽수림 내 낙엽 위에 군생하며, 북반구 온대에 널리 분포한다.

자실체는 높이 1.5~6cm, 두부는 지름 0.5~2cm로 자실층인 표면은 뇌상(腦狀)의 구형~안장형이며 담황갈색이고, 두부 둘레는 말린형이다. 대는 1~4×0.4~0.5cm로 원통형이고 담갈색이며, 기부는 팽대하다. 포자는 32~40×2μm로 한쪽이 팽대된 사상형(絲狀形)이며, 표면은 평활하고, 포자문은 백색이다. 식용불명이다.

5월 24일　　서오릉

균핵버섯과　Sclerotiniaceae

균핵버섯속　*Sclerotinia*

갓은 반구형이다. 포자는 백색이고 타원형이다. 수침된 초본과 식물체상생.

별빛균핵버섯 (신칭)

Sclerotinia sclerotiorum (Libert) de Bary

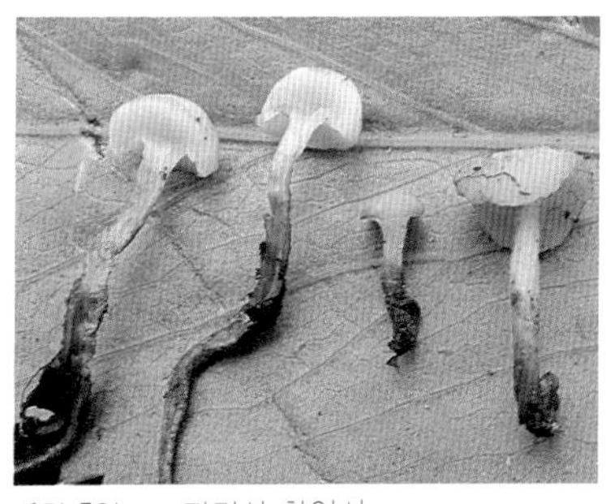

6월 7일　　지리산 화엄사

봄부터 초여름에 걸쳐 물에 살짝 잠긴 풀의 마른 가지에 산생 또는 속생하며, 한국·유럽 등지에 분포한다.

자낭반은 지름 0.3~0.6cm로 평반구형이며 아랫면과 자실층인 윗면은 평활하고 반투명하며 담황갈색이다. 조직은 육질이고 담황갈색이다. 대는 0.5~2×0.05~0.1cm로 원통형이며, 표면은 반투명하고 미세한 박편이 있고 담황갈색이다. 기부는 흑색이며 균핵을 형성한다. 포자는 10~11×5μm로 타원형이며, 표면은 평활하고, 포자문은 백색이다.

8월 9일　덕유산 무주 구천동. 두부는 청록색~녹황색이나 차차 농청록색이 됨

두건버섯과 Leotiaceae

두건버섯속 *Leotia*

갓은 주먹 모양의 구형이다. 포자는 백색이고 방추형이다. 낙엽생.

연두색콩두건버섯

Leotia lubrica (Scop.) Pers. ex Fr. f. *lubrica*

여름과 가을에 산림내 땅 위에 군생하며, 전세계에 분포한다.

자실체는 높이 2~6cm이고, 자낭반은 지름 0.3~1.5cm로 유구형이고 자실층인 표면은 녹황~청록색. 대는 3~5×0.2~0.5cm로 원통형이고 등황색이다. 포자는 18~24×5~6μm로 방추형이고, 격막이 있으며, 표면은 평활하다. 포자문은 백색이다. 식용불명이다.

9월 9일　　치악산 구룡사

콩두건버섯

Leotia lubrica Pers.

여름과 가을에 산림 내 썩은 낙엽 위에 군생하며, 전세계에 분포한다.

자실체는 높이 3~6cm, 자낭반은 지름 0.5~1.5cm로 주먹상의 구형이고 자실층인 표면은 황갈색~황록색 육질이다. 대는 2~5×0.5~1cm로 원통형이며 등황색이다. 포자는 20~25×5~6μm로 장방추형이며 격막이 있고, 표면은 평활하다. 포자문은 백색이다. 식용불명이다.

8월 19일　강화도 전등사. 기주에 백색 균사를 전개시킴. 나무 토막에 군생

7월 21일　광릉. 낙엽 위에 발생

7월 21일　광릉

황고무버섯속 *Bisporella*

갓은 역원추형이다. 대개 짧은 대가 있다. 포자는 백색이고 타원형이다. 고목생.

황색고무버섯 ○

Bisporella citrina (Batsch.) Korf et al.

여름과 가을에 활엽수의 죽은 가지나 고목 위에 군생하며, 한국·일본·유럽 등지에 분포한다.

자낭반은 지름 0.1~0.5cm로 짧은 대가 있는 쟁반형~접시형이며, 외면과 자실층인 내면은 평활하고 선황색~황색이나 둘레는 황갈색이고 대는 짧고 중심생이며 기부쪽으로 가늘어진다. 포자는 8~12×3~3.6μm로 타원형이며, 표면은 평활하고 2개의 유구와 1개의 격막이 있고, 포자문은 백색이다.

10월 5일　광릉 임업시험장. 속생하고 있음

짧은대꽃잎버섯속 *Ascocoryne*

자실체는 술잔형이고 육질이다. 포자는 백색이고 방추형이다. 습고목생.

짧은대꽃잎버섯

Ascocoryne cylichnium (Tul.) Korf

봄부터 여름에 걸쳐 물에 잠긴 썩은 나무나 고목, 이끼가 많은 지상에 속생하며, 전세계에 분포한다.

자실체는 지름 0.5~2cm로 홍백자색이며 컵형~접시형이고, 여러 개가 속생하여 겹꽃잎형을 이루며, 둘레는 파도형이다. 조직의 내부에는 젤라틴층이 있다. 포자는 22.5~28×5~6μm로 방추형(紡錐形)이고, 표면은 평활하며 여러 개의 격막이 있고, 포자문은 백색이다. 식용불명이다.

10월 5일　광릉 임업시험장. 단생하고 있음

5월 20일　　동구릉. 자실체는 역원추형

7월 23일　　속리산

7월 12일　　서오릉

고무버섯속 *Bulgaria*

자실체는 성숙하면 역원추형이다. 포자는 암갈색이고 타원형이다. 고목생.

고무버섯 ●

Bulgaria inquinans Fr.

여름과 가을에 활엽수의 그루터기, 통나무 등에 군생하며, 전세계에 널리 분포한다.

자실체는 지름 2~4cm, 높이 1~2.5 cm로 처음에는 구형이나 차차 역원추형이 된다. 자실층인 윗면은 약간 오목하고 흑갈색이며, 아랫면은 농갈색이다. 조직은 젤라틴질이며 탄력이 있고 담갈색이다. 포자는 10~17×6~7.5μm로 타원형이며, 표면은 평활하고, 포자문은 갈색이다. 식용버섯이다.

10월 2일　　설악산. 기주가 청색으로 물들었음

살갗버섯과 Dermateaceae

녹청균속 *Chlorociboria*

자실체는 술잔형이고 포자는 백색이고 타 원형~방추형이다. 부목생, 고목생.

8월 8일　　덕유산 무주 구천동

녹청균 ○

Chlorociboria aeruginosa (Fr.) Seaver ex Ram. et al.

봄부터 가을에 걸쳐 활엽수의 썩은 나무 위에 군생하며, 착생(着生)된 나무는 청록색으로 염색된다. 북반구 온대에 널리 분포한다.

자낭반은 지름 0.2~0.5cm로 술잔형~접시형이며, 자실층인 내면은 청록색이고 외면은 털과 과립이 있으며 청록색이다. 대는 짧고 중심생이다. 포자는 10~14×1.5~3μm로 장방추형이고, 표면은 평활하며, 포자문은 백색이다. 고대 유럽에서는 가구 목재 염색에 사용했다.

9월 15일　　수원 융건릉

8월 15일　　광릉 임업시험장

9월 22일　　동구릉. 사슴뿔형, 자실체의 끝은

육좌균과 Hypocreaceae

사슴뿔버섯속 (신칭) *Podostroma*

자좌는 원통형으로 위쪽은 가늘어져 곤봉상 또는 산호형, 사슴뿔형이다. 지상생.

뾰족하지 않음

붉은사슴뿔버섯 (신칭)

Podostroma cornu-damae (Pat.) Boedijn

여름과 가을에 산림 내 썩은 나무 그루터기 주변이나 땅 위에 단생 또는 군생하며, 한국・일본 등지에 분포한다.

자실체는 1~3×0.7~1.4cm로 원통형이나 분지되어 사슴뿔형 또는 석순(石筍)형이 되기도 하며, 꼭대기 부분은 보통 둥글다. 표면은 적등색이고, 조직은 백색이며, 윗면의 외피층에 자낭각이 파묻혀 있다. 식용불명이다.

10월 2일　　강화도 전등사

알보리수버섯속 *Nectria*

자좌(子座)가 수피(樹皮)를 뚫고 그 위에 나자각(裸子殼)을 군생한다. 포자는 백색이고 타원형이다. 고목생, 사목생.

10월 2일　　강화도 전등사. 유균, 분홍색의 자좌

알보리수버섯 ○

Nectria cinnabarina (Tode ex Fr.) Fr.

여름과 가을에 활엽수의 쓰러진 나무나 부러진 가지 위에 자좌(子座)가 나무껍질을 뚫고 나와 그 위에 나(裸) 자낭각을 발생하며, 전세계에 분포한다.

자낭각(子嚢殼)은 지름 0.2~0.4cm로 구형~난형이고 적홍색이며, 담홍색~산호색의 방석 같은 자좌에서 적홍색이고 지름 0.3~0.5mm인다수의 자낭각이 발생하고, 그 속에 자낭이 배열되어 있다. 포자는 12~25×4~9μm로 원통상 타원형이며, 표면은 평활하고 1개의 격막이 있고 백색이다.

7월 6일 속리산. 2개의 자실체가 발생

9월 10일 치악산 구룡사. 대는 흑갈색 철사 모양

동충하초과 Clavicipitaceae

동충하초속(冬蟲夏草屬) *Cordyceps*

자실체 두부의 외피층에 자낭각을 매몰 또는 반매몰하고 있다. 인시류의 번데기에 상생.

노린재동충하초 ●

Cordyceps nutans Pat.

여름과 가을에 산림 내 낙엽이나 노린재류의 성충에 기생하여 발생하며, 한국 · 일본 · 중국 · 아열대에 분포한다.

자실체는 높이 5~17cm, 두부는 4~7×0.1~0.3cm로 장타원형이고, 표면은 등황색이며 평활하고, 자낭각은 두부의 외피층(外皮層)에 매몰되어 있다. 대는 1~10×0.1cm로 철사형이며 흑색~흑갈색이고 성충의 목에서 구부러져 발생한다. 포자는 10~14×1.5μm로 원통형이고, 표면은 평활하고, 포자문은 백색이다. 약용버섯이다.

7월 6일 속리산

8월 21일　광릉. 3개의 자실체가 발생

9월 5일　여주 영릉. 자낭각은 과립상

7월 23일　속리산

동충하초

Cordyceps militaris (Vuill.) Fr.

여름과 가을에 산림 내 낙엽, 땅 속에 묻힌 인시류의 번데기, 유충(幼蟲) 등에 기생하여 단생 또는 속생하며, 전 세계에 분포한다.

자실체는 높이 3~6cm로 곤봉형이며, 1개의 번데기의 머리 부분 또는 가슴 부분에서 1~4개의 자실체가 발생한다. 두부는 1~2×0.5cm로 방추형~원통형이며 등적색이고, 반매몰성인 자낭각으로 표면은 과립상(顆粒狀)의 작은 돌기상이다. 대는 3~4×0.3 ~0.5cm로 표면은 평활하고 등황색이다. 포자는 4~6×1μm로 원통상 방추형이며, 표면은 평활하고, 포자문은 백색이다. 약용 버섯이다.

10월 5일　　광릉 임업시험장. 흰가루상의 분생자

10월 7일　　동구릉

눈꽃동충하초속 (신칭) *Isaria*

자실체는 분생자를 형성하는 분생자병속(分生子柄束)이며 윗부분에 분말상의 자실층이 있다. 인시류의 번데기에 상생.

눈꽃동충하초 (신칭)

Isaria japonica Yasuda

가을에 숲 속 낙엽 속의 인시류(鱗翅類)의 번데기에 기생하여 발생하며, 한국・일본・네팔 등지에 분포한다.

자실체는 높이 1~4cm로 산호형이며, 황갈색의 분생자병속(分生子柄束)과 산호형의 두부로 이루어지고, 그 두부에는 흰 눈꽃이 만발한 듯한 분말상의 백색 분생자가 덮여 있다. 약용버섯이다.

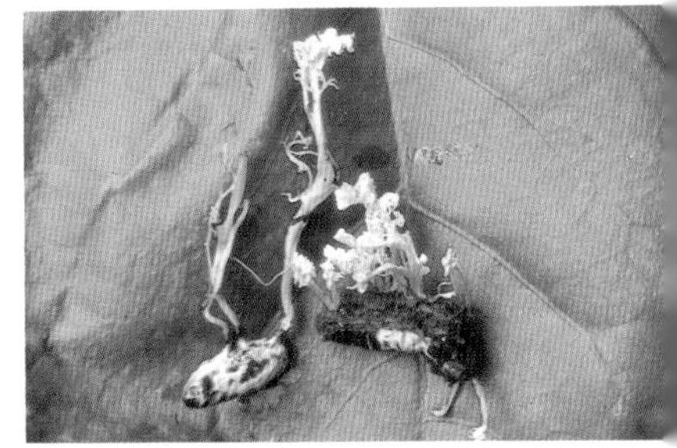

8월 29일　　마곡사

7월 14일　　계룡산 갑사

콩꼬투리버섯과 Xylariaceae

콩꼬투리버섯속 *Xylaria*

자실체는 목탄질이다. 포자는 흑색~흑갈색이고 방추형~콩형이다. 백색부후성. 열매생, 고사목생, 생목생.

젓가락콩꼬투리버섯 ○
Xylaria carpophila (Pers.) Fr.

가을에 숲 속 낙엽 속에 묻힌 열매 위에 군생하며, 한국·북반구 온대 이북 등지에 분포한다.

자실체는 3~5×0.1cm로 끝이 뾰족한 곤봉형이며, 두부는 뿔형이며 과립상의 돌기로 덮여 있고 흑갈색이나 유체(幼體)는 선단이 난형의 회백색 분말로 덮여 있다. 자낭각은 두부의 표층(表層) 조직 내에 묻혀 있고 구형이며 지름 0.5mm로, 표면에 점상으로 공구(孔口)를 연다. 대는 가늘고 짧은 털이 있으며, 내부의 수층(髓層)은 백색이다. 포자는 10~12×2.5~3μm로 장방추형이며 흑갈색이고, 표면은 평활하고 한쪽이 넓적하다.

7월 16일　　치악산 구룡사

콩꼬투리버섯 ○

Xylaria hypoxylon (L. ex Hook.) Grev.

여름부터 겨울에 걸쳐 산림 내 고목 위에 단생하며, 전세계에 분포한다.

자실체는 3~8×0.5~1cm로 나뭇가지형이고 흑갈색이고 목탄질(木炭質)이며, 표면에는 사마귀가 있으며 그 속에는 자낭이 들어 있는 자낭각이 있다. 포자는 12~14×5~6μm로 콩형이며, 표면은 평활하고 흑색이다.

7월 23일　속리산. 나무 토막에 발생

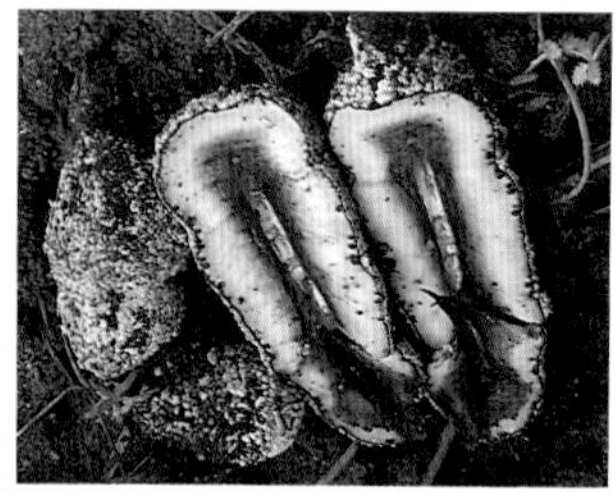

10월 5일　광릉 임업시험장. 내부

8월 9일　덕유산

다형콩꼬투리버섯 ○
Xylaria polymorpha (Pers.) Grev.

여름과 가을에 활엽수의 고목, 생나무의 그루터기 뿌리 근처에 군생하는 목재백색부후균이며, 전세계에 분포한다.

자실체는 2~8×1~3cm로 방망이형이며 흑색이고 목탄질이다. 내부의 수층은 백색이고, 자낭각은 표층 조직 내에 묻혀 있으며 표면에 점상으로 공구(孔口)를 연다. 포자는 20~30×6~8μm로 방추형이고 갈색이며, 한쪽 면이 넓적하다.

7월 13일　　정릉. 열매 껍질에 발생

실콩꼬투리버섯 (신칭) ○

Xylaria filiformis (A. et S. ex Fr.) Fr.

여름과 가을에 초본류·양치류의 사체(死體)·열매 껍질에 군생하며, 한국·유럽 등지에 분포한다.

자실체는 3.8×0.05~1.5cm로 장방추형이며 분지하지 않고, 표면은 흑색이고, 윗부분은 백색이나 그 끝은 갈색이다. 자낭각은 약간 두툼한 윗부분에 있다. 포자는 12.5~17×5~6.5μm로 타원형이고 흑갈색이며, 표면은 평활하고 한쪽이 넓적하다.

7월 18일　　제주도 한라산

7월 21일　　광릉. 내부

6월 11일　　동구릉

콩버섯속 *Daldinia*

자실체는 반구형이고 목탄질이다. 포자는 갈색이고 타원형이다. 고목생.

콩버섯 ○

Daldinia concentrica (Bolt.) Ces. et de Not.

여름과 가을에 활엽수의 고목, 그루터기에 군생하며, 전세계에 분포한다.

자좌는 지름 1~3cm로 반구형이며, 표면은 담갈색~흑갈색이다. 내부의 수층은 코르크질이며 회갈색~암갈색이고, 너비 0.1cm의 간격으로 배열된 동심원상의 흑색 환문이 있다. 흑색의 목탄질(木炭質)인 표층에는 장타원형의 자낭각이 매몰되어 표면으로 공구를 연다. 포자는 10~12×5~6μm로 광타원형이고 암갈색이며, 표면은 평활하고 한쪽이 넓적하다.

분홍콩점균 ▶

부록

점균류(粘菌類)

자연계에 존재하는 200여 만 종의 생물 중 균류는 9만여 종이며 이 균류는 진균류와 점균류로 나누어지는데 Ainsworth에 의하면 점균류는 지금까지 약 450종이 있다고 하며 그 중 대표적인 것이 진성점균류다.

진성점균류의 생활사를 살펴보면 포자는 발아하여 편모(鞭毛)세포 또는 아메바세포로 전환되고 증식하여 세포끼리 결합하여 접합자(接合子)가 형성된다. 이 접합자가 다수 융합하고 증식하여 영양체인 변형체(變形體, plasmodium)로 이행된다. 이 변형체는 아메바상으로 세포벽을 갖지 않고 있으며 핵분열하여 생긴 다핵(多核)의 덩어리다. 운동은 불규칙한 현상으로 습윤한 물체 표면을 흐르는 것같이 원형질유동(原形質流動)으로 이동하여 세균, 곰팡이, 효모 등의 미생물이나 유기물을 흡착하여 섭식한다. 어느 시기가 되어 환경 조건이 적합하면 변형체의 일부가 돌연 위쪽으로 뻗어서 자실체를 만들고 포자낭 속에는 많은 포자가 형성된다. 통콩점균목(Liceales), 갈적색털점균목(Trichiales), 망사점균목(Physarales), 자주색솔점균목(Stemonitales), Echinosteliales목이 여기에 속한다.

점균류에는 진성점균류 외에 원생점균류, Acrasia형 세포성점균, Dictyo형 세포성점균, 기생점균, Labyrinthula류가 있다.

원생점균류는 산호점균목(Ceratiomyxales)이 대표적이며 생활사는 진성점균과 비슷하다. 그 변형체는 사상족(絲狀足)을 만들고 자실체는 섬유질성의 가늘고 속이 빈 대가 있으며 그 위쪽에 1~8개의 포자를 형성한다.

Acrasia형세포성점균의 자실체, 대세포, 포자는 세포성이며 Acrasia목이 여기에 속한다. 포자는 발아하여 편모가 없는 단세포의 점액아메바(myxamaeba)로 되고 이것이 모여 집합체를 이룬 다음 민달팽이와 유사하게 전환되어 위쪽에 포자낭병을 뻗으며 그 선단에 포자를 형성한다.

Dictyo형 세포성점균의 생활사는 포자가 발아하여 아메바성세포가 되어 증식한 후 이 아메바가 세포 융합 없이 집합하여 다수의 단핵(單核)세포에서 이루어지는 일종의 조직체인 위변형체(僞變形體, pseudoplasmodium)를 형성한다. 이 위변형체를 이동체(移動體)라고도 하며 이것의 앞부분 세포는

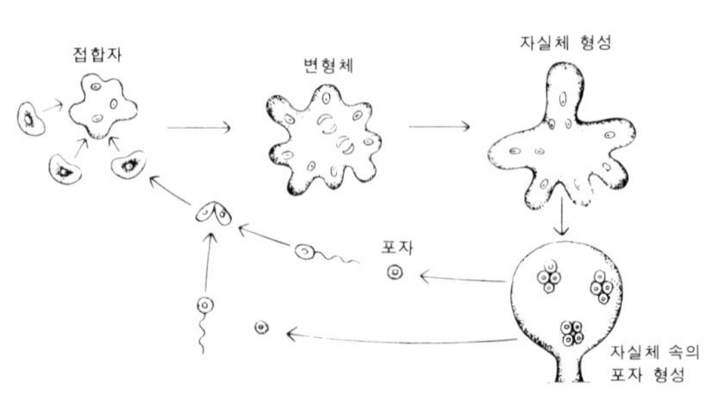

진성점균류의 생활사

자실체의 대세포, 뒷부분 세포는 포자를 형성한다. Dictyosteliales목이 여기에 속한다. Labyrinthula류에는 Labyrinthulales목과 Thranstochitriales목이 있으며 조류와 해양피자식물체의 표면에서 생활하고 있다. 포자가 발아하면 측면에 2개의 편모(鞭毛, flagella)가 있는 세포가 된 후에 방추형세포로 변한다. 이 세포에서 외형질(ectoplasm)이 자루 모양으로 되고 융합하여 외형질망(ectoplasm network)이 형성된다. 그 내부에 있는 방추형 세포는 구형이 되어 그 주위에 세포벽을 형성하며 일종의 포자낭이 되고 그 속에서 핵분열이 일어나 4~8개의 포자가 생성된다.

기생점균에는 Plasmodiophorales목이 여기에 속하며 이는 다른 점균과 다르게 활물기생을 하며 감자, 양배추 등의 식물 뿌리 세포 내에 기생하여 병을 일으키므로 식물병리학자의 큰 관심을 끌고 있다. 생활사는 포자가 발아하여 2개의 긴 편모가 있는 세포가 되고 이 세포가 숙주세포에 침입하여 1차변형체를 형성한다. 이 세포는 핵분열 결과 4~8개의 편모세포로 된 후 이들이 접합하여 2차변형체가 형성되며 이것이 감수 분열을 하고 이어 세포질 분열이 일어나 단핵의 포자가 형성된다. 변형체는 기생점균의 영양증식체이며 기생점균은 기생 생활을 하기 때문에 영양섭취법은 흡수와 섭식을 겸하는 것 같다.

이상과 같이 생물계에서 특이한 위치를 차지하고 있는 점균에 대하여 간단하게 기술하였으나, 점균류가 나타내는 생활사와 역할은 실제로는 더욱 신비롭고 특이하여 앞으로 흥미 있는 연구 대상으로 주목되며, 세포학적·생화학적·발생학적 측면에서 해명하기 위한 다방면의 학문 연구가 기대된다.

9월 15일　　융건릉

산호점균과 (신칭) Ceratiomyxaceae

산호점균 (신칭)
Ceratiomyxa fruticulosa (Mull.) Mac.

초여름부터 가을에 걸쳐 활엽수의 썩은 나무, 나뭇잎, 그루터기에 군생하며, 한국・북아메리카 등지에 분포한다.

자실체는 너비 0.5~1mm, 높이 1~10mm로 불규칙하고 수많이 모여 군생하며 바로 선 것・분지가 난 것・고드름형 등이 있으며 투명하고, 표면은 백색~담황색이다. 포자는 10~13×6~7μm로 구형 또는 타원형이고 백색이며, 표면은 평활하고 투명하다.

◄ 7월 12일　　광릉, 황색망사점균
physarum polycephalum

7월 2일　　동구릉

8월 7일　동구릉. 대는 머리카락같이 가늘고 흑자색. 노균

6월 22일　서오릉

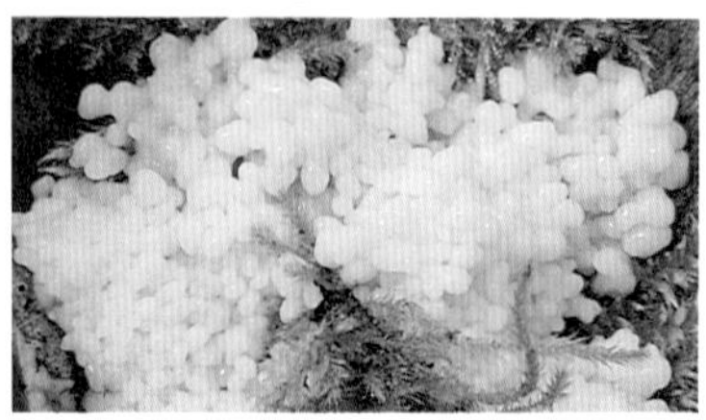

10월 5일　광릉 임업시험장. 유균

자주색솔점균과 (신칭) Stemonitaceae

자주색솔점균 (신칭)
Stemonitis splendens Rost.

봄부터 가을에 걸쳐 활엽수의 고목, 낙엽 위에 군락(群落)이 모여 군생하며, 한국·북아메리카 등지에 분포한다.

자실체는 너비 1～1.6mm, 높이 5～20mm로 원통형이며 군락을 형성하고, 표면은 유균은 백색이나 차차 자갈색을 거쳐 흑색이 된다. 대는 2～5×0.5mm로 머리칼상이며, 표면은 광택이 있고 흑색이다. 포자는 지름 7.4～9μm로 구형이고 자갈색이며, 표면은 돌기가 있다.

7월 10일　　서오릉

갈적색털점균과 (신칭) Trichiaceae

부들점균 (신칭)
Arcyria denudata (L) Wett.

초여름부터 늦가을에 걸쳐 활엽수의 고목, 그루터기에 군생하며, 한국・북아메리카・동아시아 등지에 분포한다.

자실체는 너비 0.5~1mm, 높이 1.5~5mm로 두부는 처음은 난형이나 원통형이며, 표면은 비단상이며 처음에는 백색이나 차차 담홍색을 거쳐 갈색이 된다. 대는 0.5~1.5×0.25 mm로 담홍색이다. 포자는 지름 6~8.2μm로 구형이고 적갈색이며, 표면은 돌기가 있다.

7월 25일　　선정릉. 노균

9월 15일　　광릉 봉선사

10월 3일　　광릉 약초원

그물점균 (신칭)

Hemitrichia surpula (Scop.) Rost.

여름에 고목, 낙엽, 나무 쓰레기 등에 발생하며, 동아시아·북아메리카 등지에 분포한다.

자실체는 너비 25~50mm로 가늘고 투명한 가지가 뻗어 그물을 형성하며, 처음에는 황색이나 후에 회갈색이 된다. 포자는 지름 11~16μm로 구형이며 담황색이고, 표면은 망목상 이다.

7월 21일　　광릉

가로등점균과 (신칭) Cribrariaceae

가로등점균 (신칭)

Dictydium cancellatum (Batsch) Mac.

여름과 가을에 죽은 나무, 그루터기, 등걸 등에 군생하며, 동아시아·북아메리카 등지에 분포한다.

자실체는 높이 1~5mm, 두부는 지름 0.5mm로 구형이며, 표면은 적갈색이나 후에 갈자색이 되며 망목상 가로맥이있고 분말이 덮여 있다. 대는 얇고 길

7월 21일　　광릉

며 갈색이다. 포자는 지름 5~7μm로 구형이며, 표면은 평활하고 분말이 있다.

7월 30일　　태릉. 산딸기 모양

딸기점균과 (신칭) Reticulariaceae

산딸기점균 (신칭)

Tubifera ferruginosa (Batsch) Gmel.

여름부터 늦가을에 걸쳐 활엽수·침엽수의 썩은 나무, 낙엽, 그루터기 등에 중생하며, 동아시아·북아메리카 등지에 분포한다.

자실체는 너비 0.5mm, 높이 3~5 mm로 장난형이며 보통 함께 군집하여 송이를 형성하여 딸기형이 된다. 얇고 투명하며, 표면은 처음에는 백색이고 성균(成菌)은 적색~홍적색이나 차차 자주색을 거쳐 갈색이 된다. 대는 백갈홍색이며 스펀지상이다. 포자는 지름 6.2~8.5μm로 구형이며 갈색이고, 표면은 망목상이다.

7월 21일 광릉

7월 21일 광릉. 오른쪽에 흑갈색의 노균이 보임

8월 2일　　서울산업대

분홍콩점균 (신칭)

Lycogala epidendrum (L.) Fr.

초여름부터 늦가을에 걸쳐 고목, 그루터기, 등걸, 나무 토막 등에 군생하며, 동아시아·북아메리카·유럽 등지에 분포한다.

자실체는 너비 3~ 15 mm로 구형이며, 표면은 작은 돌기가 있고 처음에는 담홍색이나 회홍색을 거쳐 녹흑색이 된다. 조직은 담홍색이며 연고상(軟膏狀)이다. 성숙하면 꼭대기 부분이 열려 황갈색 포자가 분산된다. 포자는 지름 6~7.9μm로 구형이며 황갈색이고, 표면은 망목상이다.

10월 5일　　광릉 임업시험장. 노균

7월 16일 서울산업대. 뒤쪽은 자주색솔점균

10월 2일　　설악산

7월 21일　　헌인릉. 기질에 넓게 부채형으로 전개됨

9월 4일　　여주 영릉

9월 4일　　여주 영릉

망사점균과 (신칭) Physaraceae

황색망사점균 (신칭)
Physarum polycephalum Schw.

초여름부터 가을에 걸쳐 썩은 나무, 그루터기, 낙엽 등에 발생하며, 동아시아·북아메리카 등지에 분포한다.

자실체는 너비 1.4~3mm, 높이 1~5 mm로 두부는 구형이며 부채상으로 기주에 거미망을 형성하면서 전개된다. 표면은 전체가 황색이고 점액성의 분말상이다. 포자는 지름 9~11μm로 구형이며 자갈색이고, 표면은 가시상 돌기가 있다.

7월 28일　　칠갑산 장곡사

벌레알점균 (신칭)

Leocarpus fragilus (Dicks.) Rost.

여름과 가을에 활엽수의 낙엽, 썩은 나무, 생나무 등에 군생하며, 한국·북아메리카·유럽 등지에 분포한다.

자실체는 너비 0.4~1.5mm, 높이 1.2~3mm로 둥근 난형이며, 표면은 평활하고 황적색 또는 적갈색이며 광택이 있고 부서지기 쉽다. 조직은 투명하고 점액층에 싸여 있다. 대는 짧고 연하며 황백색이다. 포자는 지름 11~16.2μm 로 구형이며 갈색이고, 표면은 사마귀상 돌기가 있다.

버섯 그림 설명

A. 주름버섯류 Agarics

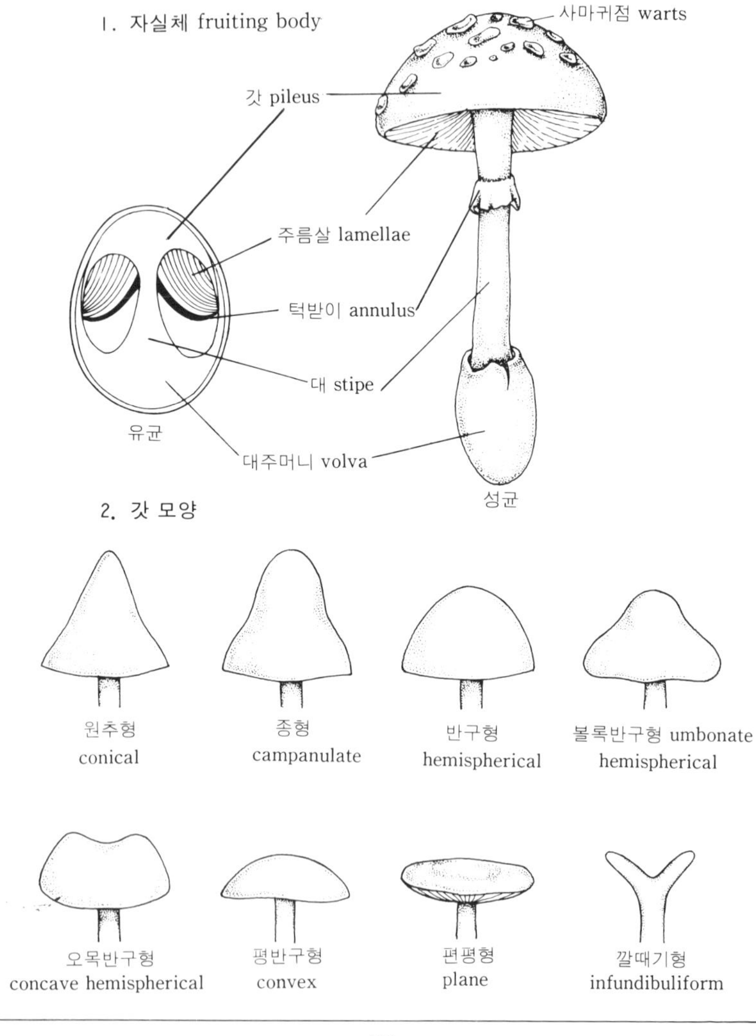

3. 갓 표면

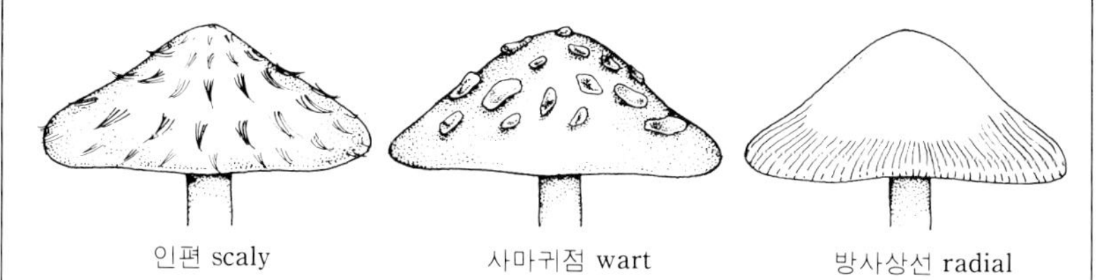

인편 scaly　　사마귀점 wart　　방사상선 radial

4. 갓끝 모양

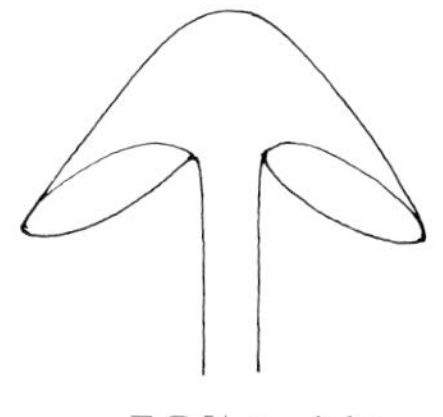

곧은형 straight

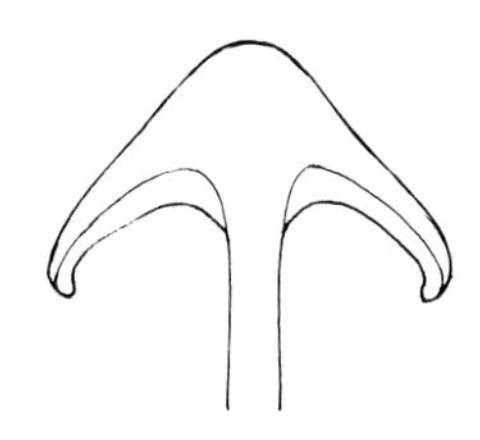

굽은형 incurved

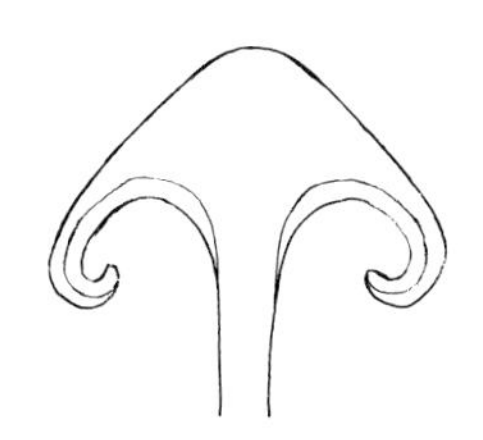

말린형 inrolled

5. 자실체의 발생 생태

단생 solitary

산생 scattered

군생 gregarious

속생 caespitose

중생 overleped or imbricate

균륜 fairy ring

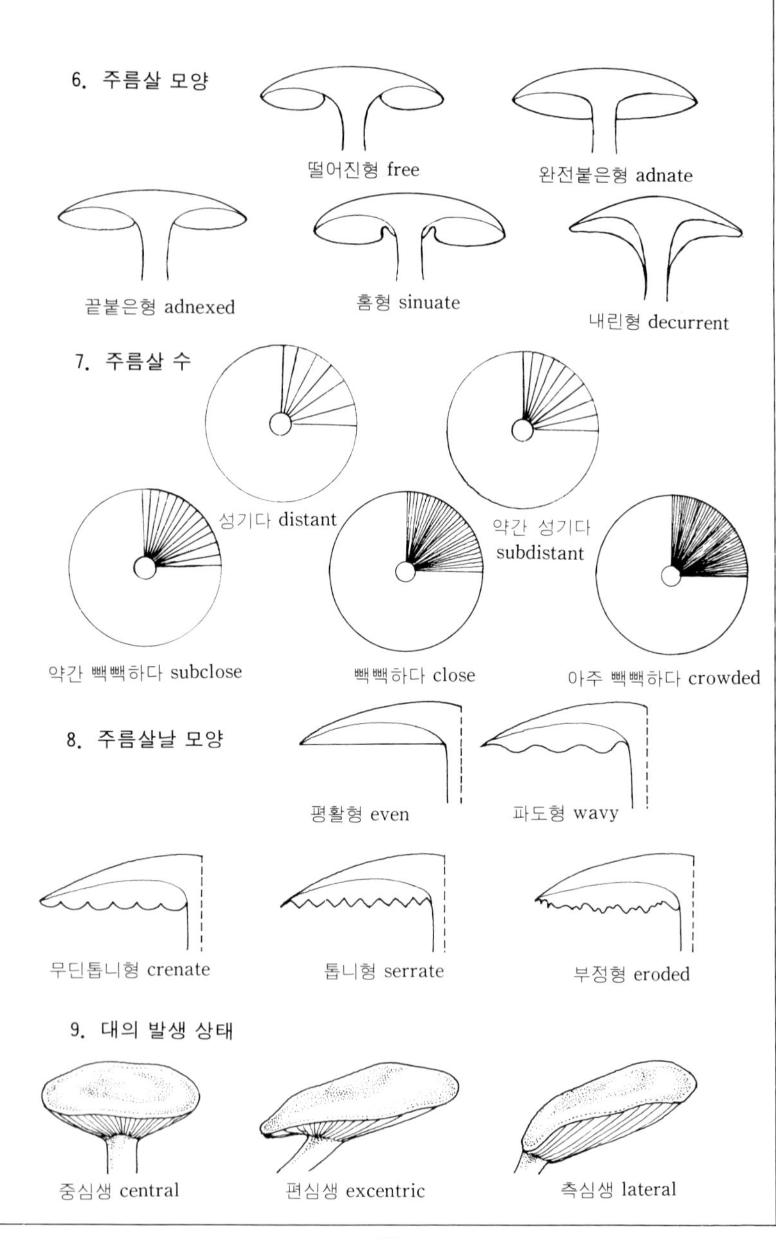
6. 주름살 모양
떨어진형 free
완전붙은형 adnate
끝붙은형 adnexed
홈형 sinuate
내린형 decurrent
7. 주름살 수
성기다 distant
약간 성기다
subdistant
약간 빽빽하다 subclose
빽빽하다 close
아주 빽빽하다 crowded
8. 주름살날 모양
평활형 even
파도형 wavy
무딘톱니형 crenate
톱니형 serrate
부정형 eroded
9. 대의 발생 상태
중심생 central
편심생 excentric
측심생 lateral

10. 담자기

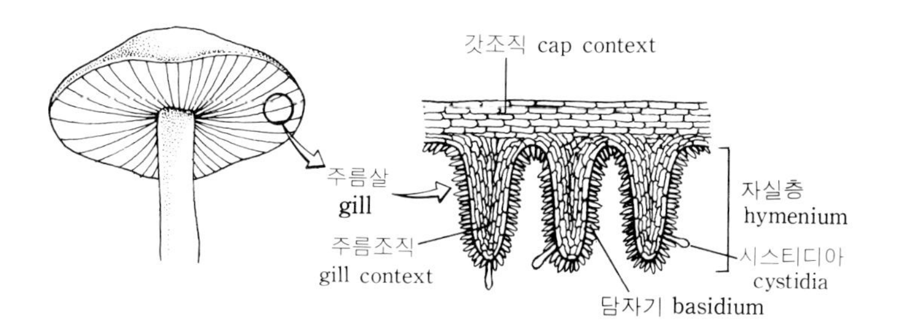

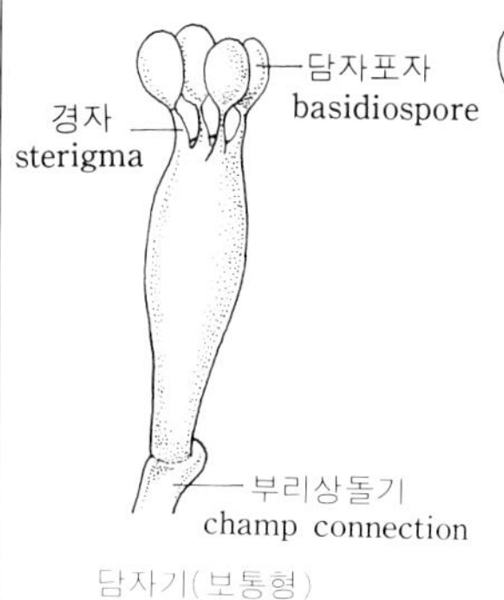

담자기(보통형)

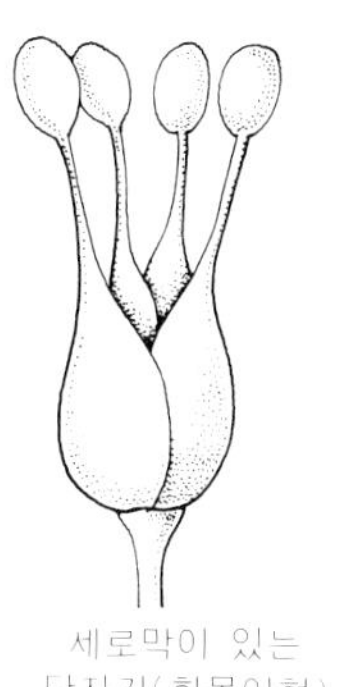
세로막이 있는
담자기(흰목이형)

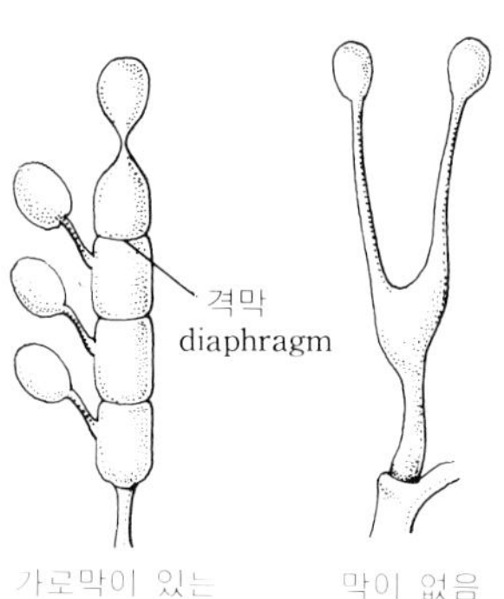

가로막이 있는
담자기(목이형)

막이 없음
(붉은목이형)

11. 자실층사 trama

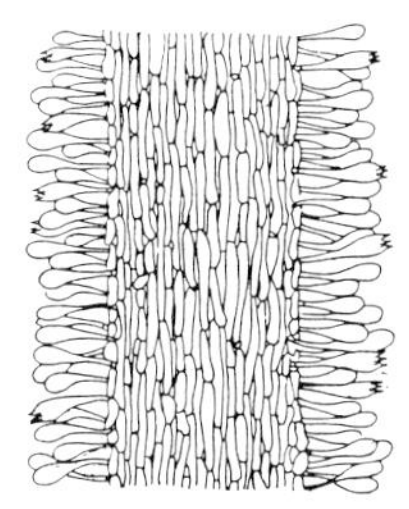
평행형 parallel

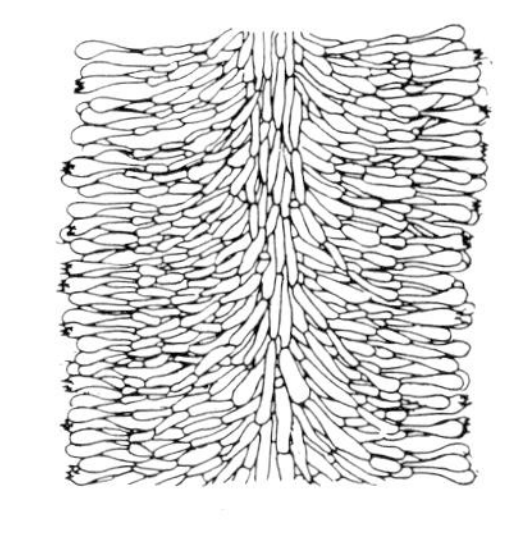
갈빗살형 divergent

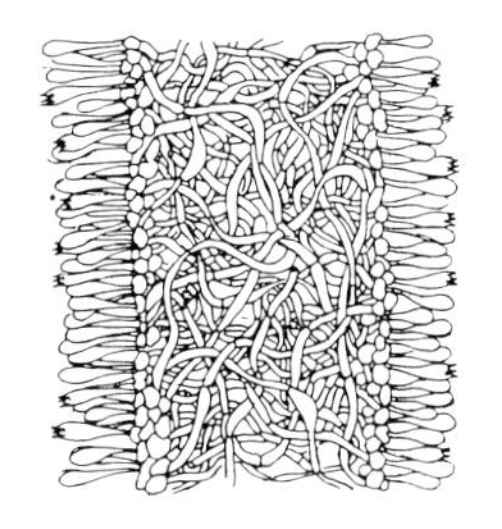
혼선형 interwoven

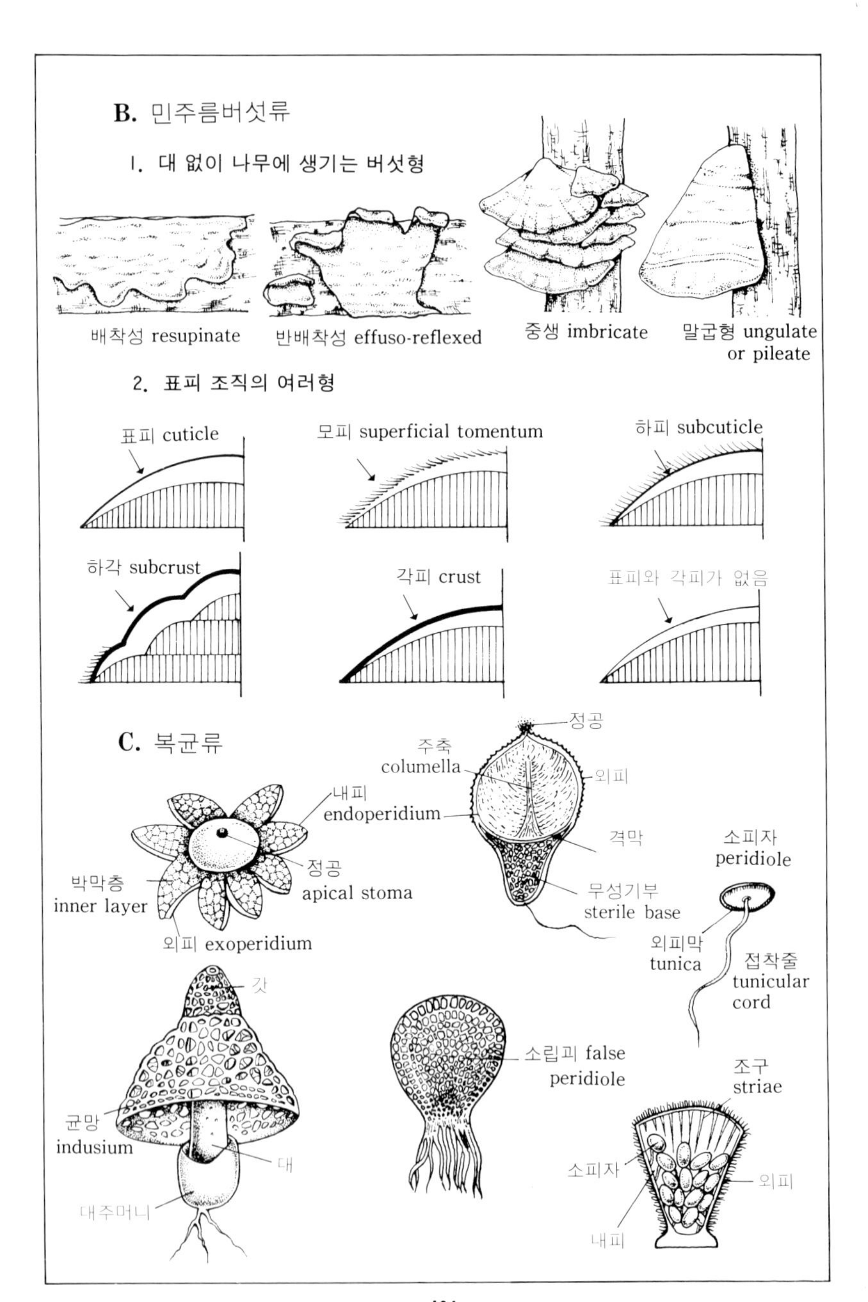
B. 민주름버섯류
1. 대 없이 나무에 생기는 버섯형
배착성 resupinate
반배착성 effuso-reflexed
중생 imbricate
말굽형 ungulate or pileate
2. 표피 조직의 여러형
표피 cuticle
모피 superficial tomentum
하피 subcuticle
하각 subcrust
각피 crust
표피와 각피가 없음
C. 복균류
내피 endoperidium
정공 apical stoma
박막층 inner layer
외피 exoperidium
정공
주축 columella
외피
격막
무성기부 sterile base
소피자 peridiole
외피막 tunica
접착줄 tunicular cord
갓
균망 indusium
대
대주머니
소립괴 false peridiole
조구 striae
소피자
외피
내피

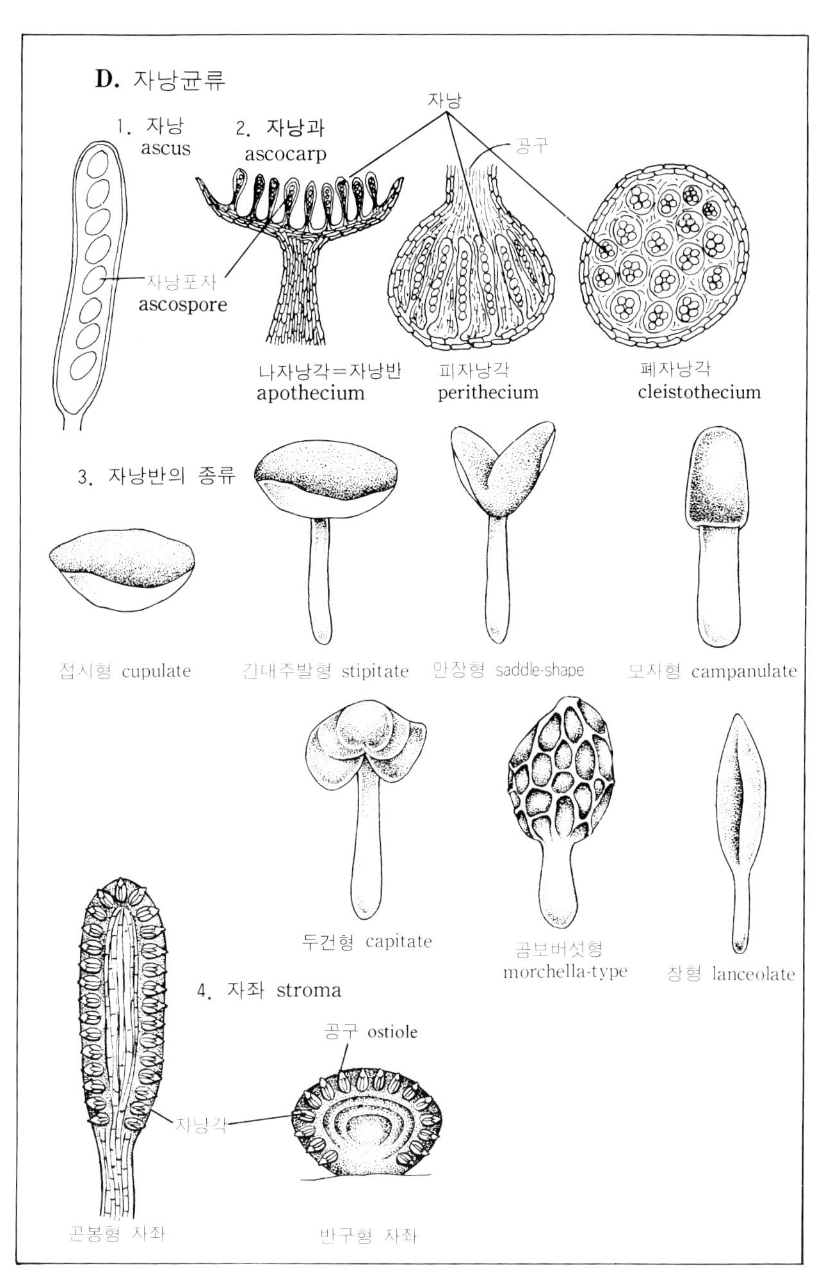
D. 자낭균류
1. 자낭
ascus
2. 자낭과
ascocarp
자낭
공구
자낭포자
ascospore
나자낭각=자낭반
apothecium
피자낭각
perithecium
폐자낭각
cleistothecium
3. 자낭반의 종류
접시형 cupulate
긴대주발형 stipitate
안장형 saddle-shape
모자형 campanulate
두건형 capitate
곰보버섯형
morchella-type
창형 lanceolate
4. 자좌 stroma
공구 ostiole
자낭각
곤봉형 자좌
반구형 자좌

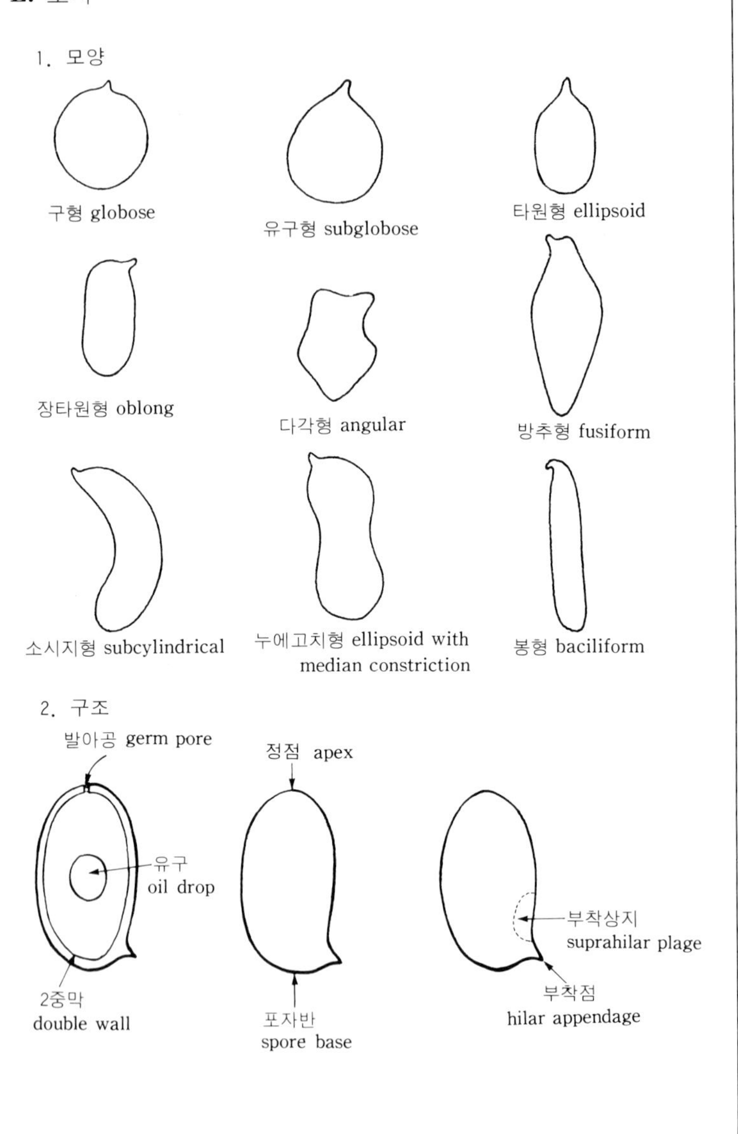
E. 포자
1. 모양
구형 globose
유구형 subglobose
타원형 ellipsoid
장타원형 oblong
다각형 angular
방추형 fusiform
소시지형 subcylindrical
누에고치형 ellipsoid with median constriction
봉형 baciliform
2. 구조
발아공 germ pore
유구 oil drop
2중막 double wall
정점 apex
포자반 spore base
부착상지 suprahilar plage
부착점 hilar appendage

용어 해설

갈색부후(褐色腐朽, brown rot) : 목질의 섬유소를 분해하여 목질부를 갈색으로 변화시키는 것.

강모체(剛毛體, seta) : 시스티디아 일종으로, 자실층을 형성하는 균사 중에서 빳빳한 털형, 작살형, 또는 주머니형으로 변한 것.

강실(腔室, chamber) : 경단버섯 내부에 포자를 형성하는 곳.

격막(隔膜, septum) : 균류의 내부에 있는 막으로 균사에는 가로막이 있으며, 균사는 격막이 있는 것과 없는 것이 있다.

경자(梗子, sterigma) : 담자균의 경자는 담자기의 성단에 포자를 부착하는 뿔 모양의 돌기로, 2~4개를 형성한다.

고목생(枯木生, saprophytic on dead tree) : 죽은 나무의 둥치, 가지, 줄기, 통나무, 그루터기에 버섯이 생기는 것.

공구(孔口, ostiole) : 자낭각의 위쪽에 있는 구멍.

공부후(孔腐朽, pore rot) : 목질의 섬유소를 분해하여 목질부를 구멍이 나게 변화시키는 것.

관공(管孔, tube) : 자실층이 주름살 대신 관 모양의 구멍으로 되어 있는 것.

괴근상(塊根狀, bulbous) : 대의 기부가 팽대되어 양파 모양을 이룬 것.

균근(菌根, mycorrhiza) : 버섯과 나무의 공생으로 균사와 고등 식물의 뿌리가 얽혀서 형성된 것.

균륜(菌輪, fairy ring) : 버섯이 해마다 중심부에서 점차 바깥쪽으로 동심원을 이루면서 발생하는 것.

균망(菌網, indusium) : 망태버섯에서의 망사상의 스커트.

균사(菌絲, hypha) : 균류의 본체. 균류의 영양 생장 기관으로 실 모양의 기관.

균사속(菌絲束, rhizomorph) : 균사가 모여 노끈 모양으로 길게 뻗어 난 것.

균사체(菌絲體, mycelium) : 균류는 실 모양의 관인 균사로 성장하는데, 이 집단을 일컫는다.

균생(菌生, parasitic on fungi) : 다른 버섯 위에 버섯이 발생하는 것.

균핵(菌核, sclerotium) : 균사 상호간에 서로 엉기고 밀착되어 있는 균사 조직을 말한다.

기본체(基本體, gleba) : 복균류에서와 같이 자실체 내부에서 포자를 형성하는 기본 조직.

기주(寄主, host) : 버섯이 발생하기 위한 영양을 얻는 기초 물질로, 식물, 동물, 똥〔糞〕 등.

낙엽생(落葉生, saprophytic on fallen leaves) : 낙엽 위에 버섯이 생기는 것.

담자균(擔子菌, basidiomycetes) : 고등 균류 중에서 담자기에 담자포자를 형성하는 균의 총칭.

담자기(擔子器, basidium) : 담자균에서 포자를 형성하는 곤봉 모양의 미세 구조.

담자포자(擔子胞子, basidiospore) : 담자균의 담자기 내에서 감수 분열한 후, 담자기의 외부에 형성되는 포자. 보통 1개의 담자기에 4개의 담자포자를 형성한다.

대주머니(volva) : 유균(幼菌)을 덮고 있던 외피막이 버섯이 생장함에 따라 찢어져 대 기부(基部)에 형성된 막질의 주머니.

돌기선(突起線, tubercula-striate) : 갓 둘레에 돌기가 형성되어 선을 이룬 것.

동충하초(冬蟲夏草, cordyceps) : 곤충에 기생하는 버섯. 고대 중국에서 겨울에는 곤충이고, 여름에는 풀로 변한다는 데서 붙여진 이름.

두부(頭部, head) : 대의 끝 부위나 위쪽이 머리 모양으로 팽대된 것으로, 말뚝버섯, 콩두건버섯, 곰보버섯 등에서 볼 수 있다.

망목상(網目狀, reticulate) : 버섯의 갓, 대, 포자 표면이 그물 모양을 이룬 것.

멜저시약(Melzer's reagent) : 버섯의 포자, 균사를 염색하는 시약. 요오드화칼륨 1.5 g, 요오드 0.5 g, 클로랄하이드레이트 20 g을 증류수 20 ml에 용해시켜 조제한 시약.

목질(木質, woody) : 자실체의 육질이 나무 조각처럼 단단한 것.

무성기부(無省基部, sterile base) : 말불버섯에서와 같이 포자를 담은 기본체가 없는 하부.

미로상(迷路狀, daedaleoid) : 자실층의 주름·관공이 불규칙하고 복잡하게 배열되어 있는 상태.

발아공(發芽孔, germ pore) : 포자의 꼭대기 부분에 있는 작은 구멍. 즉, 2중막이 있는 포자에 있어서 외막의 꼭대기가 중단되어 편평하고 절두상이 된 작은 구멍상의 부분.

방사상(放射狀, radial) : 중심에서 바깥쪽으로 우산살 모양으로 뻗은 모양.

방추형(紡錘形, fusiform) : 포자나 시스티디아의 양 끝이 좁아진 모양.

배착성(背着性, resupinate) : 대가 없이 자실체 전체가 기주에 붙어 있는 것.

백색부후(白色腐朽, white rot) : 목질의 리그닌을 분해하여 목질부를 점차 백색으로 변화시키는 것.

변형체(變形體, plasmodium) : 점균류에서 포자가 편모를 가진 운동성의 유주자(swarm cell)가 되고, 이것이 한 쌍씩 접합하여 이룬 몸체.
부리상 돌기(clamp connection) : 담자균에 있어서, 제1차 균사가 접촉하면 제2차 균사가 형성되고, 이 때 형성된 특유한 주둥이 모양의 돌기.
부생(腐生, saprophyte) : 사물기생(死物寄生)이라고도 한다. 버섯이 죽은 기주에서 발생하여 영양분을 섭취하며 살아가는 것.
부착점(付着點, hilar appendage) : 포자가 경자에 붙은 부분.
부착상지(付着上地, suprahilar plage) : 포자 표면의 부착점 위의 평활한 연한색 또는 무색의 지점.
분생(糞生, saprophytic on dung) : 버섯이 동물의 똥 위에 발생하는 것.
분생자(分生子, conidiospore) : 무성적으로 분열하여 생긴 포자. 이 포자는 직접 새로운 균사로 발육된다.
분생자병(分生子柄, conidiophore) : 공중으로 뻗어 가는 균사로, 분생포자를 형성한다.
비(非)아밀로이드(nonamyloid) : 버섯의 포자, 균사 등이 멜저시약에 의해 무색~담황색으로 나타나는 것.
사각부후(四角付朽, quadrangular rot) : 목질의 섬유소를 분해하여 목질부를 4각으로 분해시키는 것.
생목생(生木生, parasitic on living tree) : 생나무에 버섯이 발생하는 것.
소립괴(小粒塊, false peridiole) : 모래밭버섯 내부에 있는 알맹이로, 포자가 들어 있다.
소피자(小皮子, peridiole) : 찻잔버섯류의 자실체 속에 생기는 바둑돌 또는 종자 모양의 기관으로, 포자를 품고 있다. 포자의 분산의 수단으로 이용된다.
수상생(樹上生, parasitic on tree) : 나무의 둥치, 가지, 줄기 등에 버섯이 발생하는 것.
시스티디아(cystidia) : 자실층에 있는 담자기 아닌 세포로 곤봉형, 조롱박형, 볼링핀형, 방추형 등 다양하며 분류상 중요하다. 낭상체라고도 한다.
아밀로이드(amyloid) : 버섯의 포자, 균사 등이 멜저시약에 의해 청색 또는 남청색으로 변하는 것.
연골질(軟骨質, cartilaginous) : 대의 조직이 단단하고 속이 비어 부러지는 것.
외피(外皮, cortex) : 복균류와 같이 자실체의 바깥 껍질을 이루는 조직.
위(僞)아밀로이드(pseudoamyloid) : 버섯의 포자, 균사 등이 멜저시약에 의해 갈색~적갈색으로 변하는 것.
유구(油球, oil drops) : 꾀꼬리버섯류에서와 같이 자실층이 밭 이랑 모양으로 주름이 생겨 굴곡이 진 모양.

인시류(鱗翅類, Lepidoptera) : 나비, 나방 등으로, 입은 긴 관 모양이며 꿀을 빨아 먹고, 날개는 넓고 인편(鱗片)이 많이 묻어 있는 곤충.

인피(鱗皮, scaly) : 버섯의 갓 또는 대 표면이 바늘형으로 끝이 뾰족하거나 뭉툭하게 갈라진 것.

자낭(子囊, ascus) : 자낭균류의 유성 생식에 의해 자낭포자를 형성하는 기관.

자낭과(子囊果, ascocarp) : 자낭균류의 생식 기관의 일종이며, 구형, 아구형, 밥상형 등으로, 속에 자낭이 배열되어 있다.

자낭반(子囊盤, apothecium) : 자낭과가 접시 모양, 안장 모양, 두건 모양, 모자 모양, 창 모양, 밥상 모양으로 되어 자낭이 노출된 기관이며, 나자낭각(裸子囊殼)이라고도 한다.

자실체(子實體, fruiting body) : 버섯의 갓, 대, 주름살, 관공 등의 전체를 말한다.

자실층(子實層, hymenium) : 포자를 형성하는 담자기나 자낭이 있는 부위로, 주름살, 관공, 침상 돌기 등의 형태를 말한다.

자실층사(子實層絲, trama) : 자실층 내부의 균사층.

자좌(子座, stoma) : 자낭각이 배열된 곤봉 모양 또는 반구형의 기관. 자낭균류의 영양 세포의 모체로, 그 속에는 많은 자낭각이 있다.

접착줄(funiculus) : 찻잔버섯에서 소피자와 내피를 연결하는 실줄.

접합자(接合子, zygote) : 자웅성 세포로 표시되는 2개의 균사가 접근하여 서로 한 덩어리로 연결되어 균사 접합이 이루어져서 핵이 합체된 것.

정공(頂孔, aptical stoma) : 말불버섯류의 윗부분에 있는 구멍으로, 포자를 분출한다.

정점(頂點, apex) : 포자의 윗부분.

제 3 균사(trimitic) : 일반균사, 결합균사, 골격균사 등의 3종류로 구성된 균사.

제 2 균사(dimitic) : 일반균사와 골격균사, 또는 일반균사와 결합균사 2종류로 구성된 균사.

제 1 균사(monomitic) : 일반균사 한 종류로만 구성된 균사.

조구(條溝, striation) : 찻잔버섯류의 내피에서와 같은 주름줄.

조직(組織, context, flesh) : 버섯의 자실체를 구성하고 있는 세포의 조합.

주름살(gill, lamella) : 주름버섯류에서 갓의 아랫면에 부채주름 모양으로 구성되어 있는 포자를 형성하는 기관.

주축(柱軸, columella) : 말불버섯 내부 중앙에 있는 기둥.

충생(蟲生, parasitic on insect) : 곤충 몸에 버섯이 발생하는 것.

측사(側絲, paraphysis) : 자낭과(子囊果) 중의 자낭 사이를 잇는 실 모양의 기관. 그 길이, 모양, 크기 등이 버섯을 분류하는 데에 중요하다.

탁실균사(托室菌絲, capillitium) : 복균류에서 포자낭 내에 있는 실 모양의 관공 또는 균사체.

탁지(托枝, arm) : 세발버섯, 게발톱버섯에서 볼 수 있는 대에서 나온 분지로, 안쪽에 기본체가 묻어 있다.

턱받이(ring, annulus) : 갓과 대가 생장하면, 내피막의 일부가 대에 남아 반지 모양 또는 치마 모양을 이루는 것.

포자괴(胞子塊, spore mass) : 복균류에서 자실체 내부에 있는 포자를 함유한 덩어리.

포자꼬리(pedicel) : 말불버섯의 포자에 형성된 가늘고 긴 대 모양의 것.

포자문(胞子紋, spore print) : 버섯의 갓만 잘라 흰 종이 또는 검은 종이 위에 주름살이 아래쪽으로 가도록 놓고 컵을 덮어 놓으면, 포자는 종이 위에 낙하하여 포자 무늬를 이룬다.

포자반(胞子盤, spore base or proximal end) : 포자의 작은 대의 부착점 부근에 있는 둥글고 평평한 부분.

해면질(海綿質, corky) : 조직이 코르크형으로 된 것.

후막포자(厚膜胞子, chlamydospore) : 균사의 선단 또는 중간에 세포벽이 두꺼워져 형성된 대형의 무성포자.

흡반(吸盤, haustorium) : 영양균사체가 기주의 표면 또는 내부에 침입하여 영양을 섭취하기 위하여 원반형으로 발달된 특수한 기관. 메꽃버섯에서 볼 수 있다.

한국명 찾아보기

학명 찾아보기

참 고 문 헌

Bakshi, B. K.: *Indian Polyporaceae (on tree and timber)*, Indian Council of Agricultural Research New Delihi, 1971.

Baroni, T.J.: *A Revision of the Genus Rhodocybe Maire (Agaricales)*, Verlag von J. Cramer, 1981.

Bessey, E.A. : *Morphology and Taxonomy of Fungi*, Contabb and Company Ltd., 1950.

Bigelow, H.E.: *North American Species of Clitocybe*, part Ⅰ, Verlag von J.Cramer, 1982.

Breitenbach, J. & Kränzlin, K. : *Fungi of Switzerland*, Vol. I, Ⅱ, Verlag, Mykologia, Switzerland, 1984 · 1986.

Brodie, H. J.: *The Birds Nest Fungi*, Univ. of Toronto Press, Toronto and Buffalo, 1975.

Buczaki, S.: *Collins New Generation Guide to the Fungi of Britain and Europe*, Collins Sons & Co., Ltd., London, England, 1989.

Coker, W. C. and Couch, J. N.: *The Gasteromycetes,* J. Cramer, 1928.

Corner, E. J. H.: Supplement to *"A Monography of Clavaria and Allied Genera"*, Verlag von J. Cramer, 1970.

Courtenay, B. Harold, H. and Burdsall, J. R.: *A Field Guide to Mushrooms and their Relatives*, A van Nostrand Reinhold Book New York, Cincinnati, Toronto, 1982.

Dähnecke, R. M. & Dähnecke S. M.: *700 Pilze in Farbfotos*, A.T.Verlag, 1984.

Dennis, R. W. G.: *British Ascomycetes,* Verlag von J. Cramer, 1981.

Dickinson, H. & Lucas, J.: *The Encyclopedia of Mushrooms*, Cresent Books, New York, 1983.

Farr, M. L.: *How to Know the true Slime Mold*, Wm. C. Brown Company Publishers Dubugue, Iowa, 1981.

Guzman, G.: *The Genus Psilocybe*, Verlag von J. Cramer, 1983.

Halling, R. E.: *The Genus Collybia (Agaricales)*, Verlag von J. Cramer, 1983.

Imazeki, R. & Hongo, T.: *Colored Illustration of Fungi of Japan*, Vol. Ⅰ, Ⅱ, Hoikusha Publishing Co., Osaka, Japan, 1981.

Imazeki, R., Otani, Y. and Hongo, T. : *Color Illustration Mushrooms of*

Japan, Yama-Kei Publisher Co., Ltd, Tokyo, Japan, 1988.

Into, H. & Nalita, D.: *Illustrated Pocket Book of Mushrooms in Color*, Hokuryukan Co., LTD, Tokyo, Japan, 1986.

Jenkins, D. T.: *Amanita of North America*, Mad River Press Inc, 1986.

Kim, S. S. and Kim, Y. S.: *Korean Mushrooms*, Yupoong Publishing Co., Seoul, Korea, 1990.

Kobayasi, Y. and Shimizu, D.: *Iconography of Vegetable Wasps and Plant Wo*, Hoikusha Publishing Co. LTD, 1983.

Kornerup, A. & Wansher, J. H.: *Methuen Handbook of Colour*, Methuen London Ltd., British, 1983.

Kuyper, T.W.: *A Revision of the Genus Inocybe in Europe*, Rijksherbarium Leiden, Netherlands, 1986.

Lange, M. & Hora, F. B.: *Guide to Mushrooms and Toadstools*, Collins, London, England, 1978.

Lee, J. Y. & Hong, S. W.: *Illustrated Flora & Fauna of Korea*, Vol. 28, Mushrooms The Ministry of Education, Seoul, Korea, 1985.

Lee, J. Y.: *Colored Korean Mushrooms*, Academic Publishing, Seoul, Korea, 1988.

Lincoff, G. H.: *The Audubon Society Field Guide to North American Mushrooms*, Published by Alfred A. Knopt. New York, U. S. A, 1981.

McIlvaine, C. and Macadam, R. K.: *One Thousand American Fungi* 182 *Illustrations*, Dover Publishing, New York, U. S. A, 1973.

Miller, O. K.: *Mushrooms of North America*, E. P. Dutton, New York, U. S. A, 1981.

Munsell, Color: *Munsell Soil Color Charts*.

Park, W.H., Kim, T.H., Roh, I.H. and Kim, B.K.(1985) : *Taxonomical Studies on Korean Higher Fungi(I)*. Kor. J. Pharmacogn. 16 : pp. 61-64.

Park, W.H., Min, K.H., Kim, Y.S., Park, Y.H. and Kim, B.K.(1988) : *Taxonomic Investigations on Korean Fungi(Ⅵ)*. Kor. J. Mycol. 16 : pp. 226-229.

Phillips, R.:*Mushrooms*, Pan Original Book,1983.

Pacioni, G.: *Simon and Schuster's Guide to Mushroom*, A Fireside Book, New York, U. S. A, 1981.

Pelgler, D.: *The Concise Illustrated Book of Mushrooms and Other Fungi*, Gallery Books, New York, U. S. A, 1989.

Rinaldi, A. & Tyndalo, V.: *The Complete Book of Mushrooms*, Crescent

Books, New York, U. S. A, 1985.
Singer, R.: *The Agaricales Modern Taxonomy*, Koeltz Scientific Books, Republic of Germany, 1986.
Smith, A. H.: *A Field Guide to Western Mushrooms*, Univ. of Michigan Press, Ann Arbor, U.S.A, 1975.
Svrcek, M.(1983) : *The Hamlyn Book of Mushrooms and Fungi,* pp. 271-272, Hamlyn, New York, U.S.A.
Ueda, D. and Isawa, M.: *Mushroom Illustration*, Hoiksha, Osaka, Japan, 1987.

원색 도감 · 한국의 자연 시리즈 1

한국의 버섯

木然 **박완희**(朴婉熙)
· 1934년 경북 영주 출생
· 1954년 영주농고 졸업
· 1958년 숙명여대 약학대학 졸업
· 전 서울산업대학 교수(약학박사)
· 현재: 한국균학회 이사 · 한국생약학회 이사 · 대한약학회 평의원 · 자연보호중앙협의회 학술위원

一路 **이호득**(李虎得)
· 1931년 경북 성주 출생
· 1950년 경복고 졸업
· 1955년 서울대학교 문리과대학 졸업
· 전 숙명여고 교사
· 취미: 자연생태 및 균류 생태 사진 촬영

초판 발행/1991. 11. 20
15판 발행/2017. 9. 30

지은이/박완희 · 이호득
펴낸이/양철우
펴낸곳/(주)교학사

기획/유홍희
편집/황정순
교정/김유정
장정/송병석
제작/이재환
원색 분해 · 인쇄/본사 공무부

등록/1962. 6. 26. (18-7)
주소/서울 마포구 마포대로 14길 4
전화/편집부 · 312-6685, 영업부 · 7075-147
팩스/편집부 · 365-1310, 영업부 · 7075-160
대체/012245-31-0501320
홈페이지/ http://www.kyohak.co.kr

값 35,000 원

Wild Fungi of Korea
by Park Wan-Hee, Photo *by* Lee Ho-Deuk
Published by Kyo-Hak Publishing Co., Ltd.,1991
4, Mapo-daero 14-gil, Mapo-gu, Seoul, Korea
Printed in Korea

ISBN 978-89-09-13958-8 96480